Bert Bolle

ALTE BAROMETER

Bert Bolle

ALTE BAROMETER

Verlag Callwey München

Die Originalausgabe erschien 1978 unter dem Titel »Barometers« bei De Haan, Haarlem, Niederlande.

Die Übersetzung besorgte Herr Christian Zinsser, München.

CIP-Kurztitelaufnahme der Deutschen Bibliothek

Bolle, Bert:
Alte Barometer / Bert Bolle. – München: Callwey,
1980.
ISBN 3-7667-0534-2

Satz: Textverarbeitung Wolfgang Hartmann, Stockdorf
Druck und Bindung: Unieboek b.v., Bussum

Inhalt

Meinem lieben Vater, der die Geburt unserer Tochter Puck und das Erscheinen dieses Buches nicht mehr erleben durfte, schulde ich am meisten Dank. Er war mir mit seinem Scharfsinn sowie seiner Liebe zur niederländischen Sprache eine phantastische Stütze. Solange er konnte, hat er mein Manuskript kritisch begleitet.
Ihm wollte ich dieses Buch auch widmen. Von ganzem Herzen.

Maartensdijk, November 1980

Das Barometer gewinnt an Interesse

Über den Gegenstand, über dieses Buch

Es ist nicht verwunderlich, daß in unserer Wegwerfgesellschaft voller Hast und Trubel die Erzeugnisse aus vergangenen Zeiten immer wieder einen starken Zauber auf uns ausüben. Sie strahlen etwas aus, wonach man heutzutage sehr lange suchen muß, nämlich die Liebe zum Handwerk und die Geduld des Herstellers. Das mit jedem Jahr wachsende Interesse hat gelehrt, daß das »Antiquitätenfieber« durchaus etwas Dauerhaftes und ganz sicher keine Modelaune ist. Das Sammeln von alten Dingen hat therapeutische Wirkung: Man schafft sich ein oder mehrere Stücke an, um seine Wohnungseinrichtung damit zu bereichern, ihren Anblick zu genießen, jeden Tag aufs neue, und darin eine Quelle innerer Ruhe zu finden. Ist eine bessere Medizin gegen die Unruhe unserer modernen Zeit überhaupt denkbar?

Man will sich also etwas Antikes anschaffen, aber was? Viele versuchen es mit einer Kombination von Möbeln und Schmuckstücken. Andere wiederum wenden sich einem bestimmten Gegenstand zu und legen sich davon eine Sammlung an. Auch die Anleger dürfen nicht vergessen werden: Sie wissen, daß Antiquitäten, sofern von guter Qualität, eine sichere Form der Geldanlage sind, wobei das Angenehme mit dem Nützlichen verbunden werden kann. Nach den Vorstellungen vieler dürfen die Anlageobjekte nicht allzu groß sein. Bei plötzlichen Umzügen läßt sich ein schweres, kostbares Möbelstück nicht ohne weiteres mitnehmen. Bei kleineren Dingen dagegen, wie beispielsweise Uhren, entstehen keinerlei Probleme. Deshalb ist die Uhr auch schon seit Jahren ein beliebtes Anlageobjekt, aber gewiß nicht minder interessant für den Liebhaber und Sammler. Ein antikes Stück, das wie die Uhr nur wenig Raum beansprucht und vor allem in den letzten Jahren immer mehr auf Interesse stößt, ist das Barometer. Manche lieben das Barometer als ein dekoratives antikes Möbelstück, das eine Wand im Zimmer oder auf der Diele schmückt. Andere erblicken darin ein wunderliches Gerät, das – im Gegensatz zur Uhr, die Tage, Stunden und Minuten in stets gleiche Teile zerlegt – jeden Tag wieder eine Überraschung anzeigen kann.

Ein Barometer gehört in eine Welt völlig eigener Art, die viel kleiner als die der Uhr ist. Von ihm sind auch viel weniger hergestellt worden, obwohl die Zahl der Modelle und der verschiedenen Arten groß ist. Der Individualist unter den Sammlern wird somit auf der Suche nach einem eigenen Weg eventuell beim Barometer landen, zumal dieser Bereich noch nicht derart »abgegrast« ist. Es gibt noch Entdeckungen zu machen, Entdeckungen in dem Sinn, daß immer noch Modelle in den Handel gelangen, die nicht oder nur mühsam in der heutigen Literatur aufzufinden sind.

Wieviel Literatur über Barometer wird überhaupt angeboten? Doch sehr wenig! Es gibt ein deutsches, ein niederländisches und einige englische Bücher über diesen Gegenstand, die leider entweder durch ihren Preis, wegen sprachlicher Probleme oder allzu großer Gründlichkeit denjenigen, dessen Interesse zu keimen beginnt, abschrecken. Teure Literatur für Fortgeschrittene kauft man erst, wenn man die elementaren Dinge der Welt des Barometers kennengelernt hat. Deshalb ist dieses Buch geschrieben worden, weil sich herausgestellt hat, daß ein starkes Bedürfnis danach besteht. Dieses Bedürfnis ist meines Erachtens zweifacher Natur. Einmal herrscht, wie schon gesagt wurde, Mangel an ausreichender Basisinformation, zum anderen möchte man gern erfahren, was heutzutage noch käuflich erworben werden kann: Nicht so sehr museumsreife Spitzenstücke, ausschließlich für wenige Glückliche bestimmt, sondern Geräte, die einem breiteren Publikum zum Kauf angeboten werden. Deshalb wurde dieses Buch auch nicht überladen mit unerreichbar Schönem, das längst in Museen oder bei großen Sammlern hängt. Das Buch darf ehrfurchtsvoll zurückblicken auf eine Vergangenheit, die voll kostbarer Vorbilder ist, muß aber dabei mit beiden Beinen in der Wirklichkeit von heute stehen. Andererseits darf es natürlich kein allzu einseitig populärwissenschaftliches Werk werden und zu schnell an der reichen Geschichte des Barometers vorübergehen. Die historische Seite ist daher zu beleuchten, obgleich der Schwerpunkt des Buches im 19. Jahrhundert liegt, namentlich bei den englischen Stockbarometern, den Banjobarometern und den victorianischen Fitzroy-Barometern.

Wie sollte dieses Buch aussehen? Der Autor stand angesichts dieses sehr umfangreichen Gebietes vor der schwierigen Aufgabe, die Dinge übersichtlich darzustellen. Die Barometer chronologisch zu ordnen, warf Probleme auf, weil sich die verschiedenen Arten zeitlich überschneiden. Dasselbe galt für ihre Einteilung nach dem Herkunftsland. Hinzu kam das Problem, daß viele Leser vielleicht Abbildungen den Vorzug geben und von Theorie nur wenig hören wollen. Alles wohlerwägend, wurde folgende Form gewählt: Das Buch ist in drei Teile gegliedert. In Teil I wird der Leser in kurzen Zügen über die Entwicklung des Barometers unterrichtet, und zwar an Hand von Abbildungen, die fast durchweg aus der Fachliteratur des 17., 18. und 19. Jahrhunderts stammen. Darauf folgt Teil II mit Photographien, und zwar genau in derselben Reihenfolge der Gegenstände und Kapitelnumerierung wie in Teil I. Diese Photographien werden ausführlich erläutert, so daß man nicht immer wieder zurückzublättern braucht. Schließlich findet man im Teil III die technische Seite des Barometers beschrieben, und zwar alles, was der sich technisch informieren wollende Leser wissen will, was andererseits der nur historisch und ästhetisch Interessierte überschlagen kann. Im technischen Teil wird ebenfalls genau dieselbe Reihenfolge eingehalten wie in den vorangehenden beiden Teilen, wiederum mit derselben Kapitelnumerierung.

Eine Liste mit Barometerherstellern ist in diesem Werk nicht enthalten. In der bis jetzt erschienenen Literatur gibt es eine ganze Reihe von Namensverzeichnissen. Ihnen allen ist gemeinsam, daß sie weit von der Vollständigkeit entfernt sind. Außerdem fehlen bei vielen Namen die Jahreszahlen und/oder der Wohnort des Herstellers. Das ist begreiflich, denn in vielen Ländern sind die Daten aus früheren Jahrhunderten nicht mehr feststellbar. Um mich mit meinem Entschluß hinsichtlich des Namensverzeichnisses nicht aufs Eis zu wagen, stellte ich stichprobenweise Untersuchungen über etwa hundert Namen, die ich auf Skalen und Zifferblättern von Barometern aus meinen eigenen Beständen angegeben fand, in England an. Erfreulich, daß meine Briefe beinahe alle beantwortet wurden! Enttäuschend dagegen, daß ungefähr die Hälfte der von mir angegebenen Namen nicht mehr aufzuspüren waren! Und wie genau registrierte man doch früher! Bei der anderen Hälfte stellte sich heraus, daß nur ein kleiner Teil von ihnen wirklich als Barometerhersteller gearbeitet hat. Die übrigen hatten sich entweder nur nebenbei damit beschäftigt, zum Beispiel als Möbelhersteller oder Glasbläser, oder sie hatten nur mit Barometern gehandelt. Ähnlich wie bei den sogenannten Comtoiser Uhren aus Frankreich ließ man in früherer Zeit als Händler seinen Namen auf Skalen oder Zifferblätter schreiben bzw. gravieren. Der wirkliche Hersteller blieb anonym. Es schien daher von geringem Nutzen zu sein, eine Liste mit Namen aufzustellen, die unvollständig bleiben mußte und dazu größtenteils nur Leute nennt, die gar nicht Hersteller waren.

Was wichtiger erschien, war die Einfügung eines Kapitels »Nützliche Winke«, worin Hinweise auf Anschaffung, Transport und Pflege von Barometern enthalten sind. Auch Fälschungen kommen darin zur Sprache. Hierüber gibt es leider so gut wie keine Literatur, sind doch gerade in letzter Zeit häufig Barometer nachgemacht worden, und zwar zuweilen so gut, daß sie kaum von alten zu unterscheiden sind. Anhand von Beispielen wird gezeigt, worauf man achtgeben muß, um nicht die Katze im Sack zu kaufen. Indem ich mich der Kritik überlasse, die ich zu würdigen weiß, sowie Anregungen erhoffe, wünsche ich dem Leser viel Vergnügen bei der Lektüre.

Ein Dankeswort ...

darf nicht fehlen, sind mir doch von vielen Seiten Fachliteratur, Bildmaterial und sachkundige Auskunft zur Verfügung gestellt worden. Insbesondere verdienen erwähnt zu werden die Universitätsbibliothek in Utrecht, die sich mit meinen Literaturwünschen und mit der Herstellung von Reproduktionen beschäftigt hat, sowie die Königlichen Bibliotheken von 's-Gravenhage und Brüssel. Auch das Museum Boerhaave in Leiden, das Universitätsmuseum und das Institut für Geschichte der exakten Wissenschaften in Utrecht, das Königlich Niederländische Meteorologische Institut in de Bilt, der Deutsche Wetterdienst in Offenbach, das Britische Museum und das Science-Museum in London und ihre Bibliotheken haben mir hervorragendes Studien- und Lichtbildmaterial verschafft. Ebenso müssen hier die Barometerbesitzer, die bereitwillig ihren kostbaren Besitz haben photographieren lassen, genannt werden. Prächtige Lichtbilder und vorzügliche Anregungen verdanke ich den Herren J. van der Ven in 's-Hertogenbosch, W. Habenicht in Bremen sowie den englischen Barometerfirmen Negretti & Zambra in Aylesbury und Pastorelli & Rapkin in London. Der Photograph Herr J. Kok in Hilversum kümmerte sich auf vortreffliche Weise und mit großer Sorgfalt um die Aufnahmen. Wertvolle Hinweise für mein Manuskript erhielt ich von den Herren Drs. P. van der Star, dem früheren Konservator des Museums Boerhaave in Leiden, und meinem Freund, Ing. Jan Suyderhoud. Ferner möchte ich meiner großen Wertschätzung für Herrn Christian Zinsser aus München Ausdruck verleihen, der mein Buch ins Deutsche übersetzt hat. Seiner Frau meinen Dank für die Herstellung des deutschen Manuskripts. Die angenehme Zusammenarbeit mit dem Übersetzer und dem Verlag Callwey in München war mir beim Zustandekommen der deutschen Ausgabe dieses Buches eine große Hilfe und hat mir gleichzeitig wahres Vergnügen bereitet.

Herzlichen Dank allen, nicht zuletzt meiner Frau Ethne und meinen Eltern, die mir sowohl mit der Tat als auch moralisch eine große Hilfe gewesen sind.

1

Kapitel 1
Das Prinzip des Quecksilberbarometers

Der Versuch von Torricelli

Wenn wir bis in die Anfangsperiode des Quecksilberbarometers zurückgehen wollen, so müssen wir uns in das 17. Jahrhundert versetzen, in welchem auf wissenschaftlichem Gebiet sehr wichtige Entdeckungen gemacht wurden. Man denke nur an das Pendel, das Teleskop, das Mikroskop, das Thermometer und – das Barometer. Von wem und wann genau das Quecksilberbarometer erfunden worden ist, läßt sich nicht mit ein paar Worten sagen. So wie Morsegeräte, Radio, Funk usw. mit dem unmittelbaren Ziel entwickelt wurden, Nachrichtensignale zu übermitteln, nicht aber Unterhaltungsprogramme, so ist das Quecksilberbarometer *nicht* erfunden worden, um mit seiner Hilfe das Wetter vorherzusagen, sondern einzig und allein als ein Instrument, mit dem sich das Gewicht der Luft und die Schwankungen, denen es unterworfen ist, angeben lassen. Daher das Wort Barometer, das von den griechischen Worten *βαρος* (báros = Schwere) und *μετρον* (métron = Maß) abgeleitet wurde. Ein Schweremesser also, ein Schweremesser für Luft, wohlverstanden. Die Luft rings um uns hat ein bestimmtes Gewicht, und kein geringes. Der Luftdruck, der überall auf der Erde herrscht, schwankt um den Wert ein Kilogramm pro Quadratzentimeter! Im täglichen Leben spüren wir nichts von einer enormen Last, die auf unsere Schultern drücken soll, weil die Luft uns überall umgibt und der Luftdruck allenorts gleichermaßen herrscht.

Eine Vorstellung von dem enormen Gewicht der Atmosphäre vermittelt schon der Versuch, den Deckel eines gefüllten Einmachglases abzuheben. Unter dem Deckel befinden sich – sofern man den Regeln entsprechend vorgegangen ist – nur die eingeweckten Nahrungsmittel und sehr wenig Luft. Diese ist größtenteils während des Einweckens zum Entweichen gebracht worden. Da die Fläche eines Einmachglasdeckels etwa fünfundsiebzig Quadratzentimeter beträgt, wirkt auf ihn eine Kraft von annähernd fünfundsiebzig Kilogramm! Kein Wunder, daß man den Deckel nicht ohne weiteres abheben kann!

Doch zurück in die erste Hälfte des 17. Jahrhunderts, als die Gelehrten andere Probleme hatten als das Einwecken von Früchten. Man rang bereits geraume Zeit mit der Lehre des griechischen Philosophen Aristoteles, der 384–322 vor Christus gelebt hatte. Diese Lehre war jahrhundertelang von der übermächtigen Kirche interpretiert worden. Nun begannen Gelehrte an der uralten Idee zu zweifeln, daß es keinen luftleeren Raum geben könne. Warum sollte das nicht möglich sein, fragte man. Wie schon öfter bei wichtigen Entdeckungen half ein Vorkommnis des alltäglichen Lebens ein wenig nach. In den Palastgärten bei Florenz war man um das Jahr 1635 damit beschäftigt, prächtige Wasserspiele anzulegen. Zu diesem Zweck mußte das Wasser aus einem tiefen Brunnen hochgepumpt werden. Man installierte eine Saugpumpe, mußte jedoch rasch feststellen, daß das nach oben gezogene Wasser in der langen Röhre nicht höher als etwa 18 florentinische Ellen, was etwa zehn Metern entspricht, gelangte, da über dem Wasser ein luftleerer Raum entstand. Wie kräftig auch gepumpt wurde, das Wasser blieb im Brunnen. Jetzt fragte man den berühmten Naturforscher Galileo Galilei, der sich durch seine »modernen« Ideen schon manchen Gegner geschaffen hatte, um Rat.

1 Galileo Galilei (1564–1642)

2 Evangelista Torricelli (1608–1647)

Auch Galilei war noch viel zu sehr der alten Lehre des Aristoteles verhaftet, um den luftleeren Raum naturwissenschaftlich erklären zu können. Daß die Wassersäule in der Röhre der Pumpe durch das Gewicht der Luft hochgedrückt wurde, das auf der Wasserfläche unten im Brunnen lastete, kam Galilei nicht in den Sinn. Wohl kannte er die These, daß Luft Gewicht haben müsse, aber zu weiteren Schlüssen gelangte er nicht. Doch kannte Galilei andere mit diesem Problem beschäftigte Forscher, und kurz danach (etwa 1640) wurden fachkundige Versuche angestellt, mit Hilfe einer elf Meter hohen, mit Wasser gefüllten Anlage einen luftleeren Raum zu erzeugen. Galilei, der sich über den Fall der Florentiner Wasserpumpe Aufzeichnungen gemacht hatte, starb 1642.

Sein Nachfolger als Naturforscher am Hofe des Herzogs von Toskana war Evangelista Torricelli, der die Aufzeichnungen seines Vorgängers – und gewissermaßen Lehrmeisters – fand und sich weiter damit beschäftigte. Offenbar hat er auch erst einmal mit Wasser experimentiert, jetzt aber nicht allein zu dem Zweck, einen luftleeren Raum zu schaffen, sondern vor allem, um zu zeigen, daß der Luftdruck dafür verantwortlich ist, daß die Wassersäule in der Höhe stehen bleibt. Torricelli stellte die mehr als zehn Meter

3 Beispiel eines Wasserbarometers, um 1654 hergestellt von Otto von Guericke, Bürgermeister von Magdeburg. Auch er ließ auf dem Wasser ein »Männchen« treiben. Links der gläserne Aufsatz und die Segmente der Bleiröhre. Das »Ungetüm« war über 11 m hoch!

lange Wasserröhre in seinem Haus auf und ließ den oberen Teil durch das Dach ragen. Er legte ein Holzmännchen auf das Wasser, das bei Schlechtwetter so tief nach unten sackte, daß es von der Straße her nicht zu sehen war, während es bei Schönwetter wieder über das Dach hinausragte. Torricelli bekam indessen Schwierigkeiten, weil man glaubte, er würde mit bösen Geistern zusammenarbeiten, und schließlich entfernte er sein Wasserbarometer wieder. Außerdem hielt er die Länge von elf Metern für sehr unpraktisch und suchte unter Mithilfe von Viviani, ebenfalls ein Schüler von Galilei, nach einer weniger umständlichen Methode.

Es ist nicht sicher, ob es Galilei war, der den Gebrauch von Quecksilber empfahl, oder einer seiner Schüler: Torricelli oder Viviani. Feststeht jedoch, daß Torricelli als erster versucht hat, »ein Instrument zu schaffen, das die Veränderung der Luft anzuzeigen vermag, einmal schwerer und dichter, dann wieder leichter und feiner.« Dies schreibt er an einen Freund im Sommer 1644, vervollständigt durch eine ausführliche Beschreibung des bekannten Versuchs mit der Glasröhre in einem mit Quecksilber gefüllten Gefäß. Er benutzte für den Versuch eine über einen Meter lange Glasröhre, die an einem Ende zugeschmolzen war und füllte sie ganz mit Quecksilber. Anschließend hielt er seinen Finger auf die Öffnung der Röhre, so daß das Quecksilber nicht entweichen konnte. Dann drehte er die Röhre um und stellte sie in ein breites Gefäß, das er ungefähr

4 Der Versuch von Torricelli, wie er um 1685 dargestellt wurde.

zur Hälfte mit Quecksilber gefüllt hatte. Er nahm seinen Finger von der Öffnung, und was geschah? Das Quecksilber in der Röhre sank ein wenig und blieb etwa auf einer Höhe von 76 cm stehen, gerechnet von der Oberfläche des Quecksilbers in dem Gefäß. Es war dies der berühmte Versuch von Torricelli, wie er aus der Physikstunde in der Schule bekannt ist. Im oberen Teil der Röhre – wo das Quecksilber verschwunden ist – herrscht Luftleere, bekannt als das Torricellische Vakuum.

Bahnbrechende Experimente wie der Versuch von Torricelli, der jahrhundertealte Theorien vom Tisch fegte, standen zur Zeit der Inquisition logischerweise am nächsten Tag nicht in der Zeitung, jedenfalls nicht in Italien. Wir bemerken in den ersten Jahren eine ängstliche Geheimhaltung in der italienischen Gelehrten- und Forscherwelt. In Westeuropa jedoch wurde ziemlich bald mit dem Versuch von Torricelli gearbeitet, anfangs, um ein Vakuum zu beweisen und um zu beobachten, welche Kraft in unserer Atmosphäre verborgen ist. Man ging aber noch weiter. Der französische Philosoph und Physiker René Descartes (1596–1650) – auch er wie Galilei zwischen alten und neuen Auffassungen hin und her gerissen – gelangte zu der Überzeugung, daß Luft Druck ausübt, und daß dieser Druck zuweilen schwankt. Er war 1648 der erste, der das Rohr von Torricelli mit einer Papierskala versah. Seit Verwendung dieser Skala konnte erst von einem Quecksilberbarometer gesprochen werden.

Mag auch die Ehre der Entdeckung Torricelli zukommen – er sprach schon 1644 von einem Instrument –, die Beiträge von Descartes, wie die Skalaeinteilung, dürfen nicht übersehen werden. Eine andere geniale Idee von Descartes war die These, daß der Luftdruck abnehmen müsse, je höher man in die Atmosphäre hinaufsteige. Ein anderer französischer Physiker, Blaise Pascal (1623–1662), stimmte dem zu und unternahm 1647 einen Versuch mit der Röhre von Torricelli am Fuß eines Pariser Turms. Er markierte die Höhe der Quecksilbersäule und wiederholte hierauf den Versuch oben im Turm. Tatsächlich war ein geringer Unterschied zwischen beiden Quecksilberniveaus festzustellen. Oben im Turm war der Luftdruck geringer als zu ebener Erde. Demzufolge stand oben im Turm das Quecksilber niedriger als unten. Später wurde der Versuch von Pascals Schwager wiederholt, und zwar auf dem Puy de Dôme in der Auvergne, der sich hierzu mit seiner Höhe von beinahe 1500 m wesentlich besser eignete als der viel niedrigere Turm in Paris. Die Luft auf dem Berg übte deutlich meßbar weniger Druck aus als unten. Man war wieder einen Schritt weiter. Die Grundlage der Höhenmessung war gelegt, die später vor allem von den Franzosen in großem Umfang angewandt werden sollte.

Für die Anwendung in der Wetterkunde war Torricellis Röhre noch nicht ganz reif. Erst in der Zeit von 1650 bis 1660 wurde allmählich der Zusammenhang zwischen den Schwankungen des Luftdrucks und den Änderungen des Wetters bekannt. Besonders in

5 Robert Boyle (1627–1691)

England folgte in schnellem Tempo eine Untersuchung der anderen, wobei sich u.a. Robert Boyle und Robert Hooke sehr verdient gemacht haben. Bereits um 1650 begegnen wir dem Wort »Barometer« und etwa zehn Jahre später dem »Baroskop«, aber dieses Wort geriet dann bald wieder in Vergessenheit. Allmählich machten sich Instrumentenhersteller, Uhrmacher und Optiker an die Anfertigung von Barometern, zu Anfang erst noch für wissenschaftliche Zwecke, aber sehr bald, etwa 1670–1680, auch für den Privatgebrauch. Zu dieser Zeit bereits werden Barometer in Londoner Läden verkauft. Schon kurz darauf begegnen wir der bekannten Skalaeinteilung in inches (englischen Zoll), die immer noch verwendet wird, mit feststehender Wettermarkierung wie SETTLED FAIR, CHANGEABLE, MUCH RAIN usw. Auf dem europäischen Festland finden wir auf den Barometerskalen des 18. und 19. Jahrhunderts Unterteilungen in z.B. französischen, rheinischen oder anderen Zoll und später auch Skalen mit Millimeter- und Millibareinteilung. Hinsichtlich eines Vergleichs der Skalen verweise ich auf die letzten Seiten dieses Buches.

In der zweiten Hälfte des 17. Jahrhunderts dachte man über allerlei Varianten des Torricelli-Prinzips nach. So verlangte man nach einem weniger umständlichen und risi-

6 *Robert Boyle entdeckte, daß die Konstruktion der »Röhre mit losem Gefäß« von Torricelli durch eine unten umgebogene Röhre ersetzt werden konnte. Dieser Typ wurde Siphonröhre genannt.*

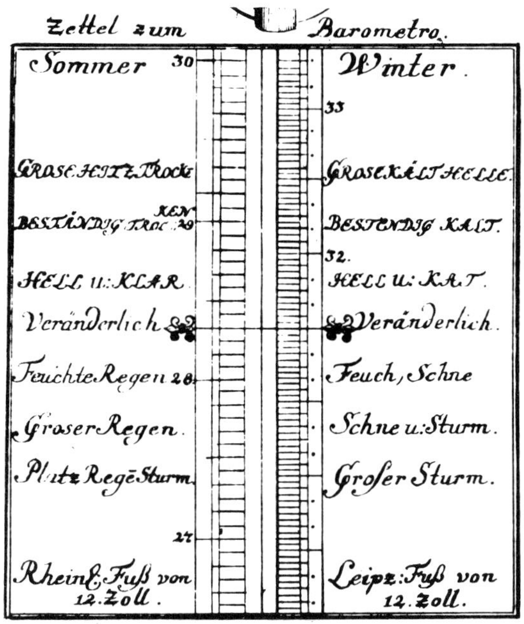

7 *Eine deutsche Barometerskala aus dem 18. Jahrhundert, links mit der rheinischen und rechts der – weniger bekannten – Leipziger Zolleinteilung.*

koträchtigen System als dem der Röhre mit ihrem losen offenen Quecksilbergefäß. Das Quecksilber konnte leicht entweichen und es bildeten sich viel zu rasch Luftblasen in der Röhre, wodurch eine genaue Angabe unmöglich wurde. So wurde aus der Röhre Torricellis innerhalb einiger Jahrzehnte ein System mit festem Behälter, welches hin und wieder »quecksilberdicht« ausgeführt war. Das Barometer eignete sich nun auch für den Transport.

Ein weiterer Wunsch war die Erreichung größerer Genauigkeit beim Ablesen. Das Ablesen machte manchmal Probleme. Man darf nicht vergessen, daß der Luftdruck nur unter besonderen Umständen zwischen etwa 72 bis 79 cm Quecksilbersäule schwanken kann. Das führt zu einem Ablesebereich von höchstens 7 cm, aber im allgemeinen halten sich die Schwankungen sogar innerhalb eines Rahmens von 5 cm. Berücksichtigen wir dabei auch die Zerbrechlichkeit der Röhren aus jener Zeit, mit ihren niemals gleichen Innendurchmessern, dann ist begreiflich, daß nach Methoden gesucht wurde, die Ableseskala zu verlängern. So konstruierte Robert Hooke kurz nach 1660 ein Barometer mit einem Zeiger, den Prototyp des Radquecksilberbarometers, dessen System bis weit hinein ins 19. Jahrhundert bei dem bekannten Zeiger- oder Banjobarometer angewandt worden ist. Andere Erfindungen aus der zweiten Hälfte des 17. Jahrhunderts auf dem Gebiet der Skalavergrößerung sind die wegweiserähnlichen Winkelbarometer von Sir Samuel

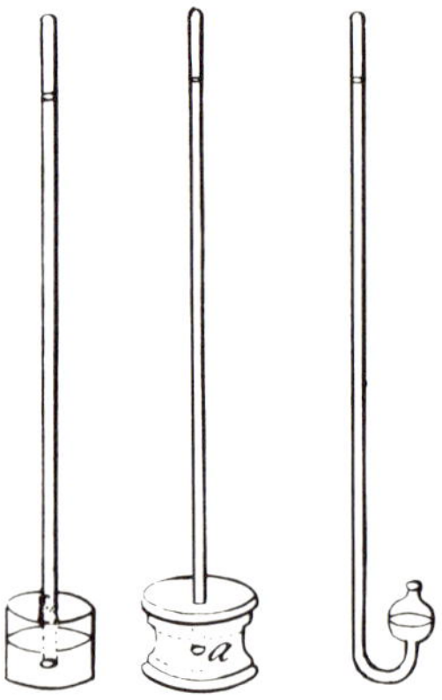

8 Links: Quecksilberröhre in einem losen Gefäß (Versuch von Torricelli). Mitte: Quecksilberröhre mit hölzernem Behälter. Rechts: Umgebogene Quecksilberröhre (Siphonröhre) mit Glasbehälter.

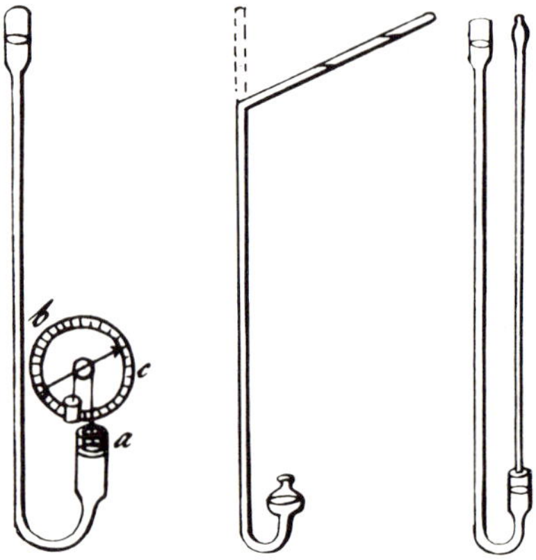

9 Einige Systeme mit vergrößerter Skala. Links: Das Radsystem. Mitte: Die (diagonale) Winkelröhre. Rechts: Die Kontraröhre.

Morland aus dem Jahre 1670, in späteren Jahrhunderten bekannt geworden als »sign post-Barometer«, und nicht zu vergessen das Kontrabarometer, eine Erfindung des Niederländers Christiaan Huygens, welche wir im niederländischen Bakbarometer wiederfinden. Auffallend ist, daß Barometer am häufigsten in England und den Niederlanden hergestellt wurden. Das ist nicht zuletzt der wichtigen Rolle zu verdanken, welche die Seefahrt in diesen Ländern spielte. Hinzu kommt, daß in den südeuropäischen Ländern andere – weniger launenhafte – Witterungsbedingungen herrschen als dort, so daß die Neugier auf das Wetter von morgen nicht so entstehen konnte wie im Norden. Frankreich nimmt gewissermaßen eine Zwischenstellung ein. In diesem Land entstanden, wenn auch in bedeutend bescheidenerem Umfang als in England, eine Menge prächtiger Barometer. Deutschland hat eine viel dürftigere Barometergeschichte, und es sind nur wenig wirklich schöne Musterstücke bekannt. Die meisten im Handel befindlichen deutschen Exemplare sind jüngeren Datums und sehr einfach, was auch bei Barometern aus anderen Ländern Mitteleuropas und aus Skandinavien der Fall ist. Mit dieser pauschalen Aufzählung von Tatsachen, Namen und Jahreszahlen über die Anfangsjahre des

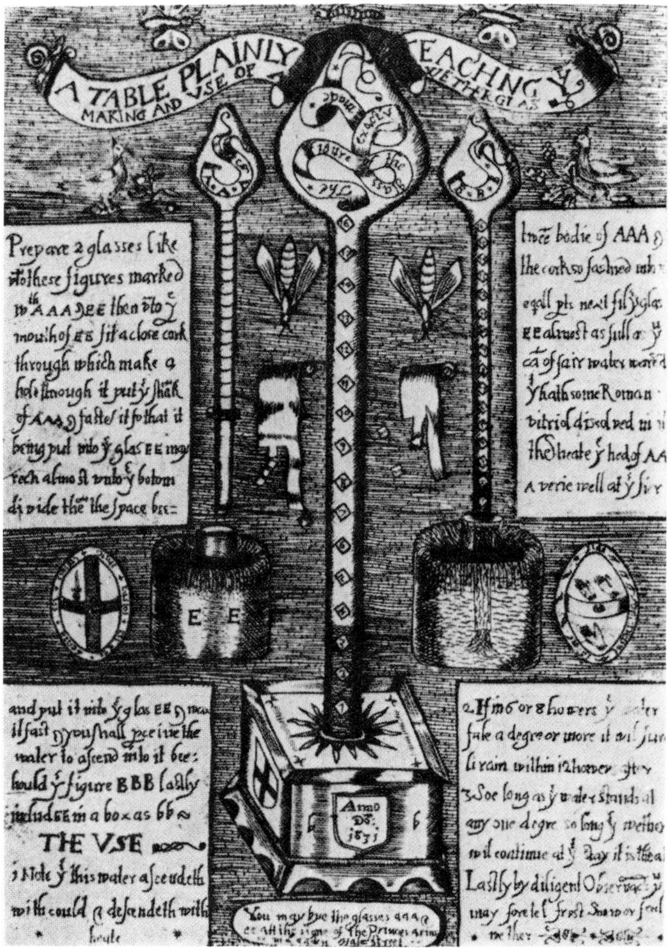

10 *Eine aus dem Jahr 1631 stammende Beschreibung eines Wetterglases*

Barometers soll keineswegs der Eindruck erweckt werden, als hätte vor 1650 niemand an Instrumente für Wettervorhersagen gedacht. Obwohl nur summarische Daten hinterlassen wurden, liegt doch eine Abbildung aus dem Jahre 1631 vor, die in englischer Sprache eine vollständige Beschreibung der Anfertigung eines Wetterglases enthält. Allerdings funktioniert es nicht auf Quecksilberbasis, sondern mit Wasser, in dem Kupfersulfat gelöst ist. Ein derartiges Instrument aus jener Zeit ist freilich nirgends gefunden worden, weshalb wir uns auf die Authentizität des Dokuments verlassen müssen. Die Beschreibung gibt jedoch zu wenig Information über die Luftdichtigkeit des Systems. Sicher hatten sowohl die Temperatur als auch der Luftdruck Einfluß auf die Höhe der Flüssigkeit in der Röhre. In diesem Fall hat das »Wetterglas« nur in beschränktem Umfang Wert zur Wettervorhersage gehabt. Noch weiter in die Vergangenheit zurückgehend begegnen wir in Gent einem mit dem Datum 1619 versehenen »vergessenen« Dokument über Gijsbrecht de Donckere, aus dem hervorgeht, daß schon damals – lange vor Torricelli – ein Instrument existierte, mit dem das Wetter vorhergesagt werden konnte! Auf dieses interessante Dokument komme ich in Kapitel 8 ausführlich zurück.

Kapitel 2
Verwandte Instrumente

Thermometer, Hygrometer, Hilfsmittel beim Ablesen

Um die Entwicklung des Barometers besser verfolgen zu können, ist es nützlich, über jene Instrumente einigermaßen Bescheid zu wissen, die oft in Verbindung mit dem Barometer in Gebrauch waren. Dieses Kapitel behandelt das Thermometer, das Hygrometer, die Wasserwaage, das Psychrometer und den Nonius, von Vernier 1631 erfunden, aber fälschlich nach dem Portugiesen Pedro Nunes (1502–1578) benannt.

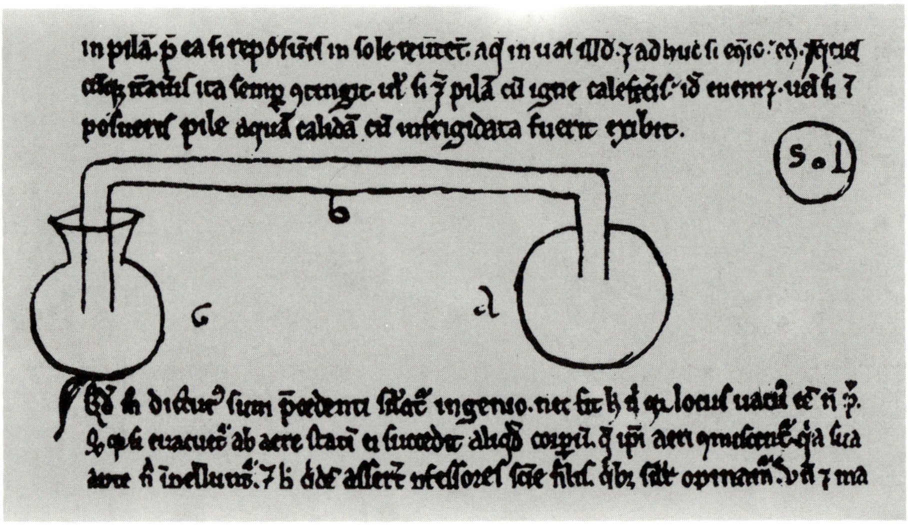

11 Eine der ältesten bekannten Abbildungen eines offenen Thermometers. Diese Zeichnung stammt aus dem 12. oder 13. Jahrhundert.

Das Thermometer

In Verbindung mit dem Barometer ist das Thermometer am häufigsten in Gebrauch. In ihm finden wir das griechische Wort θερμος (thermós = warm) wieder. Mag dieses kleine Instrument auch noch so einfach aussehen, seine Geschichte ist es nicht. Zum einen besteht immer noch Ungewißheit darüber, wer das Urthermometer erfunden hat, zum anderen wurden – vor allem im 18. Jahrhundert – überall in Europa eigene Skaleneinteilungen geschaffen, so daß die Verwirrung hinsichtlich der Entwicklung dieses Geräts beträchtlich ist.

Vermutlich stammt die Grundlage für die Messung von Temperaturunterschieden mit Hilfe von Luft und Flüssigkeit bereits aus den Jahren vor Christi Geburt. Mit größerer Sicherheit wissen wir, daß Galilei schon gegen Ende des 16. Jahrhunderts das Phänomen der Ausdehnung von Luft bei Erwärmung kannte und damit experimentierte. Ob er auch Skaleneinteilungen benutzte, ist nicht bekannt. Bis etwa 1650 begegnen wir verschiedenen Typen von Thermometern, denen allen gemeinsam ist, daß sie mit der umgebenden Luft in offener Verbindung stehen. Die Glasröhre ist mit einer Meßflüssigkeit – zumeist Wasser – und Luft gefüllt. Bei Erwärmung dehnt sich die Luft aus und verdrängt das Wasser. Die Abkühlung kehrt den Vorgang um. Spätere Typen bestehen aus einer hermetisch geschlossenen Röhre, die nach Entfernung der Luft nur zum Teil mit Alkohol oder Quecksilber gefüllt wurde. In diesem Fall wird die Ausdehnung der Flüssigkeit zur Messung ausgenutzt.

Doch zurück zum »offenen« Thermometer, dessen früheste bekannt gewordene Zeichnung mit Skalaeinteilung aus dem Jahre 1611 stammt. 1617 lesen wir zum ersten Mal den Namen »Thermoscopium« und um 1625 erscheint das Wort »Thermometer«. Als Erfinder des offenen Thermometers – als Meßinstrument wohlverstanden – werden

12 Santoro Santorio (Sanctorius) (1561–1636)

13 Cornelius Drebbel (1572–1633)

die Italiener Santoro Santotio (Sanctorius) und der Niederländer Cornelius Drebbel genannt.

Das »offene« Thermometersystem aus der ersten Hälfte des 17. Jahrhunderts stellte sich als nicht sehr zuverlässig heraus. Infolge der offenen Verbindung zwischen der Flüssigkeit in der Röhre und der Luft ringsum wird die Höhe der Flüssigkeit ebenso durch Luftdruckschwankungen beeinflußt wie durch Temperaturunterschiede. Erst nach Torricellis Versuch mit der Quecksilberröhre entstand Klarheit darüber, daß ein offenes Thermometersystem von Luftdruckschwankungen abhängig war. Schon kurz nach 1650 erscheinen dann die ersten geschlossenen Thermometer – gefüllt mit Weingeist (Alkohol) – erfunden von Ferdinand II., Großherzog von Toskana. Bereits 1654 wurden unter seiner Anleitung Temperaturmessungen registriert, und die sogenannten Florentiner Thermometer kamen in immer größerer Anzahl auf den Markt. Mit Quecksilber als Flüs-

15 Aus derselben Serie von Stichen stammt diese Darstellung des offenen Thermometers, dessen Erfindung Drebbel zugeschrieben wird und das in den Niederlanden während der ersten Hälfte des 17. Jahrhunderts häufig verwendet wurde.

14 Einfache Form eines offenen Thermometers nach einem Stich aus dem Ende des 17. Jahrhunderts.

sigkeit wurde damals ebenfalls experimentiert. Aber weil Alkohol die Eigenschaft hat, sich weit stärker auszudehnen als Quecksilber, vernachlässigte man eine Zeitlang dessen Gebrauch. Zwischen 1660 und 1670 wurde das geschlossene Thermometer in Europa immer bekannter, und es wurden überall Versuche damit gemacht. Dabei ging es nicht nur um die Art der Flüssigkeit, sondern auch um die Festlegung der Skalaeinteilung. Bereits im 17. Jahrhundert finden wir als feste Markierung für niedrige Temperaturen den Gefrierpunkt des Wassers bzw. die Temperatur von schmelzendem Eis. Als Fixpunkt bei hohen Temperaturen diente der Siedepunkt des Wassers. Zu allem Leidwesen wurden im 18. Jahrhundert noch viele verschiedene Skalaeinteilungen ersonnen. Bei der Festlegung einiger Skalen ging man von höchst willkürlichen und wenig zuverlässigen »Fixpunkten« aus, wie z.B. von der Temperatur eines sehr tiefen Kellers oder der von schmelzender Butter . . . ! Die Anzahl Skalen aus dem späten 17. sowie dem 18. Jahrhundert beläuft sich auf weit über siebzig! Manche waren nur an bestimmten Orten in Gebrauch und bestanden lediglich einige Jahrzehnte. Es gibt sogar Beispiele mit nicht

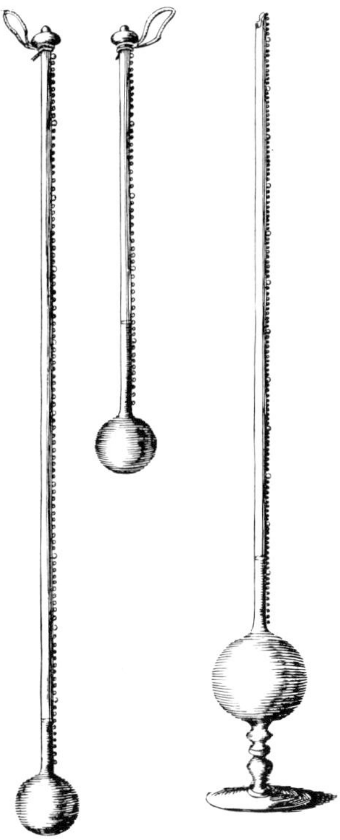

16 Einige Florentiner (geschlossene) Alkoholthermometer aus dem 17. Jahrhundert.

17 Abbildung eines Thermometers aus dem 17. Jahrhundert.

weniger als 18 Skalen auf einem einzigen Thermometer! Daß man selbst bis zum heutigen Tag noch keinen Standard hat erreichen können, ist daraus zu ersehen, daß auf den im allgemeinen Gebrauch befindlichen Thermometern Celsius- und Fahrenheit-Grade gemeinsam angegeben werden. Diese beiden Skalen sind zusammen mit der von Réaumur die einzigen, die aus dem Wirrwarr des 18. Jahrhunderts übriggeblieben sind.

Die Skalaeinteilung des Deutschen Daniel Gabriel Fahrenheit (1686–1736) stammt etwa aus dem Jahr 1717 und erregte überall Aufsehen. Vor dieser Zeit benutzte Fahrenheit eine Skala von 0°–24°, jedes Grad in vier Teile unterteilt. Im Jahre 1717 ging er auf die Skala 0°–96° über bei der der Siedepunkt des Wassers bei ungefähr 212° liegt. Die Mundtemperatur eines gesunden Menschen beläuft sich auf 96° und die von schmelzendem Eis oder Schnee auf 32°. Diese letztere Temperatur war Fahrenheits einziger Fixpunkt. Er verwendete für seine Thermometer sowohl Quecksilber als auch Alkohol.

Der Franzose René de Réaumur entwarf 1730 eine Thermometerskala und stiftete mit seiner Beschreibung der festen Meßpunkte bei seinen Landsleuten ziemliche Ver-

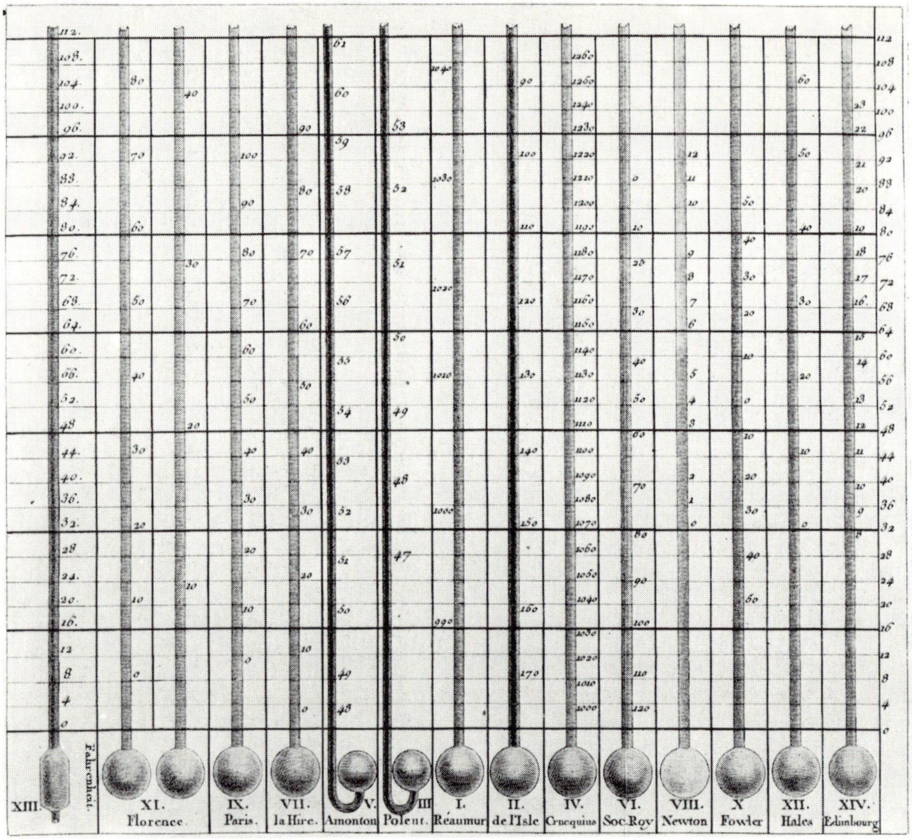

18 Eine Vergleichsskala aus dem 18. Jahrhundert mit 15 verschiedenen Thermometerskalen. Darauf befindet sich ein kleiner Fehler: »Polent« (in der Mitte, es muß heißen: »Poleni«).

19 René Antoine Ferchault de Réaumur (1683–1757)

20 Anders Celsius (1701–1744)

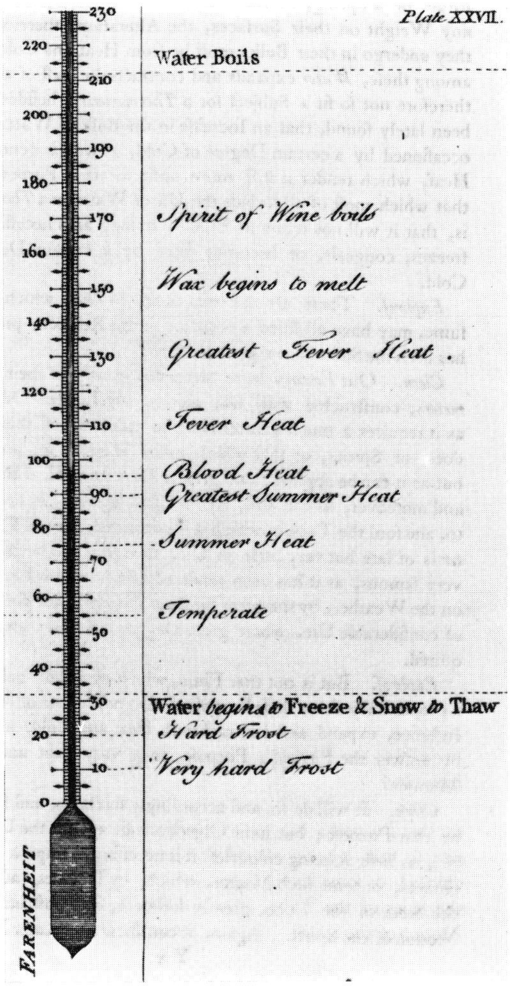

21 Abbildung eines Fahrenheit-Thermometers aus dem 18. Jahrhundert. Von Fahrenheit selbst ist kein Bild bekannt.

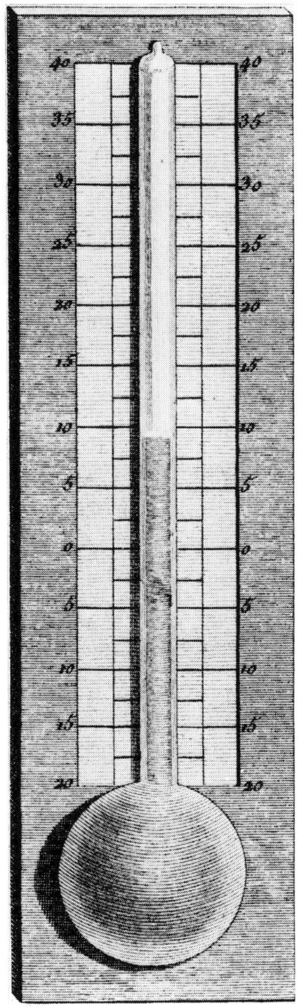

22 Abbildung eines Réaumurthermometers aus dem 18. Jahrhundert.

wirrung. Infolgedessen können die Réaumur-Skalen voneinander abweichen. Seine Temperatur-Fixpunkte waren folgende: der Gefrierpunkt des Wassers bei 0°, der Siedepunkt des Wassers bei 80°. Er verwendete meistens Alkohol für seine Thermometer.

Dem Schweden Anders Celsius wird die Erfindung der Centesimal-Skala zugeschrieben. Das ist vermutlich nur die halbe Wahrheit. Zwar ist das Prinzip der bekannten und jetzt gebräuchlichsten Skala mit der Einteilung in 100° zwischen Gefrierpunkt und Siedepunkt des Wassers Celsius zu verdanken. Doch hatte Celsius den Siedepunkt auf 0° und den Gefrierpunkt auf 100° festgelegt. Die heutige – logische – Skala ist aber genau entgegengesetzt, eine von Celsius' Freund Carl von Linné (Linnaeus) 1745 vorgeschlagene Umkehrung. Um die Verwirrung nun noch größer zu machen, sei hier berichtet, daß uns ein Thermometer von Jean Pierre Christin (1683–1755) mit genau derselben

Skala wie die von Linnaeus bekannt ist, nur stammt es aus dem Jahre 1743. Diese Skala von Christin war vor allem als Lyoner Skala bekannt, doch hat sich die Bezeichnung »Centigrade« (Zentigrad) schließlich durchgesetzt. Diese Benennung läßt die Identität des »Erfinders« außer Betracht, und das ist vielleicht richtig so. Allerdings ist die Bezeichnung Grad Celsius in verschiedenen Ländern, darunter den Niederlanden und Deutschland, allgemein üblich.

Der englische Naturwissenschaftler William Thomson, besser bekannt als (Lord) Kelvin, ist der Begründer einer Skala, die sich vor allem bei der Verwendung in Naturwissenschaft und Technik hervorragend bewährt. Kelvin ging vom absoluten Nullpunkt (−273,15°C) aus. Der Skala von Kelvin begegnet man nicht auf antiken Barometern; mehr darüber in Teil III auf Seite 201, wo das Thermometer grundlegender behandelt wird.

23 Lord Kelvin (William Thomson) (1824–1907)

Betrachten wir den Gebrauch des Thermometers, dann sehen wir durch die Jahrhunderte hindurch sowohl »lose« Thermometer als auch Kombinationen mit anderen Instrumenten wie z.B. Barometern. Auf Barometern aus dem 18. Jahrhundert ist das Thermometer meistens fest montiert, entweder auf der Skala des Barometers selbst oder in einem Schränkchen auf dem Holzgehäuse des Barometers. Bezeichnend für alte Thermometer sind kurze Angaben wie z.B. in Holland: »Bloed warm« (blutwarm), »Heete lug« (heiße Luft) und »Felle vorst« (strenger Frost), oder in England: »freezing« und »fever heat«. Im 19. Jahrhundert kommt dann das abnehmbare Thermometer in Gebrauch, so daß die Temperatur auch in anderen Räumen gemessen werden konnte, ohne daß das ganze Gerät von der Wand heruntergenommen werden mußte. Namentlich auf Banjobarometern kommen diese oft mit einem Aufhänger versehenen, abnehmbaren Thermometer vor.

Sowohl Alkohol als auch Quecksilber fanden dabei Anwendung, so daß es riskant ist, aus dem Vorhandensein der einen oder anderen Flüssigkeit Rückschlüsse auf die Datierungen zu ziehen, zumal da manche Röhre im Laufe der Jahre entzweigegangen und durch eine mit anderer Flüssigkeit ersetzt worden ist. Einen besseren Anhaltspunkt für Datierungen bilden die Jahreszahlen auf den Skalen von Thermometern, die in der Mehrzahl aus dem 18. und 19. Jahrhundert stammen. Vor allem auf niederländischen Gefäßbarometern finden wir bei den Thermometerskalen – durchweg in Fahrenheit und/oder Réaumur – Ortsnamen angegeben mit einer Jahreszahl daneben. In den meisten Fällen beziehen sie sich auf den Sitz einer der Akademien, die eine Zeitlang als Eichzentren gedient haben. Bekannt waren hauptsächlich Amsterdam, Paris und Florenz, aber es gab mehr.

Vor allem wurden von den Herstellern der Instrumente extrem tiefe und hohe Temperaturen aus jenen Jahren als Erinnerungsmaßstab übernommen und in manche Skalenplatten mit eingraviert. So sehen wir z.B. bei 94°F »Utrecht 1733« stehen. Das muß ein zum Ersticken heißer Rekord gewesen sein. Eine tiefe Spitzentemperatur wie −31°F wird z.B. angezeigt als »St. Petersburg 1758«. Daraus ist auf jeden Fall zu schließen, daß das betreffende Barometer oder Thermometer erst nach dem Eichdatum angefertigt wurde. Man nennt dies eine Datierung »post quem«. Alles in allem kann man behaupten, daß die Geschichte des Thermometers sicherlich nicht hinter der des Barometers rangiert.

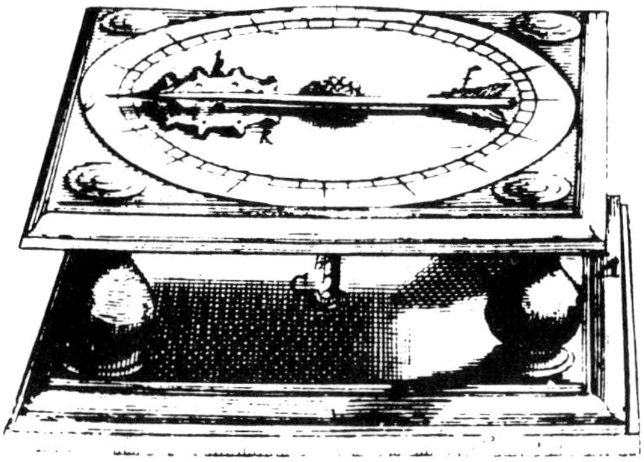

24 Abbildung von Robert Hookes »oat beard hygrometer« (Haferbarthygrometer) aus dem 17. Jahrhundert

Das Hygrometer

Hygrometer kommt vom griechischen Wort ὑγρος (hygrós = feucht), wodurch sich der Zweck dieses kleinen Instruments leicht erraten läßt. Auch wegen seines Ursprungs müssen wir bis ins 17. Jahrhundert zurückgehen. Soweit bis jetzt bekannt ist, wird es zum ersten Mal vom französischen Globetrotter Balthasar de Monconys erwähnt, der 1646 in Italien war. Er besuchte dort u.a. Torricelli, der ihm »wilden Hafer vorsetzte, um zu sehen, ob trockenes oder feuchtes Wetter herrschte.«

Hier wird man fragen, was denn wilder Hafer wohl mit einem Hygrometer zu tun habe. Nun, es war bekannt, daß an der Spreu von wildem Hafer eine Art Barthaar wächst in der Form eines kleinen Widerhakens, der die Eigenschaft besitzt, sich bei trockenem Wetter zusammenzurollen und bei feuchtem auszustrecken. Man machte sich dieses

Verhalten durch Anwendung des Barthaares als Feuchtigkeitsmesser zunutze. In der Regel fertigte man eine kleine runde Zeigerplatte an mit einem kleinen Loch in der Mitte. Durch dieses wurde das Barthaar gesteckt, auf welches man einen äußerst leichtgewichtigen kleinen Zeiger, meistens einen kleinen Strohhalm, leimte. Das auf diese Weise hergestellte Hygrometer war ziemlich ungenau und eher ein Indikator von Trockenheit oder Feuchtigkeit als ein reines Meßgerät. Trotzdem begegnen wir beinahe stets »richtigen« Skalaeinteilungen auf den »Haferbarthygrometern«.

Das Barthaar war nicht nur ungenau sondern wurde mit der Zeit auch spröde und ging bald kaputt. Deshalb gibt es kein altes Hygrometer mehr, das noch mit seinem ursprünglichen Haferbart, oder wie die Engländer sagten, mit dem oat beard, funktioniert. Übrigens verwendete man ab und zu auch andere feuchtigkeitsempfindliche Materialien, die dauerhafter waren, z.B. kleine Stücke Darmsaite.

Erst in der zweiten Hälfte des 18. Jahrhunderts begegnen wir dem Hygrometer auf Barometern. Man hatte entdeckt, daß für eine gute Wettervorhersage nicht nur die Kenntnis des Luftdrucks von Bedeutung ist, sondern daß auch die Luftfeuchtigkeit eine Rolle spielt. Zahlreiche Hygrometer wurden in die bekannten Banjobarometer eingebaut, in der Regel in das Oberteil. Ebenso wie die Thermometer waren viele Hygrometer abnehmbar, so daß der Eigentümer des Barometers Feuchtigkeitsmessungen in einem anderen Raum vornehmen konnte. Es heißt, daß das Hygrometer zuweilen in ein Bett gelegt wurde, um beurteilen zu können, ob ein Bettwärmer notwendig war . . .

Ob die Hygrometer durchweg von vornherein funktioniert haben, dürfte zweifelhaft sein. Vermutlich haben viele Barometerhersteller im Laufe des vorigen Jahrhunderts das empfindliche Barthaar weggelassen und sich kurzerhand damit begnügt, einen kleinen Strohhalm auf einen kleinen Pflock zu kleben. Das Traditionsgefühl der Engländer hat dafür gesorgt, daß das kleine Instrument – ob es nun funktionierte oder nicht – das ganze 19. Jahrhundert hindurch seinen Platz auf zahllosen Barometern behaupten konnte. Dasselbe gilt für die Wasserwaage, die wir auf manchem Barometer finden.

Die Wasserwaage

Im Unterteil von Banjobarometern befindet sich manchmal eine Wasserwaage. Sie besteht aus einem gläsernen Röhrchen von einigen Zentimetern Länge, gefaßt in einer kleinen, zumeist runden, hin und wieder auch rechteckigen, versilberten Messingplatte. In diese Platte war oft der Name des Herstellers oder Händlers eingraviert. Der Zweck des Instruments, das in der Regel mit Alkohol gefüllt und mit einer Luftblase versehen ist, läßt sich erraten. Das Barometer mußte ja senkrecht hängen und die Wasserwaage sollte dem Barometerbesitzer dabei helfen. Eigentlich ein bißchen übertrieben, zumindest für ein Hausinstrument, denn so schwierig konnte es doch gar nicht sein, etwas Schlankes wie ein Barometer »nach Augenmaß« senkrecht zu hängen.

Das Wasserwaagenröhrchen mußte im übrigen etwas gebogen sein, um der Luftblase die Möglichkeit zu bieten – bei korrekter Stellung – in der Mitte zu verharren. Witzig dabei ist, daß beinahe alle in Hausbarometer eingebaute Wasserwaagen senkrecht angebracht sind. Die Luftblase drängt daher entweder nach links oder nach rechts und bleibt selten oder niemals in der Mitte, mag das Barometer auch noch so gerade hängen. Wenn sich dann auch noch herausstellt, daß zahllose Röhrchen vom ersten Tag an schief montiert waren, dann können wir uns vielleicht mit Recht über das Traditionsbewußtsein des britischen Nachbarn amüsieren, der es hinnahm, sich das ganze 19. Jahrhundert hindurch verspotten zu lassen.

Aber auch unsere Vorväter in Holland haben, wenn auch in geringem Umfang, »niederländische« Banjobarometer benutzt mit zweifelhaften Hygrometern und Wasserwaagen, von denen allerdings manche in England hergestellt und nach den Niederlanden exportiert worden sind. Für die wenigen deutschen Banjos dürfte dasselbe gelten.

Doch nun vom Haferbarthygrometer und der Wasserwaage zu einem oft mit dem Barometer kombinierten Gerät, das die relative Luftfeuchtigkeit wirklich genau anzeigt – dem Psychrometer.

Das Psychrometer

Seine Erfindung wird dem Berliner Ernst Ferdinand August (1795–1870) zugeschrieben. Das griechische Wort ψυχρος (psychrós = kalt) erklärt nur ein wenig von diesem besonderen Instrument.

Das Psychrometer besteht aus zwei gleichartigen Thermometern, die nebeneinander angebracht sind, meist links und rechts der Barometerröhre auf der Skala. Bei einem der beiden Thermometer wird der kleine Behälter beständig mit Hilfe von Wasser naß gehalten, so daß dort durch die Wasserverdampfung Abkühlung entsteht. Je trockener die umgebende Luft, je schneller verdampft das Wasser, und das »nasse« Thermometer zeigt niedrigere Temperaturen an. Das Entscheidende dabei ist, daß der Unterschied in den Temperaturangaben des »normalen« trockenen Thermometers und seines »nassen« Nachbarinstruments einen Maßstab für die relative Luftfeuchtigkeit ergibt.

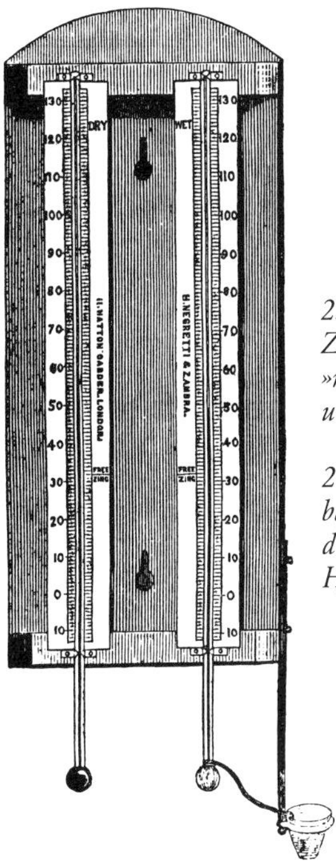

25 Ein Psychrometer der Londoner Firma Negretti & Zambra. Links das »trockene« Thermometer. Rechts das »nasse«, komplett mit baumwollumkleidetem Behälter und kleinem Wassergefäß.

26 Ein Nonius, auf die Skala eines englischen Zeigerbarometers montiert, aus der Mitte des 18. Jahrhunderts. Links ein Fahrenheitthermometer und oben ein Hygrometer.

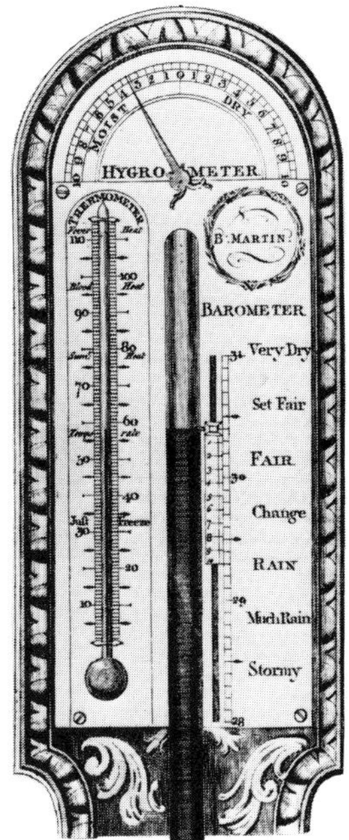

Für die Vorhersage bestimmter Wettereigenschaften bildete dieses Instrument, das um 1825 in Betrieb genommen wurde, eine wertvolle Ergänzung zum Barometer (Einzelheiten s. technischer Teil III, S. 202).

Der Nonius (Vernier)

Vielfältig im Gebrauch, vor allem auf Stockbarometern des 19. Jahrhunderts, ist das etwa 1630 von dem Franzosen Pierre Vernier (1580–1637) erfundene »Vernier«, im niederländischen und deutschen Sprachraum, wie schon erwähnt, besser bekannt als Nonius. Dieser Ausdruck hat sich sowohl in der Umgangssprache als auch in der Fachliteratur derart eingebürgert, daß im folgenden stets von Nonius die Rede sein wird.

Der Nonius ist eine Hilfsskalaeinteilung, die die Ablesung des Barometers mit großer Genauigkeit ermöglicht. Die Skalen auf den Skalablättern bzw. -platten von englischen Stockbarometern z.B. sind durchweg in Zehntel eines Zolles eingeteilt. Wollte man noch genauer ablesen, wurde die Skala mit einem Nonius ausgerüstet, wodurch die Ablesegenauigkeit auf ein Hundertstel Zoll gesteigert wurde. Eine solche Hilfsskalaeinteilung ist beweglich und sitzt zwischen der Quecksilberröhre und der Grobeinteilung der Skala auf dem Skalenblatt. Der Nonius, an welchem ein feiner Zeigerstift sitzt, wird auf die Höhe des Quecksilberniveaus eingestellt (Einzelheiten s. S. 205).

Doch kommt der Nonius erst dann zur Geltung, wenn das Barometer selbst einen hohen Grad an Genauigkeit erreicht. Das ist jedoch bei den meisten Hausinstrumenten nicht der Fall. Es gibt Einflüsse von außen, welche die Genauigkeit eines Barometers mindern können. Ein Nonius kann keine Ungenauigkeit beseitigen, ebensowenig wie ein unscharfes Zeitungsphoto unter einer Lupe schärfer wird. Man hat den Nonius auf vielen Barometern – wobei wir die Exemplare für den wissenschaftlichen und meteorologischen Gebrauch außer Betracht lassen – auch viel eher als einen handlichen Anzeiger der Höhe der Quecksilbersäule anzusehen sowie als Gedächtnisstütze für die Ablesung zu einem späteren Zeitpunkt. Es ist dann unmittelbar zu sehen, ob das Quecksilber in einer bestimmten Zeit, zum Beispiel während eines ganzen Tages, viel oder weniger gesunken oder gestiegen ist. So kann eine Tendenz gut wahrgenommen werden. Deshalb hat man auch beinahe jedes Barometer, wenn es keinen Nonius hat, mit einem fest einstellbaren Zeiger ausgerüstet, der im weiteren Verlauf dieser Abhandlung »Tendenzzeiger« genannt wird.

Zusatzgeräte

Neben den oben schon behandelten Zusatzgeräten wurden mit Barometern ab und zu auch Uhren kombiniert, ganz vereinzelt auch ewigwährende Kalender. Ein kleines Instrument, das später noch besprochen wird, ist das Sturmglas, das hauptsächlich auf das victorianische Fitzroy-Barometer aufgesetzt wurde. Ein weiteres Zubehörteil, das eine besondere Periode kennzeichnet, ist der gewölbte Butlerspiegel, den man auf vielen Banjobarometern antrifft. Weil er ein Ornament ist und darum nicht in dieses Kapitel gehört, wird später bei der Behandlung der Banjobarometer darauf eingegangen.

Kapitel 3
Vom Brett zum Stock

Die Entwicklung des Hausbarometers in Westeuropa

Von den ersten Barometern, die bereits in den siebziger Jahren des 17. Jahrhunderts in England verkauft wurden, ist nichts erhalten. Sehr hübsch dürften die ersten Exemplare nicht gewesen sein, bestanden sie doch aus nicht viel mehr als einem Brett mit einer Torricelli-Röhre darauf und einer einfachen Skalaplatte. Diese Barometer wurden von Optikern hergestellt, und die ersten Käufer waren vor allem wohl Wissenschaftler. Schon bald

27 Inserat von John Patrick ungefähr aus dem Jahre 1705. Nr. 1 stellt ein sog. konisches Barometer dar, worüber man mehr im Kapitel 6 lesen kann. Nr. 2 ist ein Diagonalbarometer mit einem Spiegel, das ebenfalls in Kapitel 6 behandelt wird. Nr. 3 ist ein Schiffsbarometer und Nr. 4 ein »Thermo-Barometer«, von denen in den Kapiteln 4 und 8 die Rede ist, ebenfalls zum Gebrauch auf See geeignet.

begannen sich dann auch andere für das Barometer zu interessieren. Die Nachfrage nach einem stilvollen Instrument wuchs, und bereits um 1690 beschäftigten sich tüchtige Möbelhersteller, Glasbläser und Instrumentenmacher – auch Uhrmacher – mit der Anfertigung von Barometern. John Patrick (1686 – etwa 1720) war einer der ersten Gerätehersteller, der sich darauf spezialisierte. Bereits vor 1700 waren Barometer in Londoner

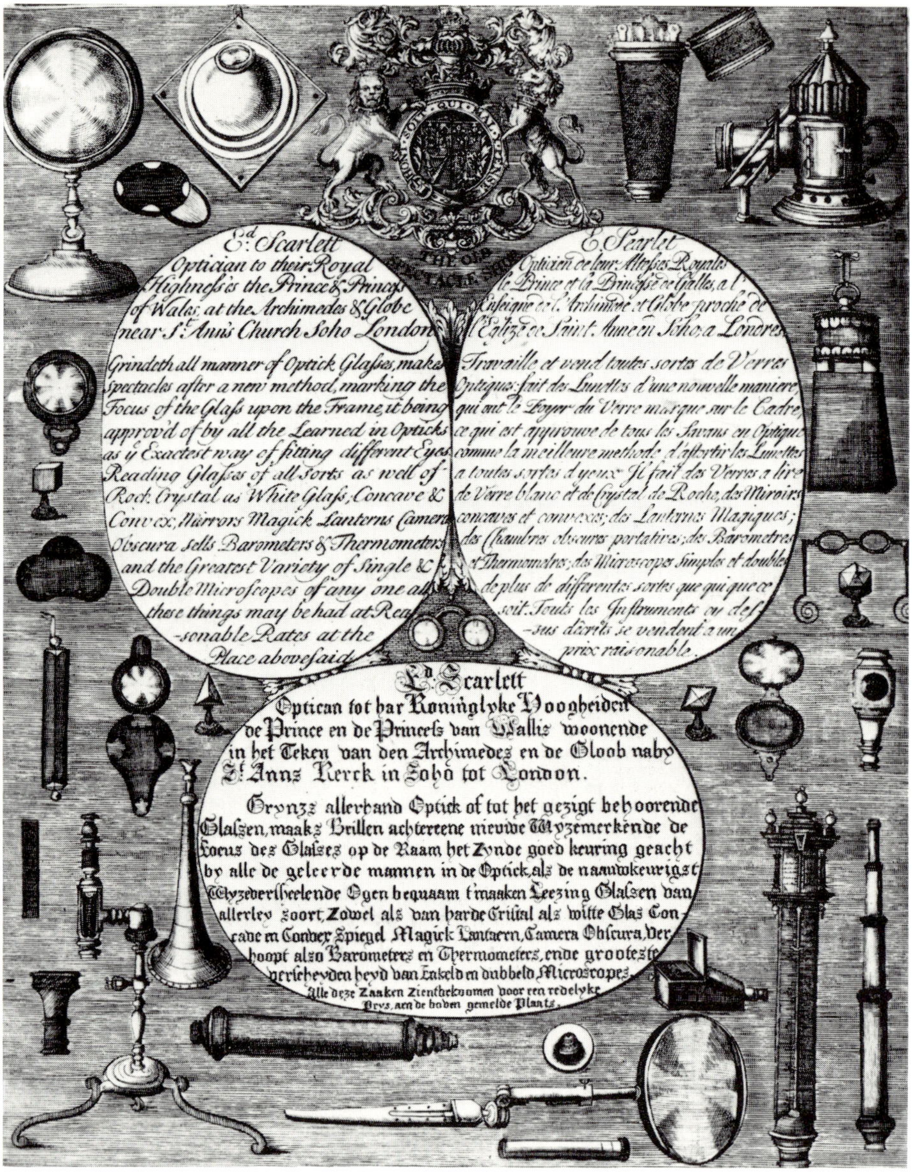

28 Inserat von Edward Scarlett aus der Zeit um 1740. Daß man bereits damals Geschäfte mit dem Kontinent machte, geht aus den Übersetzungen ins Französische und Niederländische hervor!

Geschäften in Mengen zu haben, und andere Städte folgten. Es kam auch zum Export, der sicher ein halbes Jahrhundert lang in hoher Blüte stand.

Auf den wenigen erhaltenen Exemplaren des 17. Jahrhunderts begegnen wir in der Regel Skalaplatten aus versilbertem Messing, und zwar schon damals mit einer Skalaeinteilung in Zoll und versehen mit den bekannten Angaben »Settled Fair«, »Much Rain« usw. Berühmte Uhrmacher wie Thomas Tompion stellten bereits im frühen 18. Jahrhundert Barometer von großer Vollkommenheit her. Sie sind bis ins kleinste Detail mit großer Präzision angefertigt. Als Material für den Kasten verwandte man hauptsächlich Eichenholz sowie Nußbaum und Mahagoni von guter Qualität. Auch Elfenbein wurde benutzt, wie bei den Säulenbarometern von Daniel Quare (1649–1724), die nicht nur aufgehängt, sondern auch aufgestellt werden konnten. Die meisten Barometer aus dem 18. Jahrhundert – mit Ausnahme der Säulenbarometer – waren ziemlich breit. Dies ist

29 Thomas Tompion (1638–1713)

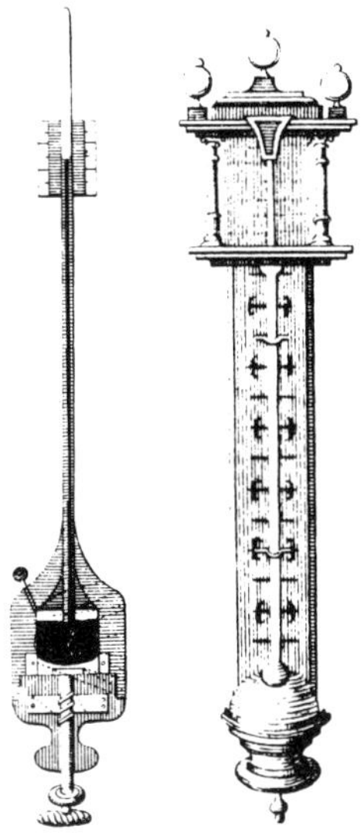

30 Schema eines hölzernen Behälters mit Lederboden und Aufschraubmechanismus. Rechts ein Barometer (etwa 1730), bei dem man diese Methode anwandte.

u.a. dem Einfluß der vielen Uhrmacher auf die Geschmacksverfeinerung bei der Gestaltung der Barometer zuzuschreiben. Manches Barometer weist daher auch Ornamente auf, die stark an die Standuhren jener Zeit erinnern. Wir finden gedrechselte und spiralförmige kleine Säulen an den Seiten, eine Glastür vor der Skalaplatte sowie gebogene Hauben, zuweilen links und rechts mit einem ebenen Ansatz, worauf man ebenso wie in der Mitte Kopfverzierungen (wie kleine Kugeln oder vasenförmige kleine Knöpfe aus Messing oder Holz) montierte. Es gab prächtig versilberte Skalaplatten mit feiner Gravur sowie kunstvoll eingelegte oder geschnitzte Kästen in durchbrochener Arbeit, natürlich auch einfache Exemplare aus billigen Holzsorten mit Skalablättern z.B. aus Papier. Auch Skalaplatten aus Elfenbein treffen wir auf den Barometern des 18. Jahrhunderts an, aber erst im Laufe des 19. Jahrhunderts kommen diese häufiger zur Anwendung.

Der wenig schöne Quecksilberbehälter wurde von Anfang an durch eine hölzerne Kappe verhüllt, die oft prächtig gedrechselt, zuweilen auch gerippt war. Die Behälter bestanden – vor allem in den ersten Anfängen – aus einem offenen kleinen Gefäß, zuweilen aus Glas, in das das Ende der Quecksilberröhre eintauchte. Diese offenen Behälter wurden bis weit in das 18. Jahrhundert hinein angefertigt, obwohl damit große Nachteile verbunden waren, denn beim geringsten Anlaß floß kostbares Quecksilber aus und es gerieten Luftblasen in die Röhre.

31 John Patricks Inserat (Ausschnitt) etwa aus dem Jahre 1710 zeigt uns die reiche Auswahl an Modellen jener Jahre.

Bereits im 17. Jahrhundert hat man sich jedoch insoweit zu helfen gewußt, als man am unteren Ende der Quecksilberröhre einen kleinen mit Quecksilber gefüllten Ledersack festkittete. Damit entstand der Prototyp des geschlossenen Behälters. Der Sack wurde meistens durch eine hölzerne Umhüllung geschützt. Das Leder behinderte den Einfluß der Luftdruckschwankungen nicht, das Quecksilber konnte nicht mehr ausfließen, wenngleich immer noch die Gefahr der Bildung von Luftblasen in der Röhre bestand. Eine weitere Vervollkommnung war ein Holzbehälter, in den das Ende der Quecksilberröhre fest eingekittet wurde. Der kleine Holzbehälter wurde entweder mit einer verschließbaren Füllöffnung für das Quecksilber versehen oder er konnte zur Füllung in zwei Teile zerlegt werden. Den Boden dieses Behälters fertigte man aus geschmeidigem Leder an, um den Einfluß des Luftdrucks nicht auszuschalten. Mit der Erfindung des geschlossenen Behälters war das Barometer transportfähig geworden; mit Hilfe eines einfachen Druckmechanismus konnte man den Lederboden hochschieben, so daß dieser die offene Unterseite der Quecksilberröhre abschloß (s. Abb. 30).

Auch Barometer mit Holzbehältern ohne Lederboden sind angefertigt worden. Dabei machte man sich die Porosität des Palmenholzes zunutze, das kein Quecksilber, wohl aber Luft durchläßt. In der Hauptsache begegnen wir jedoch dem aus dem 17. Jahrhundert stammenden Behälter mit Lederboden. Er fand vor allem in England Anwendung, bis dort – etwa um die Mitte des 18. Jahrhunderts – der offene Glas- oder Flaschenbehälter auftauchte. Auf dem Kontinent war dieser ebenfalls aus dem 17. Jahrhundert stammende Typ rasch Gemeingut geworden, nur in England hat er sich erst später durchgesetzt. Das Prinzip ist ganz einfach. Die Quecksilberröhre wurde am unteren Ende umgebogen und mit einer kleinen Glaskugel – dem Quecksilberbehälter – versehen, die oben ein kleines Luftloch hatte. Spätere Exemplare weisen ein größeres Loch auf. Ein

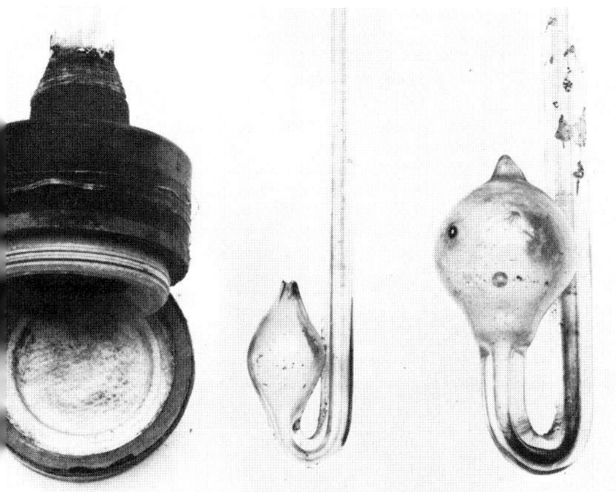

32 Behältertypen aus dem 19. Jahrhundert. Links ein Holzbehälter, auseinandergeschraubt; Mitte und rechts Glasbehälter, wobei der rechte Behälter als Öffnung ein Loch an der Seite statt oben hat.
Photo: Bert Bolle.

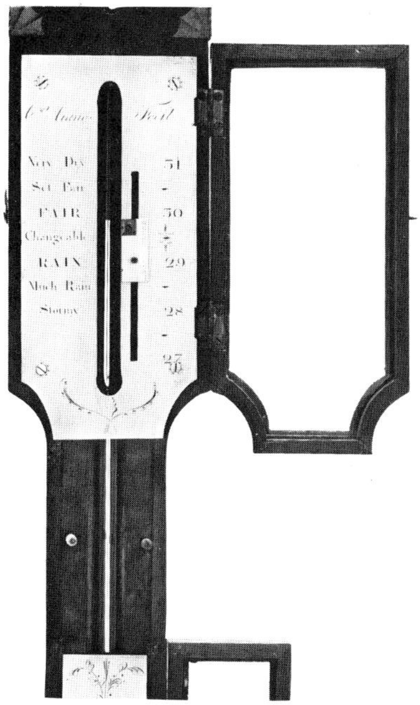

33 Anwendung einer Bajonettröhre in einem Stockbarometer. Bei der Skalaplatte kommt die Röhre nach vorne. Nachdem man das Barometer etwas demontiert hat, sieht man deutlich, daß die Röhre nach hinten gebogen ist und so hinter dem Thermometer nach unten geht.
Photos: Bert Bolle.

Pfropfen sollte das Eindringen von Schmutz und das Auslaufen von Quecksilber verhindern. Sowohl der geschlossene Holzbehälter als auch der offene Glasbehälter kommen bei Zeigerbarometern bis in die jüngste Zeit vor. Die Datierung von Barometern aufgrund der Art des Behälters ist daher in vielen Fällen nicht möglich, um so weniger, als die Glasröhren aus früherer Zeit – hauptsächlich aus dem 18. Jahrhundert – von minderer Qualität waren, so daß sie oft ausgewechselt werden mußten.

Jeder Glasbläser hatte seine eigenen Ideen, und niemand schrieb ihm vor, genau denselben Behälter anzufertigen, wie sein Kollege eine Generation zuvor. Daher sind auch viele Holzbehälter durch gläserne ersetzt worden.

Jede Generation brachte etwas Neues zustande, ging einen Schritt weiter, nicht nur auf dem Gebiet der Technik, sondern auch auf dem des Geschmacks. Lag in der ersten Hälfte des 18. Jahrhunderts die Quecksilberröhre oberhalb des Behälters noch ganz und gar »bloß«, also sichtbar auf dem Kasten angebracht, so versenkte man sie in späterer Zeit, so daß nur noch das kleine Stück Quecksilberröhre bei der Skala zu sehen war. Die Versenkung wurde dadurch erreicht, daß man entweder dem Kasten größere Tiefe verlieh oder die Röhre gleichsam »wegrücken« ließ. Eine solche Röhre nennt man eine Bajonettröhre. Die Kästen erhielten allmählich eine schlankere Form und konnten mit Recht »Stöcke« genannt werden. Das Nußbaumholz wurde im Laufe des 18. Jahrhunderts durch Mahagoni ersetzt, das sowohl massiv als auch furniert verarbeitet wurde. Die zuweilen sehr reich verzierten Modelle aus der ersten Hälfte des 18. Jahrhunderts machten einfacheren Platz, oft straff in der Linienführung und den Uhren weniger ähnelnd. Vom letzten Viertel des 18. Jahrhunderts an wurden viele Hauben nach dem sogenannten Tympanon-Modell ausgeführt, einer Art gebrochenen Schrägdachs, das in England »broken pediment« genannt wird. Zwischen den beiden »Dachhälften« wird in der Regel ein kleiner vasenförmiger Knopf angebracht, zuweilen auch ein kugelförmiger mit einer Spitze, fast immer aus Messing bestehend.

Ein anderes bekanntes Haubenmodell aus dem Ende des 18. Jahrhunderts ist der sogenannte Lockenscheitel, im Englischen »scroll pediment« oder »swan neck« genannt. In der Mitte wiederum ein kleiner vasenförmiger Knopf. Dieser Lockenscheitel kommt ebenso wie die tympanonförmige Haube auch häufig auf Banjobarometern vor. Beide Haubenmodelle wurden bis weit ins 19. Jahrhundert hinein hergestellt, ebenso wie das auch aus dem 18. Jahrhundert stammende glatte, abgerundete Haubenmodell ohne zusätzliche Spitzenverzierung.

Ein Stockmodell, das während einer lang anhaltenden Periode um 1800 hergestellt wurde, ist der gebogene Typ. Sowohl der Kasten als auch das Glas vor der Skala sind leicht gebogen. Oft ist der Behälter durch eine kleine Kappe in Form einer stilisierten Vase verdeckt. Bei den meisten anderen Stockbarometern sind seit den letzten Jahrzehnten des 18. Jahrhunderts die Kappen halbkugelförmig. Zuweilen bestehen sie aus zwei Hälften, gelegentlich aus einem Stück und manchmal sind sie an der Vorderseite etwas abgeplattet. Auch geradlinige Behälterhauben sind keine Seltenheit.

In der zweiten Hälfte des 18. Jahrhunderts wurde die Fabrikation von Barometern mehr und mehr von Italienern in die Hand genommen, die als Glasbläser und Graveure aus ihrem Heimatland nach Westeuropa zogen, um sich u.a. in Frankreich, in den Niederlanden und England niederzulassen. Es entstanden große Familienbetriebe, vor allem London beherbergte viele italienische Fachleute. Dort wurde das Stockbarometer

34 John Gilberts Inserat aus der Zeit um 1750. Das hier abgebildete Barometer hat ein tympanonförmiges Dach. Der Kasten ist von vorn völlig flach, so daß angenommen werden darf, daß hier eine Bajonettröhre verwendet wurde.

35 Von einem geschmolzenen Glasklumpen zur Barometerröhre. Auf dieser Abbildung aus der zweiten Hälfte des 18. Jahrhunderts sieht man, wie die Glasröhre gezogen und maßgerecht zugeschnitten wurde.

des 19. Jahrhunderts allmählich durch das Banjobarometer ersetzt. Doch trotz dieser Konkurrenz behielt das Stockbarometer seinen Platz, und wir begegnen ihm bis zum Ende des 19. Jahrhunderts. Die Modelle des frühen 19. Jahrhunderts sind oft aus Mahagoni oder Eiche und zeigen ebenso wie die Exemplare des 18. Jahrhunderts Stilmerkmale der Möbel jener Zeit. Vor allem fanden die tympanonförmige Haube und der Lockenscheitel, wie bereits erwähnt, Anklang.

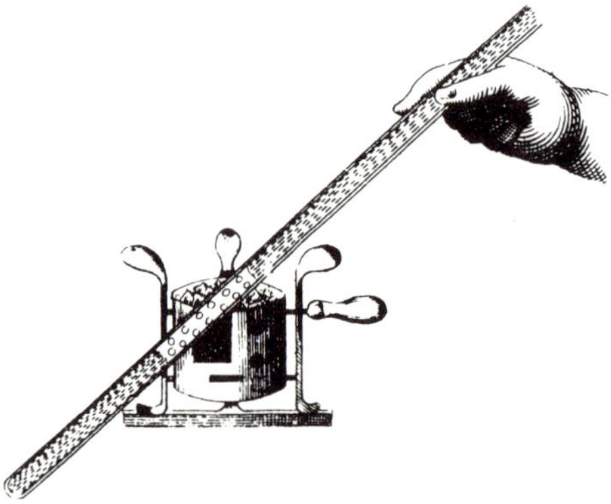

36 Nicht nur die Glasqualität wurde verbessert, sondern auch die Art und Weise der Füllung. Bereits in der ersten Hälfte des 18. Jahrhunderts kam man dahinter, daß das »Auskochen« des Quecksilbers in der Röhre die Luftblasen vertreibt. Diese Technik wird immer noch in großem Umfang angewandt.

Besonders für wohlhabende Leute »zauberten« die Möbelhersteller prachtvolle Einlegearbeiten für die Kästen, oft Blumenmotive und symmetrische Figuren aus feinen exotischen Hölzern in ansprechenden Farbtönen. Die Graveure blieben nicht hinter den Leistungen der Gehäusehersteller zurück und machten aus den Skalenplatten oft ein Meisterstück. Obgleich die Skalaplatten weniger reich verziert sind als diejenigen aus der ersten Hälfte des 18. Jahrhunderts, sind sie, was die Skalaeinteilung anbetrifft, im allgemeinen genauer als manches Exemplar früherer Zeit. Durch Verwendung besseren Glases konnte größere Zuverlässigkeit erzielt werden, und auch die Skalaplatte sollte dem entsprechen. Um das Ablesen noch exakter zu gestalten, wurde auf vielen Skalaplatten der zweiten Hälfte des 18. Jahrhunderts ein Nonius angebracht. Wenn der Graveur selbst den größten Anteil an der Herstellung des Instruments hatte, dann gravierte er seinen eigenen Namen ein, oft mit »fecit« (lateinisch: »hat gemacht«) darunter. Hin und wieder wurden die Barometer im Auftrag von Optikern und Geräteherstellern, die ein Ladengeschäft betrieben, angefertigt. In diesen Fällen wurde der Name des Verkäufers eingraviert. Auch sind viele Barometer von verschiedenen Fachleuten in Teilstücken an Uhrmacher und Optiker geliefert worden, die sie dann zusammensetzten. In solchen Fällen besagt ein Name auf der Skala- oder Zifferplatte nicht alles. Zweifel an der Identität des Herstellers besagen freilich nichts bezüglich der Qualität des Barometers.

Neben Luxusexemplaren kommen natürlich auch einfache Typen vor. Wir begegnen neben Skalablättern aus Papier Skalaplatten aus Glas, Porzellan und Elfenbein. Vor allem in der zweiten Hälfte des vorigen Jahrhunderts finden wir zum Schutz der Skalaplatte kein Türchen mehr, sondern ein fest angebrachtes Glas, oft mit einem Rand in Facettenschliff. Der Kasten bestand häufig aus Eiche. Für die Datierung kann die verwendete Schrift auf den Skalaplatten zuweilen einige Anhaltspunkte bieten. Im 18. Jahrhundert wurde in der Regel die sogenannte Antiqua (fette senkrechte und feine waagrechte

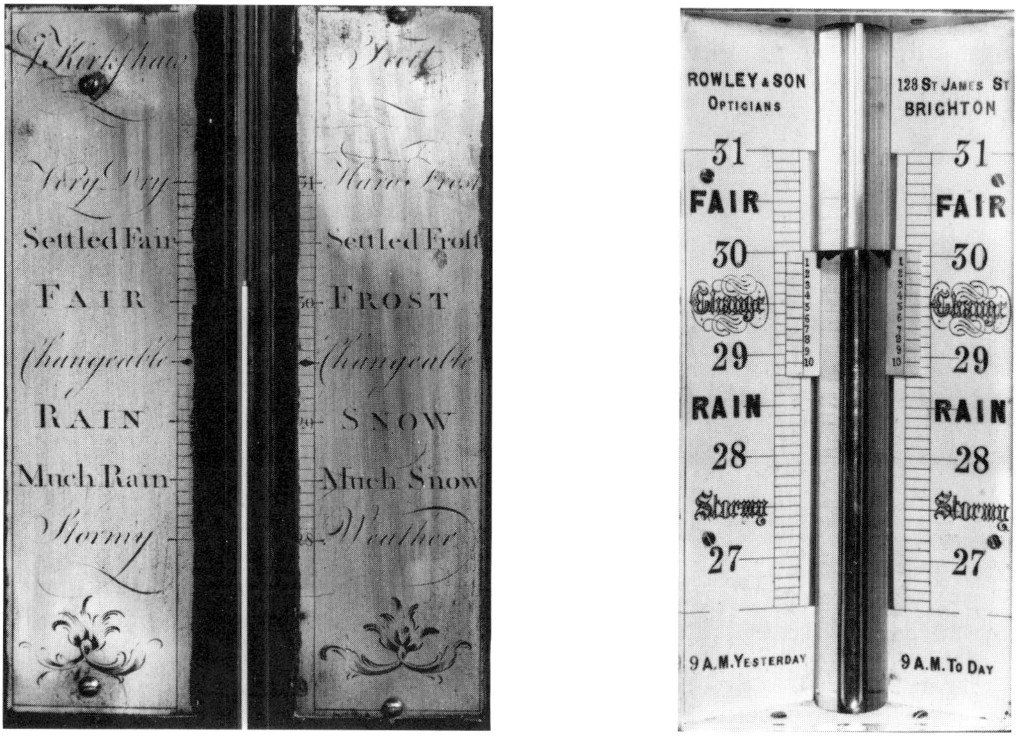

37 Schriftbeispiele auf Skalen. Links: versilberte Messingskalaplatte aus der zweiten Hälfte des 18. Jahrhunderts. Rechts: Elfenbeinskalaplatte aus der zweiten Hälfte des 19. Jahrhunderts.

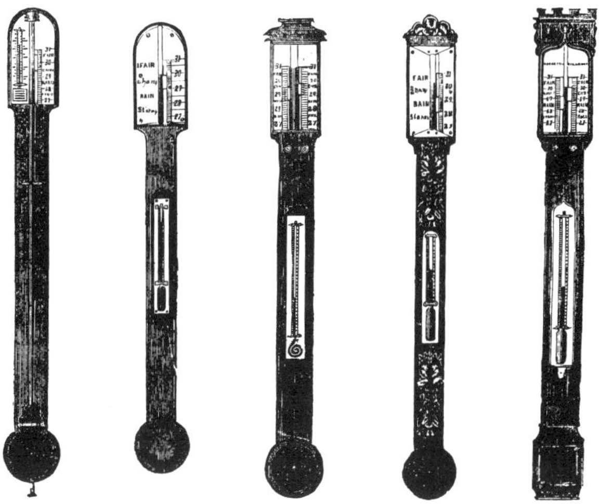

38 Stockbarometer aus Negretti & Zambras Katalog von 1859. Lieferbar in Palisander, Mahagoni und Eiche mit Elfenbeinskalaplatten.

Linien) mit Serifen (kleine horizontale »Füßchen«) neben einer kursiven (schrägen) Antiqua verwendet. Auch eine der Schreibschrift nachempfundene Schrift wurde oft angewandt. Obwohl von diesen Typen vor allem die Antiqua mit Serifen auch regelmäßig auf Exemplaren des 19. Jahrhunderts vorkommt, bemerkt man zu Beginn des 19. Jahrhunderts das Aufkommen gotischer (Fraktur) Buchstaben, z.B. bei »Change«, und man begegnet einigen Worten in einer fetten Großbuchstabenschrift (Grotesk). Erst in der zweiten Hälfte des vorigen Jahrhunderts sind diese Buchstaben der Zeit entsprechend nüchtern und sachlich.

Die Datierung von Stöcken ist gewiß nicht einfach, vor allem dann nicht, wenn kein Name darauf steht, der weiterhelfen könnte. Auf Stilkennzeichen kann man sich nicht ohne weiteres verlassen. Barometerhersteller in der Provinz z.B. richteten sich ganz bestimmt nicht sogleich nach dem Stil »der Stadt«. Aber auch in den größeren Städten hielten sich einige »klassische« Modelle aufs hartnäckigste, wie die früher erwähnten Haubenmodelle und Behälterverkleidungen. Abbildungen in Katalogen bekannter Barometerfirmen aus der zweiten Hälfte des vorigen Jahrhunderts vermitteln eine Vorstellung vom Angebot an Modellen jener Zeit. Natürlich weisen Barometer aus späterer Zeit deutliche Kennzeichen von Serienherstellung auf, während ältere Exemplare eher »Charakter« haben. Die Handarbeit und der Zahn der Zeit können Anhaltspunkte zur Datierung bieten, aber feste Regeln lassen sich dazu nicht aufstellen, und Vorsicht bleibt geboten.

Das Gebiet der englischen Stockbarometer ist so umfangreich, daß nicht alle Typen hier besprochen werden konnten.

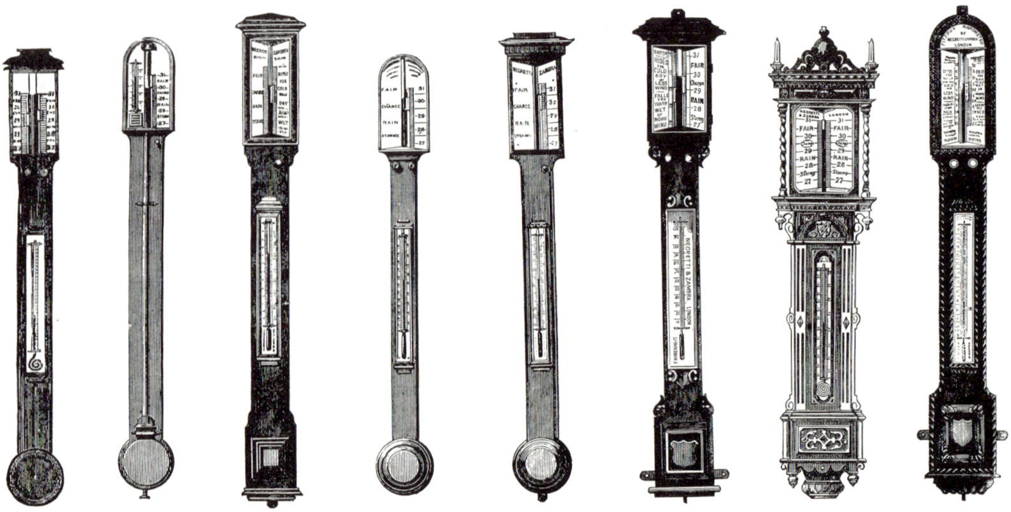

39 Aus einem Katalog derselben Firma, zwanzig Jahre später.

Wenn auch der Schwerpunkt dieses Buches bei den englischen Barometern liegt, so dürfen wir keineswegs an den Barometern vorbeigehen, die in anderen Ländern angefertigt wurden. Werfen wir deshalb einen Blick auf die Erzeugnisse des europäischen Festlandes. Wir sehen, daß im 18. Jahrhundert in Frankreich auch Stockbarometer auf-

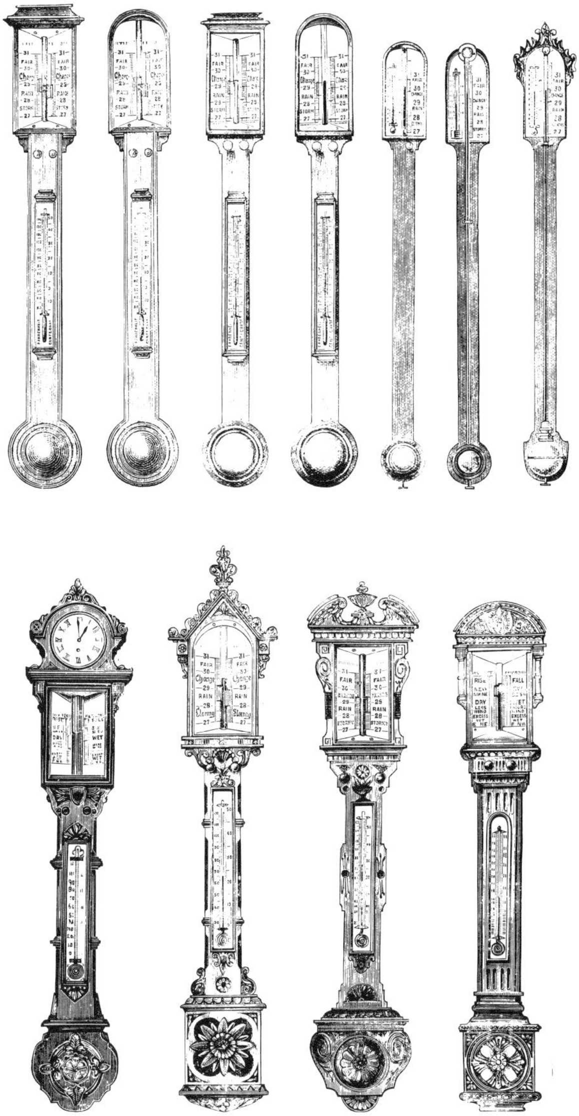

40 Einige Seiten aus dem Katalog der Londoner Firma Pastorelli & Rapkin von 1895. Wie man sieht, hat sich auf dem Gebiet der Barometer in der zweiten Hälfte des vorigen Jahrhunderts nicht viel geändert. Wohl ist ein wachsendes Interesse an Schnitzwerk feststellbar. Die hier abgebildeten Modelle sind, gemessen an der Jahreszahl 1895, alles andere als »antik« zu nennen.

tauchen, sogar sehr hübsche Exemplare, aber auch viele Radquecksilberbarometer. Anders in England, wo das Radsystem erst nach etwa 1780 in den Banjobarometern Verbreitung fand, doch darüber später. In den Niederlanden sehen wir nach einer Anlaufperiode in den ersten Jahrzehnten des 18. Jahrhunderts die charakteristischen prächtigen »Bakbarometer«. Die Kästen bestehen durchweg aus Eiche mit Nußbaumwurzelfurnier oder Mahagoni. Sie sind – wenigstens gilt das für die einfachen »Bakbarometer« – sowohl im Stil Louis-quinze als auch Louis-seize bis zum Ende des 18. Jahrhunderts angefertigt worden. Diese Modelle sind an ihrer ziemlich breiten, straffen Form und ihren Skalaplatten aus versilbertem Messing oder Zinn zu erkennen, die oft prächtig ausgesägt und graviert, häufig mit einem großen Thermometer versehen und zuweilen durch eine gläserne Tür geschützt wurden. Ursprünglich befaßten sich nur niederländische Instrumentenhersteller mit der Anfertigung von »Bakbarometern«. Bekannt sind u.a. Nicolaas Lanckamp, Van Musschenbroek, Prins und Paauw. Um 1750 tauchen in den Niederlanden schon Namen eingewanderter italienischer Produzenten auf, die sowohl auf fachtechnischem als auch kommerziellem Gebiet bestens vorwärtszukommen verstanden. Sie waren es auch, die einen nicht unerheblichen Beitrag zur Entwicklung jener berühmten Kontra-»Bakbarometer« nach dem Prinzip von Huygens geleistet haben, die an ihrer Mehrzahl von Röhren zu erkennen sind. Dieser Typ ist bis weit ins 19. Jahrhundert hinein hergestellt worden. Die Kontra-Barometer mit mehreren Röhren gehören freilich nicht in dieses Kapitel, weshalb ich später auf sie zurückkomme. Wir bleiben vorläufig bei den Barometern mit einer einzigen Röhre.

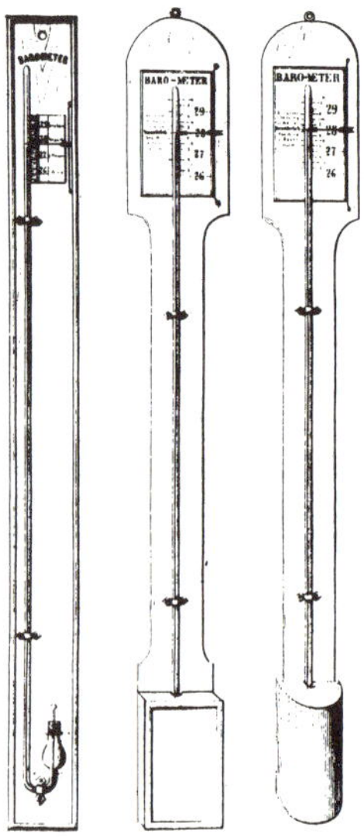

41 Kontinentale Stockbarometer, abgebildet in einem deutschen Katalog aus dem Jahr 1880. In verschiedenen Ländern rings um Deutschland wurden diese Stockbarometer hergestellt oder eingeführt, auch in den Niederlanden.

Auf dem europäischen Festland wurde das Stockbarometer erst spät im 19. Jahrhundert entwickelt und war in vielen Fällen recht einfach in seiner Ausführung. Papierne Skalen, manchmal mit einem Glas geschützt, standen hoch im Kurs. Schmale, dünne Brettchen ohne viel Schmuck sind kennzeichnend für die meist dem 19. Jahrhundert entstammenden Stockbarometer aus Nord-, Mittel- und Westeuropa. Natürlich sind darunter auch schöne Stücke zu finden, aber gemessen an den englischen Stockbarometern ist ihr Vorkommen »auf dem Markt« selten.

Bei der Besprechung der Stockbarometer muß natürlich auch das Zubehör erwähnt werden, das bei ihnen vorkommen kann. Der am häufigsten anzutreffende »Begleiter« des Barometers ist das Thermometer. Sowohl auf dem Festland als auch in England kommt diese Barometer-Thermometer-Kombination in vielfacher Gestaltung vor und hat sich vom 18. Jahrhundert an bis zum Ende des 19. Jahrhunderts gehalten, sowohl mit dem Thermometer neben der Quecksilberröhre auf der Skalaplatte als auch in einem besonderen, an anderer Stelle des Barometers angebrachten Kästchen. Auch dem Nonius als Hilfsmittel beim Ablesen begegnen wir wiederum bei vielen Exemplaren (siehe die Abbildungen in Kapitel 3 von Teil II).

Kapitel 4
Auf hoher See und an Land

Betriebsbarometer: Schiffs- und Warnbarometer und technische Instrumente

Auf hoher See ...

Wer im 17. Jahrhundert zum ersten Mal ein Barometer mit auf See genommen hat, ist nicht bekannt. Aber vermutlich wird dieses Barometer die Reise nicht überlebt haben. Die Bewegungen eines Schiffes, vor allem bei starkem Seegang, sind die Ursache, daß das Quecksilber in der Röhre fortgesetzt nach oben und unten geschleudert wird. Wenn dieses »Pumpen« allzu arg wird, kann das Quecksilber gegen das obere Ende der Röhre schwappen, und zwar mit solcher Wucht, daß das Glas bricht. Deshalb darf ein Barometer auch nicht plötzlich gekippt werden. Manche Röhre ist auf diese Weise schon entzwei gegangen.

42 Robert Hooke (1635–1703)

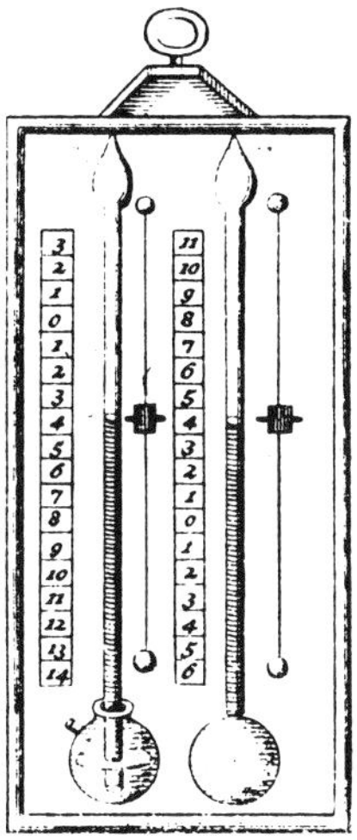

43 Thermo-Barometer. Links das offene Thermometer, gefüllt mit Quecksilber, für Schiffahrtszwecke jedoch gefüllt mit gefärbtem Wasser. Rechts das geschlossene Alkoholthermometer.

Als man begriffen hatte, daß ein Barometer, das auf dem Festland seinen Zweck erfüllte, auf einem Schiff nicht zu gebrauchen war, begann man nach Methoden zu suchen, um die durch das »Pumpen« des Quecksilbers entstehenden Probleme zu umgehen. Im Jahre 1667 schlug Robert Hooke der Royal Society zwei Möglichkeiten vor.

Die erste bestand in einem Instrument, viel kürzer als die bekannte Quecksilberröhre von Torricelli, ausgerüstet mit einem geschlossenen Alkoholthermometer und einem offenen (Quecksilber-)Thermometer, für die damalige Zeit bestimmt ein brauchbares und akkurates Instrument. Es wurde mehrere Male angewandt, später auch in einigen verbesserten Abwandlungen, von denen das Sympiesometer von Alexander Adie 1818 die bekannteste ist (Einzelheiten s. in den Teilen II und III). Um nicht zu weit von Robert Hooke und dem 17. Jahrhundert abzuschweifen, komme ich später auf das Sympiesometer aus dem 19. Jahrhundert zurück. Robert Hooke hatte außer seinem soeben erwähnten »Thermo-Barometer« noch eine Verbesserung im Sinn. Er stellte die Idee zur Diskussion, bei einem »gewöhnlichen« Quecksilberbarometer den Kanal am untersten Ende der Glasröhre unmittelbar über dem Quecksilberbehälter mit einer Verengung zu versehen, so daß das Quecksilber nur sehr träge durchfließen kann. Auf diese Weise wurde das Quecksilberniveau bei den Schiffsbewegungen nicht nennenswert beeinflußt. Hiermit wurde das Barometer »seetüchtig«, aber Hookes Idee geriet in Vergessenheit und wurde erst mehr als hundert Jahre später wieder aufgegriffen.

Mittlerweile waren einige andere Verbesserungen hinzugekommen, wie z.B. die kardanische Aufhängung von Schiffsbarometern. Ein auf diese Weise aufgehängtes Barometer bleibt dem Schlingern des Schiffes zum Trotz vertikal hängen. Dieses Aufhängesystem ist sehr lange in Gebrauch geblieben. Ein anderes Kennzeichen vieler Schiffsbarometer ist, daß ihre Quecksilberröhre, von der erwähnten Verengung am unteren Ende abgesehen, einen größeren Innendurchmesser, und zwar in Höhe der Skalaplatte, hat. Dadurch wird die Empfindlichkeit gegen das Stampfen des Schiffes besonders vermindert und zugleich die Ablesbarkeit verbessert.

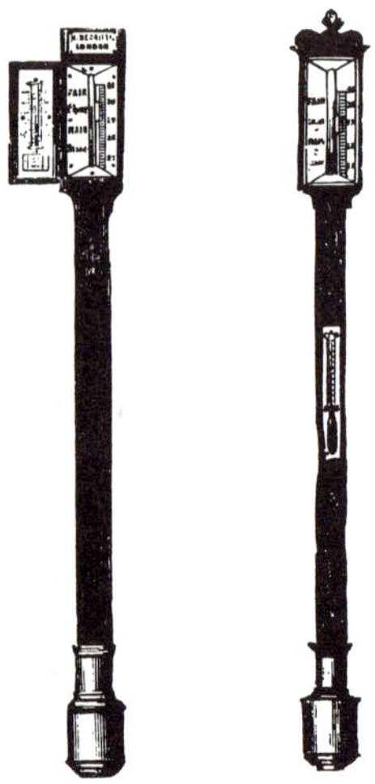

44 Einige hölzerne Schiffsbarometer, wie sie bis weit ins 19. Jahrhundert hinein hergestellt worden sind.

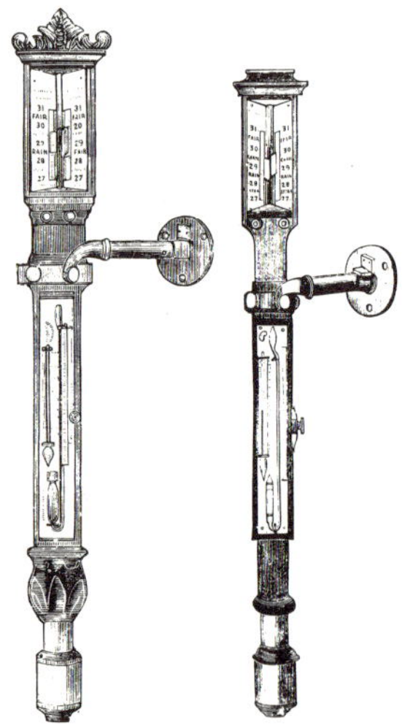

45 Hölzerne Schiffsbarometer, ausgerüstet mit einem Sympiesometer und kardanischer Aufhängung. Aus dem Katalog von Pastorelli & Rapkin aus dem Jahre 1895.

Obgleich im 18. Jahrhundert schon Schiffsbarometer hergestellt worden sind, ist die Anzahl der Exemplare aus dem 19. Jahrhundert, sowohl in als auch außerhalb Englands, wesentlich größer. Barometer der ersten Hälfte des 19. Jahrhunderts haben viel gemeinsam mit den schmalen, straffen Stockbarometern, was so zu verstehen ist, daß die Röhre darin versenkt angebracht wurde und dadurch der Kasten – meistens aus Mahagoni – dicker ist als bei den Stockbarometern »an Land«. Außerdem ist der Ableseteil schmaler, und der – hölzerne – Behälter unten ist mit einem runden Gehäuse umkleidet, manchmal aus Messing, manchmal aus Holz. Der Nonius auf der Skalaplatte ist ein untrennbares Hilfsinstrument des Schiffsbarometers, desgleichen das Thermometer, das entweder in ein besonderes Schränkchen auf dem Gehäuse montiert oder an der Innenseite eines Holztürchens, das die Skalaplatten vom Barometer abschirmen kann, angebracht ist. Hin und wieder finden wir auch das zuvor erwähnte Sympiesometer auf Schiffsbarometern montiert. Das Sympiesometer läßt sich allerdings nicht in einem Augenblick ablesen, war aber infolge seiner großen Empfindlichkeit ein beliebtes Instrument für vergleichende Messungen, wenn Zeit dafür vorhanden war.

Selbstverständlich verlangten Kapitäne und Eigentümer von Luxusschiffen und -jachten manchmal mehr als ein rein funktionelles Gerät. Deshalb begegnen wir ab und zu wahren Prunkstücken, die von Möbelherstellern und Graveuren angefertigt wurden. Vor allem Schnitzwerk war sehr beliebt. In Verbindung mit Messing ist so etwas wohl besonders attraktiv. Leider kommen diese Stücke viel zu selten in den Handel.

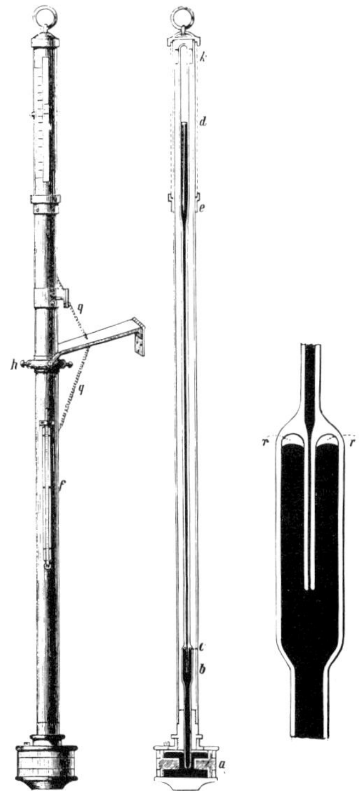

46 »Kew Marine Barometer« und sein Prinzip. Links: das »Kew Marine Barometer« von außen. Manchmal ist der Behälter auch länger und schmaler. Mitte: das Innere des Barometers. Die Erweiterung im Rohr an den Punkten e, d und k sowie die Verengung bei c und b ist deutlich zu sehen. Bei c und b ist zugleich ein sog. Luftfang angebracht. Rechts sieht man dieses Teil im einzelnen. Der Luftfang – der Name sagt es schon – ist dazu da, um Luftblasen, die in das Rohr geraten sind, aufzufangen, damit verhindert wird, daß das Vakuum am oberen Ende vermindert und eine ungenaue Angabe verursacht wird.

Obgleich die hölzernen Schiffsbarometer sicherlich bis weit ins 19. Jahrhundert hinein angefertigt worden sind, und zwar vor allem in Frankreich, finden wir in den Jahren 1850–1860 in England eine deutliche Wende zum metallenen Gehäuse. Man wollte nämlich den ungünstigen Einfluß der wechselnden Luftfeuchtigkeit auf das Holz beseitigen. Feuchtes Holz quillt auf, trockenes schrumpft und kann sich werfen. Sowohl das eine als auch das andere war einer genauen Angabe nicht dienlich. Somit kam etwa 1855 ein neuer Schiffsbarometertyp auf, bekannt als »Kew Marine Barometer«. Die Quecksilberröhre hat einen eisernen Behälter und ist von oben bis unten mit einer Messinghülle umgeben, die sich am unteren und oberen Ende verbreitert. Die versilberte Messingskalaplatte, durch Glas geschützt, ist sehr schmal, enthält keine Wetterangaben und ist lediglich mit einer Zollskala versehen, dazu einem Nonius, der sich nicht neben, sondern vor der Röhre befindet und ein Ablesen mit der Genauigkeit von einem fünfhundertstel Inch ermöglicht. Natürlich fehlt das Thermometer nicht. Dieses sitzt vorn auf der untersten Hälfte des Barometers, wobei der kleine Thermometerbehälter durch die Ummantelung des Barometers verhüllt ist, so daß die Temperatur des darin befindlichen Quecksilbers so genau wie möglich angezeigt wird, und zwar aus einem technischen Grund, der in Teil III auf Seite 198 behandelt wird. Bis zum Beginn unseres Jahrhunderts ist dieses Kew (Marine)-Barometer hergestellt worden, wenn auch mit geringfügigen Änderungen. Auf den jüngeren Typen fehlt das Thermometer und das Oberteil ist zuweilen etwas breiter und hat eine Skalaeinteilung nicht nur in Inch sondern auch in Millimeter.

Ein anderes Schiffsbarometer, das übrigens im großen und ganzen dem Kew-Barometer ähnelt, ist das von Admiral Fitzroy. Jetzt werden viele Leser diesen Namen unmittelbar mit dem bekannten Fitzroy-Barometer aus der Viktorianischen Zeit in Verbindung bringen. Dieses hat eine große Papierskala voll mit Richtlinien für die Wettervorhersage. Eine solche Gedankenverbindung entsteht zu Recht, und da es noch viele Modelle von diesem Barometer im Handel gibt, sei ihm das folgende Kapitel gewidmet. Der Name des berühmten Admirals Fitzroy taucht bei Behandlung des Themas Barometer und Wetterkunde häufiger auf. Er wurde 1805 geboren und kam 1819 zur englischen Marine, unternahm u.a. Küstenvermessungen und war jahrelang Kapitän des Schiffes »Beagle«, das durch die Expedition Darwins bekannt wurde. Wetterkunde war Fitzroys großes Interessengebiet, und 1854 erhielt er bei der meteorologischen Abteilung des Handelsministeriums eine hohe Stellung als Mitarbeiter für Wetterkunde. Seine großen Verdienste waren der Versuch, Ordnung in das Chaos zu bringen, das auf dem Gebiet der Wettervorhersage mit Hilfe des Barometers herrschte, und die Zusammenstellung einer Anzahl von Faustregeln, die jedermann begreifen konnte. Im folgenden Kapitel werden seine Erkenntnisse im einzelnen erläutert.

Bleiben wir beim Gegenstand Schiffsbarometer, dann sehen wir, daß Fitzroy nicht ganz mit der Ausführung des Kew-Barometers einverstanden war. Er ging davon aus, daß die Quecksilberröhre so straff in der kupfernen Umhüllung saß, daß sie bei einem harten Stoß zu zerbrechen drohte. Das war auch tatsächlich der Fall. Auch die Gewalt des Kanonenfeuers ließ manche Röhre entzwei gehen. Außerdem war die Skalaplatte schmal und mühsam abzulesen. Fitzroy brachte eine verbesserte Konstruktion heraus, die seit 1860 unter dem Namen »Fitzroy Marine Barometer« oder »Gun Marine Barometer« bis zum Beginn unseres Jahrhunderts angefertigt wurde.

Im Gegensatz zum »Kew Marine Barometer« hat das »Fitzroy Marine Barometer« eine zwar weniger fein eingeteilte, aber trotzdem gut ablesbare Skala aus Porzellan, vervollständigt durch einen Nonius und – stark verkürzte – Wetterangaben: nicht die »alten« Ausdrücke wie Fair, Changeable, Rain usw., sondern für die Schiffahrt gültige Faustregeln. Ein anderes Kennzeichen des Fitzroyschen Schiffsbarometers ist die in vulkanisiertem Kautschuk eingebettete Röhre, womit das Instrument gegen Erschütterungen durch Geschützfeuer unempfindlich gemacht wurde. Der rostgefährdete eiserne Behälter ist durch einen solchen aus Palmenholz ohne Lederboden ersetzt worden. Fitzroys Absicht war, daß »seine« Barometer alle genau gleich waren, sowie über eine geeichte Reserveröhre verfügen sollten. Auf diese Weise konnte man, falls sich unverhofftes Pech mit den Röhren während der Fahrt einstellte, ohne Probleme die Röhre eines Barometers von einem anderen Schiff benutzen, wo in aller Welt es auch immer sein mochte. Vor allem war es die englische Marine, die in großem Umfang von Fitzroys Konstruktion Gebrauch machte. Das Kew-Barometer kam mehr in der Handelsmarine zur Anwendung. Im 20. Jahrhundert wurde auf See das Quecksilberbarometer rasch durch das billigere und weniger störungsanfällige Aneroidbarometer verdrängt, wie es bis heute in Gebrauch ist.

47 »Fitzroy Marine Barometer« oder »Gun Marine Barometer« mit Wetterangaben. Für diese galten in der Schiffahrt andere Bezeichnungen als an Land.

An Land

Wie bereits erwähnt wurde, war Admiral Fitzroy der geistige Vater mehrerer Barometertypen. Nicht nur auf See machte man Gebrauch von seinen Ideen, sondern auch an Land. Fitzroy wußte, daß jedes Jahr viele Fischer in stürmischem Wasser umkamen oder ihm nur mit knapper Müh und Not entkamen. Er drängte darauf, in so vielen Küstenorten wie möglich ein Barometer in Hafennähe anzubringen, so daß jeder, der schlechtes Wetter zu fürchten hatte, beizeiten gewarnt werden konnte. So stattete seit 1860 das Handelsministerium manches Fischerdorf mit dem »Sea Coast Barometer« aus, wie es auf der Abbildung zu sehen ist. Das aus Eiche hergestellte Küsten- oder Fischereibarometer ist von schwerer und gegen Witterungseinflüsse widerstandsfähiger Bauart. Diese Barometer hingen ja in einem Kasten außen an der Mauer im Hafen. Sie waren der Hitze, Kälte, Trockenheit, Feuchtigkeit und salzhaltiger Luft ausgesetzt. Die Skalaplatten bestehen daher aus Glas oder Porzellan und sind mit Fitzroys Wetterbezeichnungen versehen, die etwas von den Angaben auf seinen Schiffsbarometern abweichen. Bald wurden die Rettungsdienste entlang der gesamten englischen Küste mit einem Küstenbarometer ausgerüstet, und im Laufe der Jahre sind sehr viele in den Häfen von Dörfern und Städten installiert worden. Auch in Frankreich wurden in jenen Jahren ähnliche Barometermodelle zum selben Zweck benutzt.

Die im Jahre 1850 gegründete Firma Negretti & Zambra, die eine Vielfalt von Barometern herstellte, hatte sehr großen Anteil an der Fabrikation von Küstenbarometern, aber auch an der von Schiffsbarometern des Kew- und des Fitzroy-Typs. Diese Firma hat sich nicht nur Verdienste um Schiffer und Küstenbewohner, sondern auch um Bewohner des platten Landes erworben, die ebenfalls vom Wetter abhängig waren. So entstand etwa 1860 das »Farmer's Barometer«, das an die Stelle des kurz zuvor auf den Markt

48 *»Sea Coast Barometer« mit Fitzroys kurzer Wetterbezeichnung. Zweite Hälfte des 19. Jahrhunderts.*

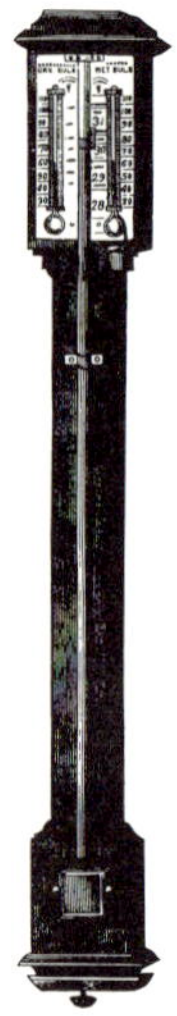

49 *»Farmers Barometer«, ausgerüstet mit einem Psychrometer. Zweite Hälfte des 19. Jahrhunderts.*

gelangten »Cottage Barometer« trat, eines sehr einfachen und schmalen Stockbarometers mit einer durch Glas geschützten kleinen Papierskala. Das »Farmer's Barometer« war im Gegensatz zum »Cottage Barometer« mit einem Psychrometer zur Bestimmung der relativen Luftfeuchtigkeit versehen. »Farmer's Barometer« sind noch hie und da zu finden. Sie sind aus Eiche, aber einfacher und von weniger schwerer Bauart als das »Sea Coast Barometer«. Die Skalaplatten sind aus Porzellan, und die Wetterbezeichnungen von Fitzroy sind darauf zu finden. Das Psychrometer ist die Ursache des asymmetrischen Aussehens dieses Barometers, denn es hängt ein kleiner Wasserbehälter aus Glas unter

50 Drei von Negretti & Zambras Niederlassungen in London. Zweite Hälfte des 19. Jahrhunderts.

der rechten Skalaplatte. In dieses Gefäß hängt das Stückchen Baumwolle, das um den kleinen Behälter des »nassen« Thermometers gebunden ist. Wer sich dieses Barometer etwa anschaffen will, um sich mit seiner Hilfe als Amateurmeteorologe zu betätigen, sei darauf aufmerksam gemacht, daß das Psychrometer nur dann bei einer Wettervorhersage hilft, wenn es im Freien aufgestellt wird. Wie das Thermometer ist das Psychrometer – oder, wenn man will, das Hygrometer – an die unmittelbare Umgebung gebunden, in der es sich befindet, was beim Barometer nicht der Fall ist, da der Luftdruck überall gleich ist, sowohl im Freien als auch unter Dach.

Reisebarometer

Man wird ihnen vielleicht nicht oft begegnen, aber es sind, hauptsächlich im vorigen Jahrhundert, einzelne Barometertypen hergestellt worden, die man auf die Reise mitnehmen konnte. Dabei konnte es sich um eine Expedition, eine Bergbesteigung oder eine Ballonfahrt handeln. Der Zweck dieses Barometertyps war nicht so sehr die Wettervorhersage, sondern die Vornahme von Höhenmessungen. Je höher man in die Atmosphäre gelangt, desto dünner wird die Luft und desto niedriger die Anzeige des Barometers. Ein wichtiges Kennzeichen dieser Geräte ist somit, daß sie keine normale Skalaeinteilung haben, die mit 28 bis 31 inches für Messungen dicht über der Erdoberfläche ausreichend ist, sondern mit einer Skala ausgerüstet sind, die zum Beispiel bis auf 18 inches oder zuweilen noch weiter zurückgeht. Ein Ballonfahrtbarometer geht noch viel weiter zurück, manchmal bis auf weniger als 10 inches, so daß Messungen in Höhen von mehr als 8000 m vorgenommen werden können. Reisebarometer sind im allgemeinen schlicht, robust und kompakt. Die meisten sind mit einem ausklappbaren Dreifuß aus Holz oder Metall ausgerüstet, den man unterwegs als Stativ aufstellen konnte und an welches dann das Barometer gehängt wurde. Viele Reisebarometer verfügen über große Genauigkeit, die u.a. dadurch erzielt wird, daß das Quecksilberniveau im Behälter – dieser oft aus Glas – auf Sicht reguliert werden kann (Fortin-System). Vornehmlich in England und Frankreich sind diese Instrumente hergestellt worden (s. Ende dieses Kapitels).

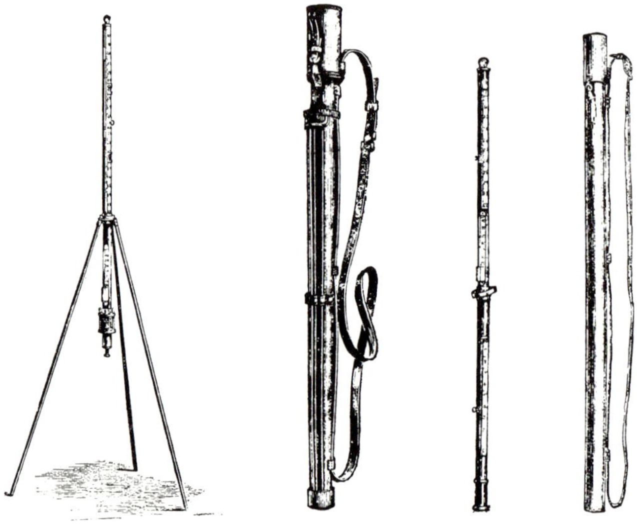

51 Zwei Reisebarometer mit Futteral. Links: Reisebarometer mit einem sog. Behälter von Fortin, komplett mit Dreifuß. Rechts: Reisebarometer nach dem Heberprinzip mit Anschluß für einen Dreifuß in der Mitte (Kardanischer Ring). Einzelheiten beider Systeme s. Teil III, S. 207 ff.

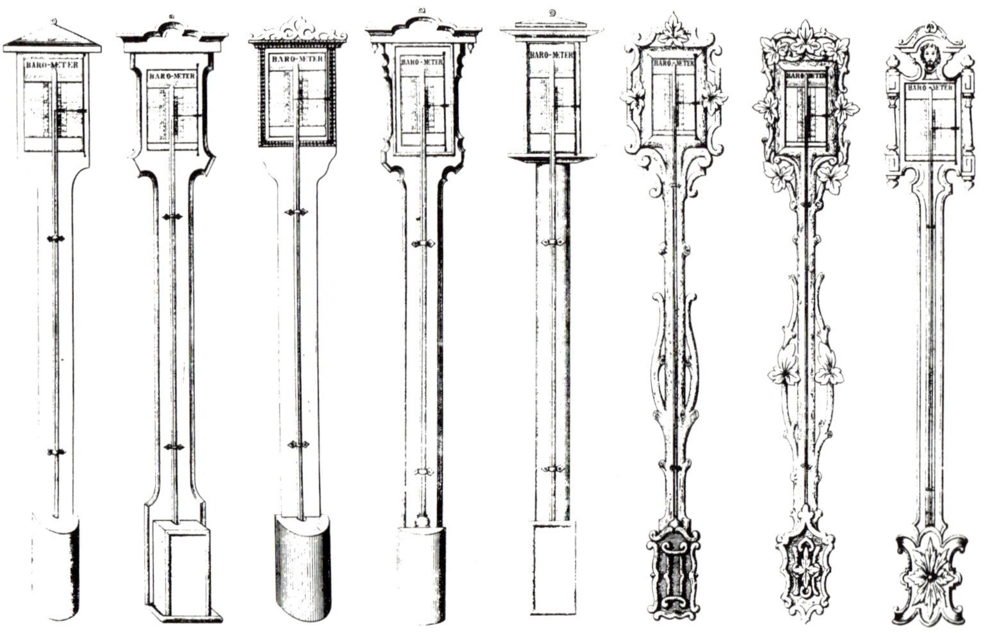

52 Barometer für hochgelegene Gebiete, abgebildet in einem deutschen Katalog aus dem Jahre 1880. »Veränderlich« entspricht auf diesen Skalen 26 6/12 Pariser Zoll, was wiederum 956 mbar oder 717 mm Quecksilbersäule gleichkommt.

Stockbarometer für dauernden Gebrauch in den Bergen

Die besprochenen Reise- oder Gebirgsbarometer sind getrennt von den Barometern zu sehen, die einen festen Platz bei Bewohnern hochgelegener Gebiete wie z.B. des schottischen Hochlandes oder von Gebirgswetterstationen einnahmen. Derartige Exemplare brauchten also niemals Dienste auf normalem« Niveau zu leisten, sondern existierten in einer Umgebung, in der ein viel niedrigerer durchschnittlicher Luftdruck herrscht. Aus diesem Grunde konnte die Quecksilberröhre und damit auch das Barometergehäuse erheblich verkürzt werden. Für Zeigerbarometer gilt dasselbe. In einer normalen Wohnung – es sei denn, sie liegt im Gebirge – leisten diese kurzen Modelle allerdings keinen Dienst. Das Quecksilber würde beinahe, wenn nicht sogar ganz, in den Oberteil der Röhre gelangen. Eine hübsche Kuriosität also, aber kein allgemein brauchbares Instrument.

Bergwerksbarometer

In die Reihe »Betriebsbarometer« gehört auch das etwas ungewöhnlich aussehende englische Bergwerksbarometer. In England gab es bekanntlich schon in früher Zeit Kohlenbergwerke. Die Arbeit dort war nicht risikofrei. Eine große Gefahr bildeten z.B. explosive oder giftige Gase, die in den Stollen freigesetzt wurden. Man hatte festgestellt, daß diese Gase sich bei niedrigem Barometerstand bildeten, vor allem wirkte sich fallender Luftdruck aus. Bei hohem Barometerstand wurden die Gase weiter in die Stollen »hineingedrückt«, bei fallendem Luftdruck jedoch gefährdeten sie das Leben der Kumpel. Da erschien um 1860 das Bergwerksbarometer, bekannt als »Miner's Barometer« oder »Pit Barometer«. Ein wenig plump ist dieses Instrument. Die Röhre ist in einem schweren Kasten aus Eiche untergebracht, und die Skala wird durch flaches Glas in einem Metall-

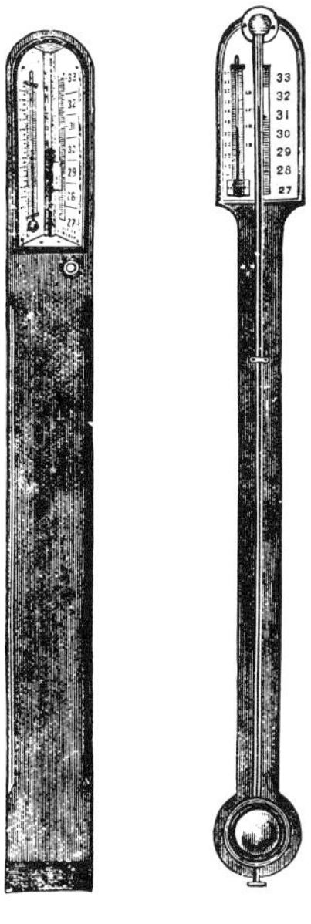

53 »Miner's Barometers« (Pit Barometers). Manchmal sind sie oben auch eckig. Sie sind erkennbar an einer höher bezifferten Skala, nämlich bis 33 oder 34 inches.

rahmen geschützt. Umgekehrt wie beim Barometer für Höhenmessungen reicht die Skalaeinteilung hier zu höheren Luftdruckwerten hinauf, und zwar bis zu 33 oder 34 inches, gut für Messungen bis zu einer Tiefe von mehr als 500 Metern. Auf der Skala befindet sich auch ein Thermometer, Wetterbezeichnungen fehlen jedoch meistens, was auch verständlich ist, denn das Gerät hat lediglich die warnende Funktion, einen plötzlich fallenden Luftdruck anzuzeigen. Im Jahre 1872 wurde der Gebrauch eines Barometers im Schacht gesetzlich vorgeschrieben. Diese Barometer wurden, wenn auch nicht in großer Anzahl, bis in unser Jahrhundert hinein angefertigt.

Wissenschaftliche Barometer

Barometer für sehr genaue Messungen wurden – und werden – in Meßstationen, Universitäten und Laboratorien benutzt. So interessant diese Geräte auch sein mögen, schön sind sie nicht. Ein wissenschaftliches Barometer ist durchweg sehr »sachlich«. Zuweilen kann dies bei Stücken aus dem 18. Jahrhundert anders sein, doch werden diese selten im Handel auftauchen. Deshalb werden sie hier nicht ausführlich in Wort und Bild behandelt. In Teil III, Seite 207 ff., werden die verschiedenen Systeme wissenschaftlicher Barometer zur Sprache kommen, wie das Fortin-, das Heber- und das Stationsbarometer.

Kapitel 5
Admiral Fitzroys Barometer

Victorianische Wetterkunde für jedermann

Im vorigen Kapitel war immer wieder die Rede von Admiral Fitzroy. Er war in hohem Maße auf Wetterkunde spezialisiert und leistete auf diesem Gebiet bahnbrechende Arbeit. Seine verbesserten Schiffsbarometer und vor allem seine Küstenwarnbarometer wurden berühmt. Er schrieb Veröffentlichungen über seine Messungen und richtete an verschiedenen Stellen in England Wetterstationen ein, die ihre Daten nach London telegrafieren konnten. Er war es auch, der dafür sorgte, daß schon 1860 die »Times« täglich einen Wetterbericht brachte. Obgleich Admiral Fitzroy viele Widersacher hatte, wurde er weit und breit bekannt als der Mann, der das Wetter vorhersagen konnte. Er starb 1865 im Alter von sechzig Jahren durch Selbstmord.

Das Fitzroy-Barometer

Der Kasten dieses sehr bekannten Barometertyps ist lang und breit und manchmal ganz und gar mit Papier beklebt, auf das die übliche Skalaeinteilung, ergänzt mit »Fitzroy-Angaben«, gedruckt ist, dazu mit ausführlichen Texten über Wettervorhersagen. Darüber steht oft: »Admiral Fitzroy's Barometer«. Viele ziehen daraus den Schluß, daß dieses Instrument von Fitzroy in den Handel gebracht worden ist, doch sind darüber die Meinungen geteilt, auch ist sehr zu bezweifeln, ob R. Fitzroy überhaupt jemals ein »Fitzroy-Barometer« gesehen hat. Vielleicht ist die Verwirrung deshalb entstanden, weil Fitzroy eine so aktive Rolle bei der Herstellung und Aufstellung der Küstenbarometer gespielt hat. Sicher ist, daß Barometerfabrikanten einen nützlichen Gebrauch von seinen Wetteranzeigen und Faustregeln für die Verwendung der Barometer gemacht haben. Wie dem auch sein mag, im letzten Viertel des vorigen Jahrhunderts sind diese Barometer hergestellt worden, und sie erfreuten sich so großer Beliebtheit, daß auch in unserem Jahrhundert immer noch Nachfrage nach ihnen bestand. Da die »Fitzroys« somit noch gar nicht so alt sind, ist ihr Erwerb für den Interessenten noch gut möglich. Aus diesem Grund seien sie hier ausführlich besprochen, vor allem auch deshalb, weil es interessant ist, sich mit den meteorologischen Texten zu beschäftigen.

Die Gehäuse sind stets aus Holz, meistens Eiche, Buche oder Mahagoni. Hin und wieder sind sie besonders aufwendig ausgeführt, mit Schnitzarbeiten an der Haube, zuweilen auch mit prächtiger Einlege- oder durchbrochener Arbeit; aber es gibt auch zahlreiche nüchterne »Fitzroys«, die nur einfache Verzierungen aufweisen, manchmal auch mit kahlen, rechtwinkligen Gehäusen. Die Papierskalen stimmen durchweg mit der Ausführung der Gehäuse überein. Verzierte Gehäuse haben auch oft farbige Platten mit symmetrischen Ornamenten, z.B. gotischen Motiven. Ab und zu finden sich darauf Darstellungen. Die glatten Exemplare sind durchweg mit einer farblosen Platte ausgestattet und enthalten nur Text. Die Quecksilberröhre sitzt in der Mitte, von oben bis unten sichtbar einschließlich des gläsernen Behälters. Typisch für die meisten Fitzroy-Barometer ist die dicke Röhre mit großem Innendurchmesser, die eine möglichst zuverlässige Ablesung ermöglichen soll. Einige Behälter sind über die Rückenwand vermittels eines Schiebesystems abschließbar, um das Instrument transportfähig zu machen. Für ein derartiges System besteht ein Patent aus dem Jahre 1878. Obgleich dies nicht alles sagt, kann den-

54 Admiral Robert Fitzroy (1805–1865)

noch mit Sicherheit angenommen werden, daß die ersten Modelle nicht damit ausgerüstet waren. Etwas mehr Anhaltspunkte für die Datierung von »Fitzroys« gewähren die hin und wieder abgebildeten salmiakpastillenförmigen »Register Marks«, die auf in England hergestellten Gegenständen im Zeitabschnitt zwischen 1842 und 1883 angebracht sein mußten. Ein solches Warenzeichen enthält verschlüsselt die Materialsorte sowie Jahr und Datum der Ingebrauchnahme dieser Marke. Inwieweit diese Angaben auch den Tatsachen entsprechen, erzählt die Geschichte nicht. Die mit einem solchen Warenzeichen versehenen Papierbögen könnten gut und gern erst nach Jahren bei einem Barometer mit verarbeitet worden sein. Es ist deshalb auch nicht seriös, einem »Fitzroy« anhand des

Warenzeichens eine endgültige Jahreszahl zuzuschreiben. Auf jeden Fall geht daraus hervor, daß ein solches Gerät zum angegeben Datum oder danach hergestellt worden sein muß.

Manchmal ist auf den Platten angegeben: »Entered at Stationers Hall«. Das hat mit dem Barometer selbst nichts zu tun, zumindest nicht auf technischem oder meteorologischem Gebiet. Es war der Drucker des Papierschildes, der kraft damals geltenden Gesetzes verpflichtet war, auf alles, was er produzierte, jene Angaben zu drucken. Das war der Beweis dafür, daß seine Arbeit beim Copyright-Büro der Buchhändlergilde in London registriert war.

Das Fitzroy-Barometer kennt verschiedenes Zubehör. Das häufigste ist das Thermometer. Kennzeichnend ist die etwas eigenartige Weise, mit der dieses Instrument auf dem Barometer angebracht ist. Meist nahm man ein einfaches, glattes Brettchen für die Skala des Thermometers und schraubte das Ganze irgendwo rechts unter dem Textteil fest, so daß es so aussieht, als gehöre das Thermometer gar nicht dazu, sondern sei erst nachträglich »hinzugeklebt« worden. So etwas kann daher tatsächlich original sein.

55 Einige Fitzroy-Barometer aus einem Katalog von 1895. Sehr luxuriöse Exemplare verfügten manchmal über eine kleine Tür auf der Rückseite, um an den Behälter gelangen zu können.

Ebenso eigenartig wie charakteristisch ist das bei vielen »Fitzroys« vorkommende Sturmglas, das in der Regel links unten zwischen Messingklammern aufgehängt ist. Dieses kuriose, etwa 25 cm lange und einige cm dicke Glas hat viele vor ein Rätsel gestellt und tut dies immer noch. Nach Fitzroys Angaben wurden diese Gläser bereits im 18. Jahrhundert in London verkauft. Darin befindet sich eine Lösung von Kampfer in Alkohol zusammen mit einigen anderen Chemikalien. Es heißt, man könne an dem Verhalten der Kampferkristalle sehen, was für Wetter herrschen werde. Die Kampferkristalle können umherschwimmen, stillstehen oder sinken, sowohl in großen als auch in kleinen Flokken, oder sich auflösen, woraus dann allerlei Schlußfolgerungen gezogen werden könnten. Da die Sturmgläser oben mit einem kleinen Korkstöpsel, über den zuweilen auch noch Siegellack gegossen ist, verschlossen sind, wird manchmal behauptet, das Sturmglas reagiere aus diesem Grunde nicht auf Luftdruckunterschiede, sondern nur auf Temperaturschwankungen. In einer alten Abhandlung über das »Fitzroy-Sturmglas« wird jedoch von einem ganz feinen Loch gesprochen, das in den Stöpsel mit einer glühenden Nadel gebohrt sein sollte. Daraus müßte zu schließen sein, daß es doch der Luftdruck ist, der die Kristallbildung in der Lösung mit beeinflußt, obgleich Admiral Fitzroy in seinem »Weather-Book« behauptet, daß es gleichzeitig die elektrische Ladung der Luft ist, die für das Verhalten der Kristalle sorgt. Auch die Windrichtung dürfte dabei eine große Rolle

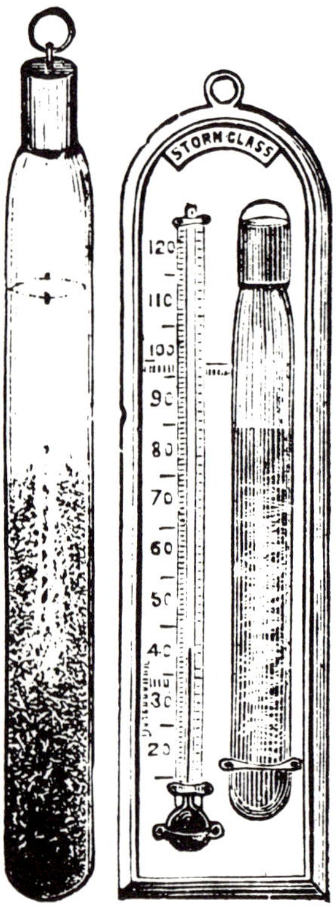

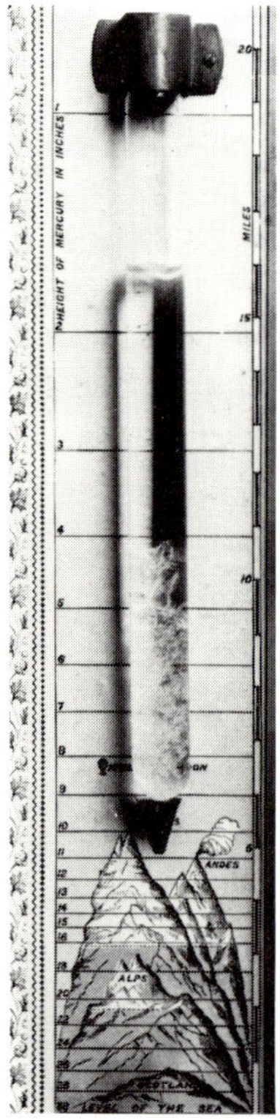

56 Sturmgläser. Sie wurden einzeln verkauft, manchmal in Verbindung mit einem Thermometer, und oft an Fitzroy-Barometern angebracht.

57 »Mountain Scale«, wie sie auf Fitzroy-Barometern vorkommt. Rechts ist die Höhe angegeben in Meilen, links der dazugehörige Luftdruck in Zoll. Das Sturmglas verdeckt mit seinem unteren Teil das Wort »Himalaya«, das höchste Gebirge auf der Skala, ferner sind angegeben die Anden, die Alpen und die Berge in Schottland. Genau über den Gebirgen ist ein Ballon eingezeichnet mit dem Text »Highest Balloon«.

spielen. Fitzroys Ansicht scheint die verständlichste zu sein. Enttäuschend und verwirrend ist jedoch, daß es heutzutage nur unter Schwierigkeiten glückt, ein Sturmglas überhaupt in Gang zu setzen, geschweige denn Beobachtungen damit anzustellen. Wenn sie mit ihren ursprünglichen Füllungen auch hervorragend funktioniert haben mögen, so will das heutzutage mit vielen angerührten Lösungen nicht so recht gelingen. Im technischen Teil ist nachzulesen, was an Rezepten gefunden werden konnte, und zur Ergänzung des Berichts über das Sturmglas seien die alten Wetterangaben aufgezählt, die dem verschiedenartigen Verhalten der Kristalle entsprechen:

Helle Flüssigkeit: schönes Wetter. Kristalle auf dem Boden: Frost im Winter. Trübe Flüssigkeit: Regen. Trübe Flüssigkeit mit kleinen Kristallen: Gewitter. Große Flocken: schwüles Wetter, bewölkter Himmel, im Winter Schnee. Fadenbildung oben in der Flüssigkeit: windiges Wetter. Kleine Pünktchen: feuchtes Wetter, Nebel. Aufsteigende Flokken, die hängen bleiben: Wind in den höhergelegenen Gegenden. Kleine Kristalle: im Winter schönes Wetter, Sonne, nach einigen Tagen Schnee.

Ein anderes Kennzeichen des »Fitzroy« ist die »Mountain Scale«, eine Höhenskala für die Atmosphäre. Diese ist auf einen schmalen Papierstreifen gedruckt. Zu sehen ist ein Schema der Atmosphäre, angefangen von der Meereshöhe bis zur Grenze unseres »Dunstkreises«, entsprechend den damals gültigen Auffassungen. Auf der Abbildung ist um der Deutlichkeit willen nur die untere Hälfte der Atmosphäre dargestellt. Einige bekannte Gebirge sind des weiteren angegeben, die mit ihrer – relativen – Höhe einen Eindruck von der enormen Luftmasse, die uns umgibt, vermitteln sollten. Sehr interessant ist die Höheneinteilung in Meilen mit dem dazugehörigen Luftdruck, der, je höher man hinaufgelangt, desto langsamer abnimmt. Die Atmosphärenkarte eignete sich gut zum Anbringen des Sturmglases. Man montierte es deshalb ohne näheres Nachdenken einfach darauf. Daher begegnen wir vielen »Fitzroys« in Verbindung mit einer Sturmglas-Atmosphärenkarte, aber ebensogut Exemplaren mit entweder dem einen oder dem anderen oder keinem von beiden.

Neben der Skalaeinteilung stehen die bekannten Wetterangaben von Fitzroy und darunter oft: »Set Yesterday« und »Set Today«, zuweilen mit einer Zeitmarkierung. Das gilt dann für die zwei Tendenzzeiger, die den Verlauf des Luftdrucks zwischen gestern und heute angeben und festhalten können. Diese Tendenzzeiger sind entweder mit Hilfe eines Schiebesystems an den Seitenwänden zu bewegen, oder sie können vermittels einer Zahnradübertragung auf und nieder bewegt werden mit zwei Drehknöpfen, wie sie auch zur Bedienung der Tendenzzeiger von Banjobarometern benutzt werden. Da diese Knöpfe nicht sehr fest sitzen, gehen sie leicht verloren. Oft sind sie dann auch ersetzt worden.

Die Fitzroy-Barometer sind reichlich versehen mit Text, die »remarks« von Admiral Fitzroy stehen dabei im Mittelpunkt. In einer Reihe sind seine Faustregeln für Wettervorhersagen aufgeführt, sowohl für steigenden als auch für fallenden Luftdruck (Rise, Fall). Auch findet man zuweilen kurze Reime wie: »Long foretold, long last; Short notice, soon past«, was frei übersetzt lautet: »Lange vorhergesagt, langes Bestehen; nur kurz angesagt, schnelles Vergehen.« »First rise after very low, foretells a stronger blow«, was ungefähr übereinstimmt mit: »War das Quecksilber auf niedrigem Stand, zeigt erstes Steigen, daß es bald stürmt im Land.«

Bei den meisten »Fitzroys« stoßen wir auf den wertvollen Rat: »Ein Zehntel (inch) hinzuzuzählen zu je hundert Fuß über dem Meeresspiegel.« Tatsächlich muß man zwecks korrekter Beobachtung damit rechnen. Wie schon gesagt, ist der Luftdruck um so geringer, je höher man wohnt. Das spielt im Flachland natürlich keine große Rolle. Bei einem Wohnort im Hügelland oder gar im Gebirge nimmt mit der Höhe die Falschanzeige zu, so daß oben genannte Korrektur der Ablesung angebracht ist. Aber bleiben wir bei Fitzroy und bei der – hie und da etwas freien – Übersetzung einiger seiner Texte, die auf den Fitzroy-Barometern vorkommen und die ich nach und nach für den Leser gesammelt habe:

»*Beim Steigen:* Im Winter kündigt das Steigen des Barometers Frost an. Wenn bei nassem Wetter das Quecksilber hochsteigt und bleibt, so ist innerhalb einiger Tage schönes Wetter zu erwarten. Steigt bei nassem Wetter das Quecksilber plötzlich sehr hoch, so ist das schöne Wetter nicht von langer Dauer. Das Barometer steigt am meisten bei Wind aus dem Norden und Osten. Schnelles Steigen des Barometers zeigt unbeständiges Wetter an, langsames Steigen das Gegenteil. Gemächlich anhaltendes Steigen kündigt sehr schönes Wetter an. Kommender Wetterwechsel wird nicht so sehr angezeigt durch den Barometer*stand*, sondern mehr durch die *Veränderung* dieses Standes. Die Zahlen (inches) sind von größerer Bedeutung als die Worte (Fair, Changeable, Rain usw.)«

58 Einige Fitzroy-Barometer aus dem Jahre 1895, von denen die Modelle in der Mitte und ganz rechts die bekanntesten sind.

»*Beim Fallen:* Bei sehr warmem Wetter kündigt das Sinken des Quecksilbers Gewitter an, aber ein plötzliches Sinken deutet auf kräftigen Wind hin. Bei Frost kündigt das Sinken des Quecksilbers Tauwetter an. Fällt das Barometer bei Regen, ist mehr Regen zu erwarten. Wenn das Quecksilber bei schönem Wetter sinkt und unten bleibt, dann ist innerhalb von wenigen Tagen viel Regen und wahrscheinlich Wind zu erwarten. Einem plötzlichen Fallen des Barometers bei Westwind folgt im allgemeinen heftiger Sturm aus dem Nordwesten, Norden oder Nordosten. Wenn es bei steigender Temperatur zum Fallen kommt, kann Wind und Regen aus dem Südosten, Süden oder Südwesten erwartet werden. Ein Fallen bei niedriger Temperatur sagt Schnee oder Regen voraus. Rasches Fallen zeigt Wind oder Wind mit Regen an.«

»*Bei Sonnenuntergang:* Ein rosafarbener Himmel sagt schönes Wetter voraus. Eine mattgrünliche Färbung: Wind und Regen. Ein roter Himmel: Regen, schlechtes Wetter. Ein grauer Himmel: schönes Wetter.«

»*Die Atmosphäre:* Das Barometer ist eines der wertvollsten Instrumente, die jemals erdacht worden sind, um die Beschaffenheit und Gesetzmäßigkeit des gewaltigen Luftozeans, in dem wir leben, zu untersuchen. Die Atmosphäre, die die Erde von allen Seiten umgibt, erstreckt sich bis zu einer Höhe von ungefähr 45 Meilen (nach damaliger Auffassung!) und wird ab Meeresspiegelhöhe bei zunehmender Höhe dünner. Auf der kleinen Karte (Mountain Scale) wird die Atmosphäre mittels horizontaler Linien in dreißig Abschnitte eingeteilt, von denen jeder das gleiche Gewicht an Luft enthält. Die unteren Luftschichten werden jedoch durch das Gewicht der weiter oben ruhenden Schichten so zusammengepreßt, daß die untere Hälfte der Atmosphäre sich innerhalb von vier Meilen über dem Meeresspiegel befindet, während die andere Hälfte so verdünnt ist, daß sie etwa vierzig Meilen Höhe in Anspruch nimmt.

Da die Luft Gewicht hat, übt sie in Richtung des Erdmittelpunktes Druck aus, und die Größe des Druckes auf jeden beliebigen Punkt entspricht dem Gewicht der Luftsäule über diesem Punkt. Die Atmosphäre hat dort die größte Höhe über dem Meeresspiegel, wo ihr Druck, der nach allen Richtungen hin ausgeübt wird, ungefähr fünfzehn englische Pfund pro squareinch (Quadratzoll) beträgt.

Hier folgen die Hauptgesetze der Luft: 1. Ihr Druck ist nach jeder Richtung hin gleich. 2. Die Größe ihres Druckes hängt ab von der Höhe und entspricht ihrer Dichte. 3. Luft kann eine Flüssigkeitssäule in der Höhe halten, je nach ihrer Dichte und dem Gewicht der betreffenden Flüssigkeitssäule.

Die Skalaeinteilung entlang der Karte (die horizontalen Linien) gibt den Stand des Quecksilbers an (in inches) für verschiedene Höhen. So zeigt das Quecksilber auf dem Gipfel des Ben Nevis (Schottland) ungefähr 25 inches an, auf dem Gipfel des Mont Blanc 17 inches und auf dem höchsten Punkt des Himalaya-Gebirges, bei einer Höhe von 5 1/2 Meilen, nur 11 inches.

Wenn der Zustand des Wetters nicht mit einer großen Veränderung des Barometers übereinzustimmen scheint, so ist Vorsicht am Platze: Die Veränderung könnte sich dann auf das Wetter in der Umgebung beziehen. So passierte es, daß im Mai 1857 in und um London das Quecksilber, das bereits seit Tagen am Sinken war, bei nur dreiviertel inch Niederschlag zu steigen begann, während in Reading und in Berkshire, also in etwa dreißig Meilen Abstand, ein so kräftiger Sturm tobte, daß es beinahe als ein denkwürdiges Vorkommnis in der Chronik der Stadt aufgezeichnet worden wäre.«

Hin und wieder können wir Wissenswertes über Wind und Sturm lesen, vervollständigt durch Windstärkemessungen aus den Jahren 1850–1860. Folgende Hinweise seien auf jeden Fall erwähnt: »Sturm kann jederzeit erwartet werden, wenn die Temperatur bedeutend über dem Niveau der Jahreszeit liegt. Die gefährlichsten Stürme treten rasch nach dem ersten Steigen des Quecksilbers aus niedrigem Stand auf« (siehe den Vers weiter oben).

Das war eine »Blütenlese« aus den Regeln der Wetterkunde aus einer Zeit, die mehr als ein Jahrhundert zurückliegt. Gemäß heutiger Auffassung stimmen die meisten leidlich. In vielen Punkten war Fitzroy seiner Zeit weit voraus, und ein besseres Wissen über das Wie und Warum des Wetters ist nicht zuletzt ihm zu verdanken.

Obgleich die Photos in Teil II die beste Übersicht über die verschiedenen Barometer-Modelle vermitteln, sei noch auf eine besondere Variante des Fitzroy-Barometers eingegangen, nämlich das »Royal Polytechnic Barometer« von Joseph Davis & Company, der einzigen Firma in England, die dieses Modell hergestellt haben dürfte, und zwar zwischen 1870 und 1885. Diese Modelle wurden freilich auch in anderen Ländern in Lizenz angefertigt, zum Beispiel in Amerika. Aber wie lange sie dort hergestellt wurden, ist nicht bekannt. Die »Polytechnics« erkennt man an ihrer runden, durch Glas geschützten Papierskala, auf der in der Regel zu lesen ist: »Joseph Davis & Company, sole manufacturers, Royal Polytechnic Institution, London.« Der Text »Design, Copyright and title registered« unterstrich das »Alleinherstellungsrecht« des Herrn Davis. Unter dem runden Skalapapier befindet sich ein durch Glas geschütztes Gehäuse, das in vielem Übereinstimmung mit dem »gewöhnlichen« englischen Gefäßbarometer zeigt. Die Gehäuse sind reich verziert, z.B. mit Schnitzarbeiten am Oberteil und durchbrochener Arbeit hinter Glas im unteren Teil. Zuweilen stoßen wir auf Exemplare mit Säulen entlang der Seiten. Sie wurden meist aus Eiche oder Buche hergestellt.

Auf dem runden Skalablatt sehen wir in der Mitte die übliche inch-Einteilung, und auf den Rändern steht – sowohl links als auch rechts – eine ausführliche Reihe kurzer Prognosen im Stil von Fitzroy für den Sommer wie für den Winter. Diese Vorhersagen stehen in kleinen Fächern parallel zur Barometerröhre. Um Gebrauch davon machen zu können, muß man einen der zwei Tendenzzeiger auf das Quecksilberniveau einstellen. Zu diesem Zweck befinden sich zwei Knöpfe unter dem Skalablatt. Dabei kommt es darauf an, daß beide Tendenzzeiger durch einen Zeiger verlängert werden, der seinerseits das zum Barometerstand gehörende Ablesegebiet anzeigt. Die Photos in Teil II, Seite 144ff., lassen die Einzelheiten deutlich erkennen. Auf dem Skalablatt wird noch auf die »special remarks« von Admiral Fitzroy verwiesen, die sich hübsch angeordnet in einem Holzrahmen im unteren Teil befinden. Unter den kleinen Textschildern hängen zwei Alkoholthermometer, das eine mit Fahrenheit-, das andere mit »Centigrade« (Celsiusskala). Einige »Polytechnics« sind dazu noch mit einer Reihe von sieben »Gedächtnisrädchen« ausgerüstet, mit denen der Barometerstand jedes Wochentags festgehalten werden kann.

Kapitel 6
Barometer mit verlängerter Skala

Das Winkelbarometer und andere Systeme

Wie bereits erwähnt, haben die Barometer, auf denen man unmittelbar »vom Quecksilber« abliest, nur einen kleinen Ablesebereich. Das Quecksilber bewegt sich oben in der Röhre zwischen einer Höhe von 72 und 79 cm, vom Quecksilberniveau im unten angebrachten Behälter an gerechnet. Diese Zahlen sind – unter normalen Umständen – äußerste Werte. In der Praxis schwankt das Quecksilber zwischen 73 und 78 cm, ein Ablesebereich von nur 5 cm. Gegenwärtig genügt dank der modernen, technisch perfekten Hilfsmittel dieser Abstand, aber früher verfügte man nur über Material von weit minderer Qualität und wußte oft nicht, wie man Falschanzeigen erkennen, geschweige denn

59 Sir Samuel Morland (1625?–1695)

beheben konnte. So war das ursprünglich benutzte Sodaglas für die Anfertigung von Quecksilberröhren nicht gut geeignet. Bei der Herstellung wurde die Röhre innen oft nicht glatt genug, und es entstanden leicht Blasen im Glas. Beides führte natürlich zur Ungenauigkeit des Barometers. Bereits während der ersten Jahrzehnte der Entwicklung des Barometers entstand das Verlangen nach einem größeren Skalabereich. Es wurde viel experimentiert, bis man zu befriedigenden Ergebnissen gelangte. Eines war das Winkelbarometer, ein Typ, von dem das Diagonalbarometer am bekanntesten geworden ist. In England wird es »Sign Post« oder »Yard Arm« genannt. Man schreibt seine Erfindung Sir

Samuel Morland zu, der dieses System schon vor 1680 eingeführt haben soll. Doch ist das letzte Wort hierzu noch nicht gesprochen, denn wie so oft haben wir auch hier kaum Quellen für sichere Daten.

Betrachtet man die Abbildung 60, so sieht man links eine normale Röhre von Torricelli, in der Mitte – schematisch – die Röhre eines Winkelbarometers und rechts eine geneigte Torricelliröhre. Das Prinzip des Winkelbarometers ist folgendes: Man macht sich die Kenntnis dessen zunutze, daß in einer schiefgehaltenen Torricellischen Röhre die Höhe der Quecksilbersäule gleich bleibt, während ihre Länge zunimmt. Als »Variante« hierzu versieht man die Quecksilberröhre oben mit einem Knick – von beinahe 90° – und verlängert den geneigten Teil so, daß die Gesamthöhe der Röhre einschließlich des schrägen Armes die einer normalen, geradegestreckten Röhre ist, nämlich rund 80 cm. Der Knick befindet sich dabei ungefähr 70–71 cm über der Oberfläche des Quecksilbers im Behälter. Erreicht wird dadurch, daß die Quecksilbersäule mit ihrem oberen Ende über den Knick hinausreicht und die Ablesung im geneigten Teil der Röhre vorgenommen wird. Die Länge des Armes ist von der Neigung abhängig. Je mehr sich der Arm der horizontalen Lage nähert, desto länger muß er sein, um dem Quecksilber für die erforderliche Höhe genug Platz zu bieten. Hat der Arm beispielsweise eine Länge von 50 cm bei einer Höhendifferenz von 10 cm, so entspricht der Bewegung des Quecksilbers über eine Strecke von 1 cm in der senkrechten Röhre eine Bewegung von 5 cm in der schrägen Röhre. Mit anderen Worten: Das Winkelbarometer wirkt skalenvergrößernd. In der Praxis begegnen wir Vergrößerungsfakoren zwischen vier und zehn.

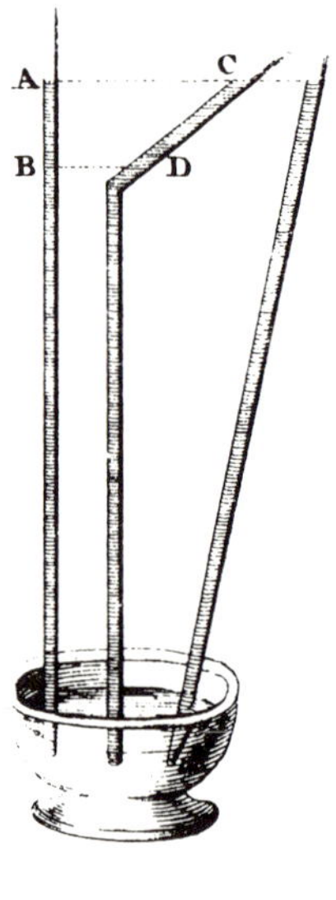

60 Prinzip des Diagonalbarometers. Das Quecksilber in der mittleren Röhre legt einen längeren Weg von D nach C zurück als das Quecksilber in der linken Röhre von B nach A.

Auf dem Festland ist das Winkelbarometer erst später in Gebrauch gekommen als in England, wo das Gerät bereits vor dem Ende des 17. Jahrhunderts bekannt war. Man konnte sich indessen niemals ganz an die Asymmetrie des Modells gewöhnen. Das »Sign Post« war kopflastig. Man behob dies, indem man das Winkelbarometer mit einem breiten Spiegel kombinierte. Das Instrument wurde sodann in den Rahmen eingearbeitet. Im allgemeinen sitzt das Barometer links, mit dem schrägen Arm über dem Spiegel.

Rechts war meistens ein Thermometer angebracht. John Patrick annoncierte diese Fassung schon zu Beginn des 18. Jahrhunderts. Wie auf der Abbildung 61 zu sehen ist, gab es auch einen Typ mit dem Arm unten statt oben. Ebenso sind Winkelbarometer hergestellt worden, deren Arm nach links statt nach rechts weist. Die Neigung nach rechts ist eigentlich die logische, denn von links nach rechts ist die Ablesung angenehmer, und wahrscheinlich sind aus diesem Grunde die meisten Winkelbarometer »rechtsarmig«.

Wie jede Medaille ihre Kehrseite hat, besaß auch dieses System der Skalavergrößerung seine Nachteile. Das Blasen einer Röhre mit einem gleichbleibenden Innendurchmesser und der Anbringung des richtigen Winkels war bei weitem nicht so einfach wie die Anfertigung einer geraden Quecksilberröhre. Der Besitz eines Winkelbarometers bedeutete demnach im 17. und 18. Jahrhundert auch einen großen Luxus. Außerdem spielte

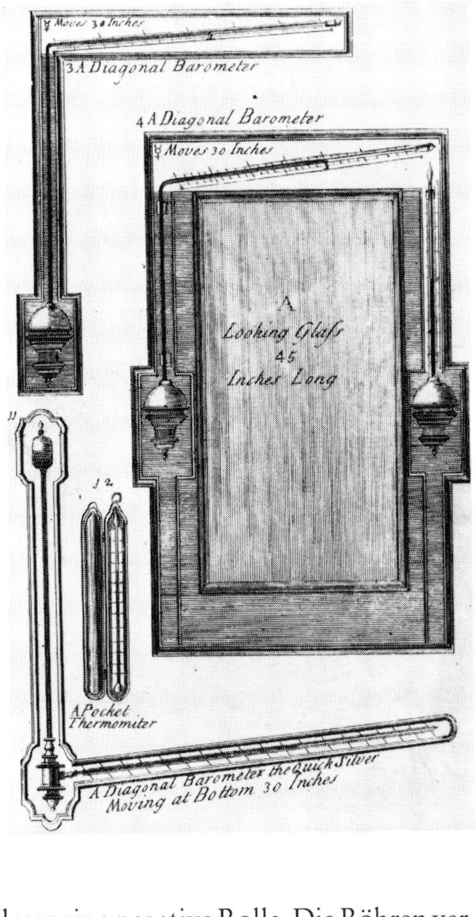

61 Teil aus Patricks Annonce um 1710. Wie man sieht, handelt es sich um ein reichhaltiges Sortiment von Winkelbarometern.

die bereits früher erwähnte Qualität des Sodaglases eine negative Rolle. Die Röhren verschmutzten rasch, wodurch das Quecksilber die Neigung bekam, hängen zu bleiben. Als wissenschaftliches Instrument hat sich das Winkelbarometer infolgedessen auch nicht durchgesetzt. Es waren zuviele technische Schwierigkeiten damit verbunden. Auf dem Festland konnte das Winkelbarometer vor allem in Deutschland einigermaßen an Bedeutung gewinnen. Seit der zweiten Hälfte des 18. Jahrhunderts sind verschiedene

Modelle hergestellt worden, z.B. auch mit einer Zickzack-Röhre. Auf diese Weise erzielte man eher ein symmetrisches Ganzes. Dieses Zickzack-Modell wurde vorwiegend in Ländern des deutschen Sprachraums entwickelt, und es ist möglich, daß es von Deutschland aus nach England gelangt ist, und zwar durch einen ausgewanderten Barometerhersteller. Wie dem auch sei, wir treffen dieses Modell auch in England an, doch nur bei einzelnen Herstellern. In Deutschland wurde es beinahe das ganze 19. Jahrhundert über hergestellt.

Das »Sign Post« mit seinem langen Arm ist im 19. Jahrhundert immer mehr in den Hintergrund getreten. In England stoßen wir um 1850 noch auf eine Art von »Nachblüte«, die ihren Ausdruck in Exemplaren findet, welche hauptsächlich von einigen Herstellern aus Halifax stammen. Sie hießen Samuel Lainton und Charles Howarth (manchmal Howorth geschrieben). Ich nenne sie hier mit Nachdruck, weil ein solches »Sign Post« aus der Mitte des 19. Jahrhunderts an den in diesen Dingen Unkundigen als aus dem 18. Jahrhundert stammend verkauft werden könnte. Man sei deshalb auf der Hut! In England wurde im allgemeinen Mahagoni verarbeitet, in Deutschland billigere Holzarten. Die Skalaplatten bestehen sowohl aus versilbertem Kupfer als auch aus Papier oder bemaltem Opalinglas. Meistens ist ein Tendenzzeiger vorhanden, der längs eines Metalldrahts verschoben werden kann, der über der Skalaplatte befestigt ist.

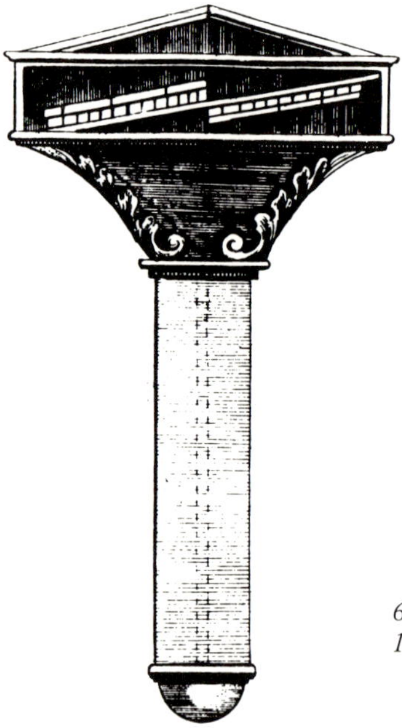

62 Abbildung eines Zickzack-Diagonalbarometers aus dem 18. Jahrhundert.

Dreifach- und Doppel-Diagonalbarometer

Die »Sign Post«-Familie kennt noch einige Zweige, die mit zwei oder drei Röhren ausgestattet sind. Man fand nämlich den langen Arm nicht immer gleichermaßen schön und praktisch. Deshalb suchte man nach einer Möglichkeit, den skalavergrößernden Arm zu kürzen, ohne an erweiterter Ablesbarkeit Einbuße zu erleiden. Das glückte auch, und aus Abbildung 62 ist ersichtlich, wie dies möglich war. Es befinden sich drei Röhren nebeneinander im Quecksilberbehälter. Die kürzeste Röhre nimmt das untere Drittel der Gesamtskala ein, z.B. von 28 bis 29 inches. (Im vorliegenden Beispiel sind sogenannte französische Linien eingezeichnet.) Die mittlere Röhre belegt die Strecke von 29 bis 30 inches und die längste Quecksilberröhre von 30 bis 31 inches. Der Knick der obersten Röhre liegt daher auch 1 inch höher als der der mittleren Röhre, der seinerseits 1 inch über dem der untersten liegt. Mit Hilfe dieses Systems wurde der Arm unter Beibehaltung der vergrößerten Skala auf ein Drittel der ursprünglichen Länge verkürzt. Es gibt auch Ausführungen mit zwei Röhren nach demselben Prinzip. Beide Varianten stammen aus dem 17. Jahrhundert, sind aber bei weitem nicht so häufig benutzt worden wie das »Sign Post« mit einer Röhre.

Ein anderer Typ ist das rechtwinklige Barometer. Auf der Abbildung ist zu sehen, daß der Arm unten sitzt und einen Winkel von 90° beschreibt. Dieses Prinzip war jedoch Störungen dermaßen ausgesetzt, daß es kaum Verbreitung gefunden hat.

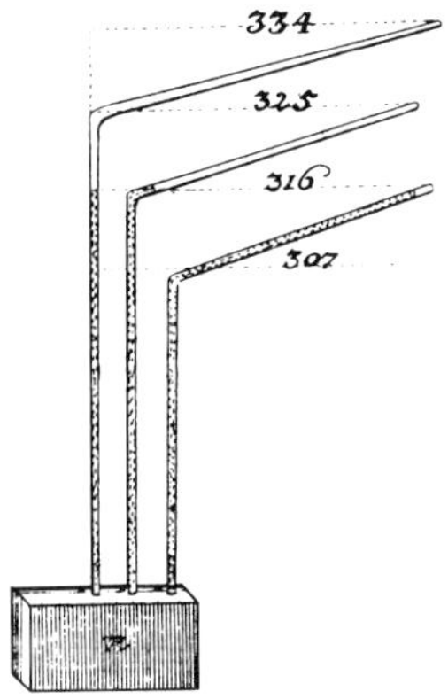

63 Schema des Dreifach-Diagonalbarometers, abgebildet in einem deutschen Buch aus dem späten 18. Jahrhunert. Auffallend sind dabei die Zahlen 307, 316, 325 und 334. Es sind sog. lignes (Linien) französischen Zolls. Es kommen 12 Linien auf einen französischen Zoll. Umgerechnet bezeichnen die Werte der Reihe nach 25 7/12, 26 4/12, 27 1/12 und 27 10/12 Pariser Zoll. Diese Linienskalen kommen auch manchmal auf deutschen Stockbarometern vor.

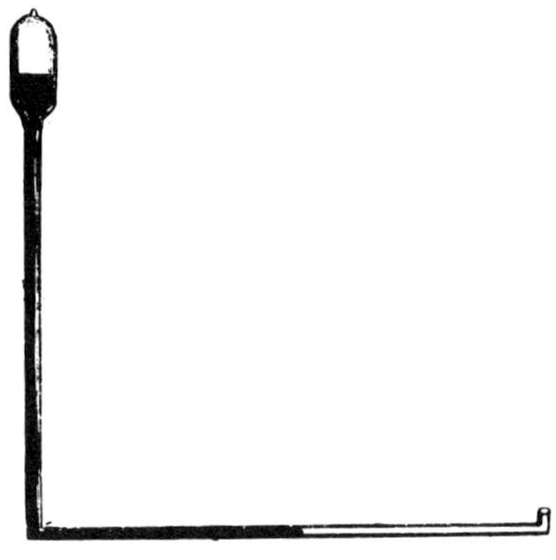

64 Prinzip eines rechtwinkligen Barometers.

Das konische Barometer

Obwohl das konische Barometer so gut wie »ausgestorben« ist, sei es dennoch kurz erwähnt. Auch hier handelt es sich um ein aus dem 17. Jahrhundert stammendes System der Skalavergrößerung. Der Franzose Guillaume Amontons (1663–1705) entwarf dieses Gerät, von dem er behauptete, es sei leicht zu handhaben, bequem zu transportieren und demnach vorrangig als Schiffsbarometer geeignet. Wiederum war es John Patrick, der es annoncierte. Die Röhre ist – je nach der Tüchtigkeit des Glasbläsers – etwa 1–2 m lang, oben ist sie geschlossen. Der Innendurchmesser ist unten weiter als oben, woher die

65 Konisches Barometer, annonciert von John Patrick um 1710.

66 Howsons Long Range Barometer, hergestellt von Negretti & Zambra zwischen 1860 und 1890.

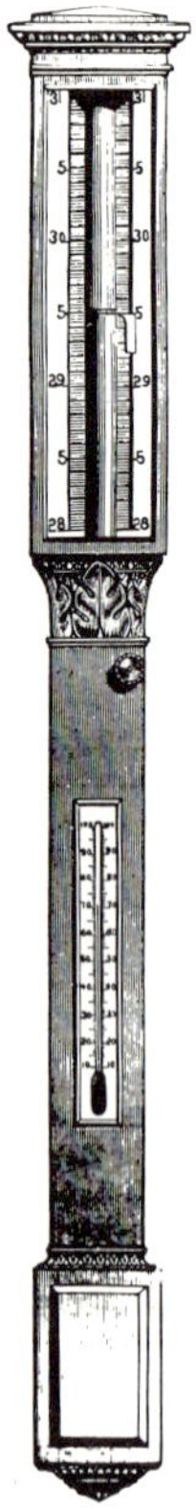

Benennung »konisches Barometer« kommt. Ein Behälter ist nicht vorhanden. Das Quecksilber konnte, sofern man die Öffnung unten nicht zu weit machte und vorsichtig zu Werk ging, nicht entweichen. Die Luftdruckschwankungen lassen das Quecksilber oben einen längeren Weg zurücklegen als in einer normalen Torricelli-Röhre. Die Skalavergrößerung, die man damit erzielte, betrug ungefähr das Drei- bis Vierfache. John Patrick annoncierte das konische Barometer bereits im frühen 18. Jahrhundert. In seiner Annonce etwa aus dem Jahre 1710 nannte er das Instrument ein »Pendant-Barometer«.

Konische Barometer sind offenbar nur einige Jahrzehnte lang im 18. Jahrhundert hergestellt worden. Das Instrument wies zu viele Nachteile auf (s. Teil III, S. 215), und wir haben im konischen Barometer demnach eher eine Kuriosität zu sehen. Angesichts seiner kurzen »Blütezeit« wird man ihm selten oder niemals im Handel begegnen. Mehr Aussicht darauf hat das folgende Gerät, das auch eine vergrößerte Skala besitzt, jedoch unter den in diesem Kapitel behandelten Modellen das jüngste ist.

»Howsons Long Range Barometer«

Ein bemerkenswertes Muster für Erfindungsreichtum tritt uns in einem Stockbarometer entgegen, das in den letzten Jahrzehnten des vergangenen Jahrhunderts hergestellt worden ist. Die Kataloge der berühmten Firma Negretti & Zambra nennen dieses Instrument. Es ist eine spezielle Art, denn es hat, wie man sieht, eine viel größere Skala als sonst üblich. Durch eine besonders geschickte Konstruktion wird erreicht, daß das Quecksilber die Luftdruckschwankungen über einen etwa zwei- bis dreimal so großen Bereich angibt wie bei einem gewöhnlichen Stockbarometer. Das Geheimnis dabei ist, daß man sich das Auftriebsverhalten von Glas im Quecksilber zunutze macht (technische Erklärung s. Teil III, S. 216). Das Gehäuse ist aus Holz, und ein Kennzeichen dieses Barometers ist sein hohes Gewicht aufgrund der erforderlichen großen Menge Quecksilbers. Leider gibt es davon im Handel nicht viele.

Dieser markante »Stock« ist das letzte in einer Reihe von Barometern, die – wie verschiedenartig sie auch sein mögen – kein Zeigerwerk besitzen und ausschließlich mit Hilfe von Quecksilber funktionieren. Es gibt nämlich Typen, die mit Quecksilber und einer anderen Flüssigkeit gefüllt sind, während andere wiederum überhaupt kein Quecksilber enthalten. Diese kommen in den beiden folgenden Kapiteln zur Sprache.

Kapitel 7
Huygens Erfindung, Hollands Ruhm

Das niederländische Kontrabarometer

Die Suche nach besserer Ablesbarkeit hat im 17. Jahrhundert mehr Ergebnisse erzielt als nur die im vorangegangenen Kapitel besprochenen Systeme. So kam das Prinzip des Radquecksilberbarometers auf, das später u.a. bei den bekannten Banjobarometern angewandt werden sollte. (Darüber mehr in einem der folgenden Kapitel). Noch ein weiteres Skalavergrößerungssystem entstand ungefähr im Jahr 1670: das System mit der doppelten Röhre, gefüllt mit Quecksilber und Alkohol oder Öl. Wenn in der ausländischen Fachliteratur auch manchmal von Robert Hooke als seinem Erfinder die Rede ist, so dürfen wir doch so gut wie sicher sein, daß es der Niederländer Christiaan Huygens (1629–1695) ist, dem diese Ehre zukommt.

67 René Descartes (1596–1650)

68 Descartes'sche Röhre, Abbildung etwa aus dem Jahr 1685. Diese Darstellung ist übrigens nicht ganz richtig, denn es wurde versäumt, in dem Gefäß G das Quecksilber einzuzeichnen.

Gelehrte wie Hooke und de la Hire haben sich ebenfalls mit dem Doppelröhrensystem beschäftigt. Sehr gut möglich ist, daß Huygens – und vielleicht auch Hooke – sich durch Descartes haben inspirieren lassen, der kurz vor seinem Tod im Jahre 1650 mit einem Experiment auf dem Gebiet der Skalavergrößerung hervortrat. Descartes kam auf den Gedanken, das hohe spezifische Gewicht des Quecksilbers durch Anbringung von Wasser über der Quecksilbersäule in der Röhre zu nutzen. Auf der Abbildung 68 findet man diese Idee skizziert. Das Quecksilberniveau schwankt zusammen mit dem variierenden Luftdruck zwischen C und D, und das im Raum E–F befindliche Wasser wird nach oben oder nach unten bewegt. Da der Innendurchmesser der Röhre viel kleiner ist als jener der darunter befindlichen Erweiterung, bewegt sich das Wasser in der Röhre um eine viel größere Strecke auf und nieder als das Quecksilber in der Erweiterung. Angenommen, der Querschnitt der Röhre beträgt nur ein Zehntel des Querschnitts der Erweiterung, dann wird mit jedem Zentimeter, den das Quecksilber steigt oder fällt, das Wasser in der Röhre zehn Zentimeter zurücklegen. Dieses System hat freilich auch Nachteile, auf die in Teil III, S. 217, näher eingegangen wird.

Huygens sorgte mit seiner Doppelröhre für eine bemerkenswerte Verbesserung. Wohl brachte er die Ur-Idee der Skalavergrößerung mit Hilfe einer leichteren Flüssigkeit zur Anwendung, wenn er auch kein Wasser, sondern gefärbten Alkohol oder Öl benutzte

69 *Christiaan Huygens (1629–1695)*

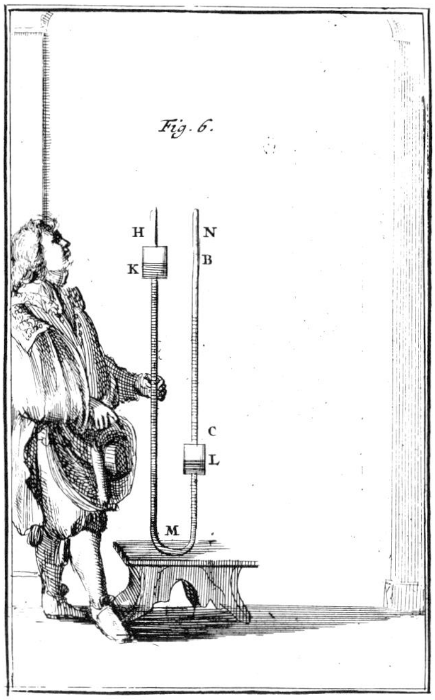

70 *Kontraröhre von Huygens, eine Abbildung etwa aus dem Jahre 1685. Auch hier ist die Darstellung nicht ganz richtig. Der Behälter L sitzt durchweg viel tiefer und die Röhre muß bei H geschlossen, bei N hingegen offen sein.*

(s. Abbildung 70). Die Röhre links ist mit Quecksilber gefüllt; sie hat oben einen Behälter, ist unten gekrümmt und setzt sich rechts nach oben fort. Unten an dem rechten »Schenkel« (Röhre) befindet sich eine Erweiterung, ein langgestreckter Behälter, wie bei der Descartes'schen Röhre. Beide Behälter haben gleichen Durchmesser. Der rechte Schenkel ist oben offen. Das Quecksilber im linken Schenkel drückt das viel leichtere Öl oder den Alkohol im rechten Schenkel nach oben. Die Skalavergrößerung wird – wie bei der Descartes'schen Röhre – dadurch erreicht, daß die Unterschiede der Innendurchmesser der mit Angabeflüssigkeit gefüllten Röhre und des Behälters ausgenutzt werden.

meisten Kontrabarometern, die mit diesem System ausgerüstet sind, wird eine Anzeigevergrößerung im Verhältnis von 1:7 erreicht. Bei jedem Zentimeter, den sich das Quecksilber in einer »normalen« Torricellischen Röhre auf und nieder bewegt, geht in einer Kontraröhre die gefärbte leichte Flüssigkeit – vorzugsweise Öl – 7 cm auf und nieder. So kann bereits aus einem größeren Abstand vom Barometer der Luftdruck abgelesen werden, wobei zu beachten ist, daß bei *niedrigem* Barometerstand das Quecksilber im Behälter *hoch* steht, und damit auch die leichte Flüssigkeit. Dagegen steht bei *hohem* Luftdruck die leichte Flüssigkeit *niedrig*. Die Skalaeinteilung, die zum rechten Schenkel gehört, verläuft demnach auch von oben nach unten. Das System von Huygens wirkt also »kontra«. Daher der Name »Kontrasystem«.

Das Kontrasystem ist kennzeichnend für viele niederländische »Bakbarometer«. Das Wort »niederländisch« wird hier absichtlich gebraucht, weil die Benennung »holländisches Bakbarometer« den Eindruck erwecken würde, als sei dieses prächtige Instrument ausschließlich in der Provinz Holland hergestellt worden. Das ist sicher nicht der Fall. Auch in anderen Provinzen der damaligen Niederlande lebten und arbeiteten Barometerhersteller.

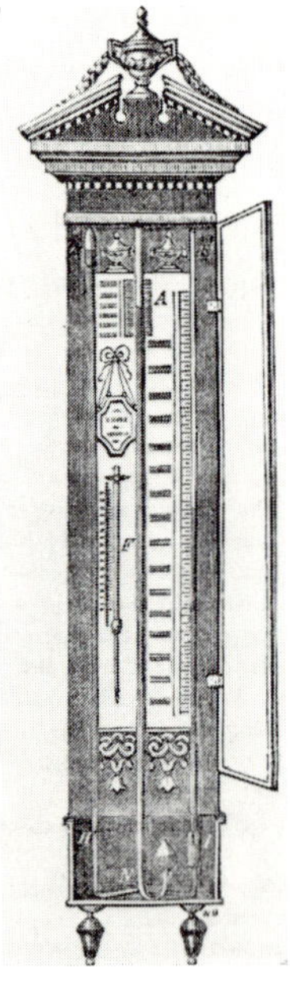

71 Ein niederländisches »Bakbarometer« mit der Kontraröhre von Huygens und der »normalen« Röhre von Torricelli (mit Glasbehälter) in der Mitte. Die abnehmbare Umhüllung zeigt das kleine Bild links.

Die Benennung »Bakbarometer« löst übrigens beim Lesen Fragen aus. Physikalisch gesehen ist es eine Röhre von Torricelli in einem Gefäß mit Quecksilber, aber der aus der niederländischen Fachsprache des Antiquitätenhandels stammende Ausdruck »Bakbarometer« bezieht sich – wegen der kleinen hölzernen Umhüllung (niederländisch: bak) unten – in vielen Fällen auf das spezifisch niederländische Gerät, wovon dieses Kapitel handelt. Wir kennen »Bakbarometer« mit nur einer Röhre und die in Kapitel 3, Seite 39, beschriebenen mit der doppelten Röhre von Huygens, zuweilen auch die mit drei Röhren, nämlich der doppelten Röhre von Huygens mit der »gewöhnlichen« (einfachen) Röhre, die meist in der Mitte angebracht ist. Die Ausführung mit drei Röhren ist am besten bekannt. Dieses Modell wurde von etwa 1780 bis 1850 angefertigt. Die »Bakbarometer« mit nur einer doppelten Röhre kommen schon einige Jahrzehnte früher vor, jene mit nur einer einzigen Röhre können sogar bis auf die Zeit um 1740 zurückgehen. Das Barometer mit drei Röhren hatte seine Vorgänger bereits vor 1800 verdrängt. Bei der Betrachtung der Stilarten stellen wir fest, daß die »Bakbarometer« mit drei Röhren schon, wenn auch selten, im Stil Louis-quinze hergestellt wurden, gekennzeichnet durch Asymmetrie, komplizierte Linienführung und sogenannte Rocaille-Ornamente. Mehr Exemplare sind aus der Ära Louis-seize bekannt. Hier herrschen straffe Linien und Symmetrie vor. Kennzeichnend sind u.a. kleine Säulen mit Rillen, Mäander, Girlanden und Blumenmotive. »Bakbarometer« mit zwei Röhren kommen hauptsächlich im Stil Louis-seize vor. Die »Bakbarometer« mit drei Röhren sind im Louis-quinze- und Louis-seize-Stil zu finden; vornehmlich treten sie im Empire auf. Der größte Teil der im 19. Jahrhundert hergestellten Instrumente ist in diesem Stil ausgeführt. Hier geben Symmetrie und vor allem straffe Linien den Ton an, durchsetzt mit Motiven aus der Antike, wie Lorbeer und Palmen. Oft gehen die Stilarten durcheinander, und stilreine Exemplare sind selten. Die Gehäuse sind durchweg Mahagoni oder Nußbaum. Einige sind reich mit Schnitzwerk oder Einlegearbeit versehen. Die Skalaplatten, ob aus versilbertem Messing oder aus Zinn (vor allem bei den älteren Exemplaren) – sind prächtig ausgearbeitet. Auch den Gravierungen wurde viel Aufmerksamkeit gewidmet. Beinahe sämtliche »Bakbarometer« haben eine große Glastür zum Schutz der Skalaplatte.

Auch ein Thermometer fehlt selten. Bei den älteren Barometern können diese Thermometer sehr lang sein. Meistens sind sie mit Fahrenheit- und Réaumurskala ausgestattet. Interessant sind die neben den Skalen angegebenen Temperaturbezeichnungen wie »Heete Lugt« (heiße Luft) und »Extra Koud« (besonders kalt). Auch die für diese Geräte so charakteristischen Jahreszahlen, an denen extreme Temperaturen gemessen wurden, sowie die Nennung des Ortes, wo die jeweilige Messung stattgefunden hat, sind interessant.

Die Barometerskala neben dem rechten Schenkel der doppelten Röhre von Huygens weist eine heutzutage ungebräuchliche Einteilung auf. Sie ist in 36 kleine Abschnitte eingeteilt, alle vier Striche folgt eine Wetterangabe, und zwar wie folgt: 20: Orkan, 16: Heftiger Sturm, 12: Sturm, 8: Viel Regen und Wind, 4: Regen oder Wind, 0: Veränderlich, 4: Gutes Wetter, 8: Schönes Wetter, 12: Beständig, 16: Sehr schön. Zwischen diesen Wetterangaben ist auch das englische Zollmaß (inches) vermerkt, und zwar in folgender Ordnung: 28 – ½ – 29 – ½ – 30 – ½ – 31. Diese typische 36er-Skala ist von der englischen Zoll-Skala abgeleitet, wobei jeder Zoll wiederum in zwölf sogenannte »Linien« eingeteilt ist, doch fällt dieser Zusammenhang nicht unmittelbar ins Auge. Bei der Ausführung mit drei Röhren, wobei die einfache Röhre meistens in der Mitte sitzt, ist durchweg auch mehr als eine einzige Skala vorhanden. Hier befindet sich der Skalenteil in der oberen Röhre, wie das bei jedem »normalen« Barometer der Fall ist. Links von der Röhre sehen wir Angaben in englischen Zoll, manchmal in Verbindung mit der soeben behandelten »36er-Skala«, und rechts stehen ausschließlich Angaben in rheinischen Zoll. Bei älteren »Bakbarometern« (Louis-quinze) wurde die einfache Röhre auch hin und wieder ganz links angebracht, was ein asymmetrisches Aussehen zur Folge hatte.

Auf den meisten Barometern nach dem Huygensprinzip – dem Kontrasystem also – finden wir den Ausdruck »Contraleur« oder »Contrarol(l)eur«. Wenn daran auch noch eine einfache Röhre angebracht ist, dann steht darauf »Barometer, (Thermometer) und Contraleur«, wobei letztere Bezeichnung in mehreren Varianten vorkommt. Im 19. Jahrhundert machte sich der französische Einfluß geltend, und wir finden auch Schreibungen wie »Controleur« oder »Controraleur« auf den Skalen. Da viele »Bakbarometer« von Italienern hergestellt worden sind, ist es nicht verwunderlich, daß die verrücktesten Schreibweisen vorkommen. So finden wir z.B. »Controllur«, »Heete Lug«, »Engese Duimen« und »Rhinl. Duimen«.

Über die Bedeutung des Wortes »Contraleur« samt seinen Verballhornungen herrscht einige Unklarheit. Daß das Kontrarohr von Huygens gemeint ist, scheint klar zu sein. Wenn jedoch die Rechtschreibung des 19. Jahrhunderts berücksichtigt und das Wort »Contro(ra)leur« unter die Lupe genommen wird, so ist darin vom Kontrasystem kaum noch etwas wiederzufinden. Deshalb ist wohl auch die Meinung entstanden, daß sich das Wort auf den Tendenzzeiger beziehen könne, der sich in jedem Falle neben der großen Skala befindet. Dieser würde den Barometerstand von einem Tag zum anderen »kontrollieren« können. Wenn man vom Barometer von Huygens aus argumentiert, könnte man im Wort Contraleur möglicherweise eine durch Zusammenziehung entstandene Verballhornung von »contre lire«, d.h. »gegenlesen« erblicken, wobei man auf das Ablesen des Barometers in entgegengesetzter Richtung abzielt. Vielleicht ist ein Kern von Wahrheit in beiden Möglichkeiten, und die ursprüngliche Bedeutung, die vom Kontrasystem herkommt, ist allmählich verwachsen zu der eines Kontrollgeräts. Tatsache ist, das die orthographische Verwirrung im Niederländischen des 18. und 19. Jahrhunderts, gesteigert noch durch die Sprachschwierigkeiten der meist italienischen Graveure, es nicht einfach macht, mit Sicherheit zu sagen, ob die Huygens-Röhre nun »contra« wirkte oder »kontrollierend«.

So spezifisch niederländisch das »Bakbarometer« auch ist, darf der große Einfluß, den die Italiener auf die Anfertigung von »Bakbarometern« gehabt haben, nicht übersehen werden. Bereits in der ersten Hälfte des 18. Jahrhunderts wanderten Italiener nach Westeuropa aus, zumeist Schornsteinfeger, Stukkateure, Glasbläser oder Graveure. Sie fanden hier Arbeit und erzeugten – u.a. auf dem Gebiet der Holzbearbeitung – Beispiele außergewöhnlicher Handwerksarbeit. Deshalb ist es nicht verwunderlich, daß unter den bis jetzt festgestellten etwa 150 Namen von Barometerherstellern mehr als 100 italienischen Ursprungs sind. Manchmal ist es schwierig, nur an Hand des Namens die Volkszugehörigkeit des Herstellers zu erkunden. Einige orthographische Probleme spielten dabei hin und wieder eine Rolle. Außerdem ließen manche Einwanderer ihren Namen dem Niederländischen angleichen, so der aus Bern stammende Paulus Guasti, der seine im 18. Jahrhundert angefertigten Instrumente u.a. mit »P. Wast en Zoon« (und Sohn) signierte.

Als der Markt auf dem Festland sich allmählich zu sättigen begann, zogen viele italienische Familien hinüber nach England. Einige Hersteller machten – begünstigt durch familiäre Bande – hin und wieder gute Geschäfte. Daher kommt es, daß – wenn auch sporadisch – bakbarometerartige Instrumente in England vorkommen. Auch Deutschland kennt »Bakbarometer«, wenngleich sie in bescheidenem Umfang auftauchen. Sie sind sämtlich von einfacher Machart und stammen oft aus den Niederlanden.

Eine Variante der mit zwei Flüssigkeiten gefüllten doppelten Röhre von Huygens ist die mit drei Flüssigkeiten gefüllte. Die Idee wurde von Robert Hooke im Jahre 1686 zur Sprache gebracht und 1690 von de la Hire. Beide schlugen vor, die gefärbte Anzeigeflüssigkeit im rechten Schenkel mit einer farblosen Flüssigkeit »abzudecken«, die das Verdampfen der Anzeigeflüssigkeit verhindern soll. Vorbedingung war natürlich, daß beide Flüssigkeiten sich nicht miteinander vermischten. Dieses System ist freilich lange nicht so häufig angewandt worden wie das von Huygens.

Ein Kennzeichen des Barometers mit doppelter Röhre und drei Flüssigkeiten ist der rechts oben angebrachte Behälter, der zur Aufnahme der dritten Flüssigkeit dient.

Man darf behaupten, daß das »Bakbarometer« eine typisch niederländische Sache ist. Es ist in den Niederlanden auch sehr beliebt, und wer es besitzt, wird es ungern missen.

Kapitel 8
Verkürzte Instrumente

Modelle von Multipelbarometern und Thermobarometern

Bereits im 17. Jahrhundert wurde nach Möglichkeiten zur »Kürzung« der lästigen langen Quecksilberröhren gesucht. Das ging natürlich nicht so ohne weiteres. Eine Quecksilbersäule in einer Torricelli-Röhre ist nun einmal im Durchschnitt 76 cm hoch, und daran ist nichts zu ändern. Doch ist es mehrmals geglückt, Luftdruckmesser herzustellen, die erheblich kleiner waren als eine Torricelli-Röhre.

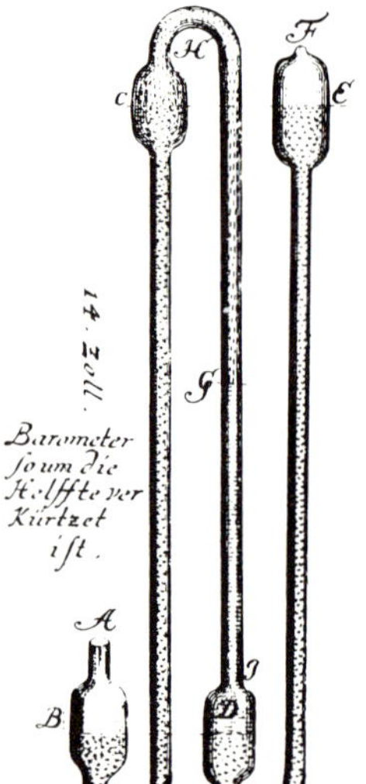

72 Multipelsystem von Amontons (1663–1705). Der linke Behälter ist offen (A). Die linke »halbe Quecksilbersäule« befindet sich zwischen B und C, die rechte zwischen D und E. Der Behälter rechts oben ist geschlossen. Zwischen C und D befinden sich die beiden leichten Flüssigkeiten: »H« (zwischen C und G) und »I« (zwischen G und D). Die Grenzfläche zwischen diesen Flüssigkeiten ist G. Diese Grenzfläche zeigt den herrschenden Luftdruck an, und zwar in umgekehrter Richtung.

Das Multipel-Barometer

Guillaume Amontons war ein französischer Gelehrter, der sich u.a. mit dem im vorangegangenen Kapitel besprochenen doppelten Röhren-System mit zwei oder drei Flüssigkeiten beschäftigt hat. Amontons trat im Jahre 1688 mit dem oben abgebildeten System eines gekürzten Barometers an die Öffentlichkeit. Dieses besteht aus drei Röhren von der halben Länge einer normalen Röhre, die untereinander verbunden sind. Ihre Wirkung ist folgende: Zwei Quecksilbersäulen, jede etwa 38 cm lang – auf der Zeichnung entsprechen »14 Zoll« = »14 Daumen« – befinden sich in den äußeren zwei Schenkeln.

Diese Quecksilbersäulen werden miteinander »verbunden« durch zwei sich großenteils im mittleren Schenkel befindende leichte Flüssigkeiten. Diese Flüssigkeiten unterscheiden sich voneinander in ihrem spezifischen Gewicht und sind verschieden gefärbt. Die leichtere Flüssigkeit treibt auf der schwereren, und beide müssen so gewählt sein, daß sie sich nicht vermischen. Die beiden »halben« Quecksilbersäulen mit den zwei »leichten« Flüssigkeiten dazwischen erzielen miteinander den Effekt einer »normalen« Quecksilbersäule von etwa 76 cm Länge. Die dazwischenliegenden Flüssigkeiten wirken wie eine Art Pleuelstange zwischen den beiden halben Quecksilbersäulen. Das System kann vielleicht mit Batterien verglichen werden, die, in Serie geschaltet, für mehr Spannung sorgen als eine einzige Batterie. Eine Steigung des Luftdrucks drückt im Behälter B das Quecksilber nach unten, das seinerseits die beiden leichten Flüssigkeiten in der mittleren Röhre nach unten preßt. Die sich mitbewegende Trennungsfläche G zwischen den beiden unterschiedlich gefärbten Flüssigkeiten ist der Anzeiger für den herrschenden Luftdruck. Dieses System von Amontons ist in verschiedenen Varianten hergestellt worden. So gibt es auch Ausführungen mit vier Röhren, wobei mit einer etwas anderen Flüssigkeitseinteilung dasselbe Resultat erzielt wird. Amontons schlug gewissermaßen zwei Fliegen mit einer Klappe. Er entwarf ein Gerät, das halb so lang wie üblich war, aber er sorgte gleichzeitig auch für eine Skalavergrößerung. Das Prinzip finden wir wieder in der doppelten Röhre von Huygens (Einzelheiten s. S. 220 in Teil III).

Das Multipel-Barometer von Amontons wurde hauptsächlich im 18. Jahrhundert hergestellt. Das System hatte niemals einen großen Erfolg. Es litt an einer Reihe wesentlicher Mängel. Die Glasbläser sahen sich bei einem solchen Barometer vor keine leichte Aufgabe gestellt. Die Füllmengen mußten sehr genau abgemessen werden, und überdies war die Reinigung des Röhrensystems besonders schwierig. Schließlich kam es leicht zu Vermischungen der verschiedenen Flüssigkeiten. Das Gehäuse ist fast immer aus Mahagoni, von straffer Linienführung, oben zumeist gekrümmt und mit drei kleinen Knöpfen verziert. Eine Glastür bedeckt die Skalaplatte, die entweder aus Papier oder aus Holz ist. Meist ist noch ein Thermometer daneben angebracht, so daß sich dann manchmal fünf Röhren nebeneinander auf diesem so bemerkenswerten Barometer befinden können, von dem es glücklicherweise – noch – ab und zu Exemplare im Handel gibt.

Thermo-Barometersysteme

Wir kommen jetzt zur letzten kleinen Gruppe der Barometerreihe ohne Zeigerwerk, nämlich zu denjenigen, welche sehr wenig oder überhaupt nichts mehr mit Quecksilber zu tun und miteinander gemein haben, was deutlich auf Thermometereigenschaften hinwiese. Das primitivste – und älteste – System ist das Donnerglas.

»Donnerglas«

Die Bezeichnung »Wetterglas« ist bei diesem Typ besser angebracht, weil das abgebildete Instrument, das im Niederländischen *donderglas* heißt, die Benennung »Barometer« eigentlich nicht verdient. Ein Barometer ist schließlich ein Meßinstrument, und ein Meßinstrument kann nun einmal nicht auf eine Skalaeinteilung verzichten. Das Donnerglas läßt diese Skalaeinteilung nur allzu oft vermissen.

Auf der Zeichnung sieht man, daß das Glas – durchweg einige Dezimeter lang – eine Öse zum Aufhängen hat und mit einer Flüssigkeit gefüllt ist. Als solche kann gewöhnliches, unter Umständen etwas gefärbtes Wasser benutzt werden. Wesentlich ist, daß die im Behälter befindliche Luft Einfluß auf den Wasserstand in der Schnauze ausübt. Nimmt der Luftdruck zu, wird das Wasser in der Schnauze sinken, bei fallendem Luftdruck dagegen wieder ansteigen. Bei sehr niedrigem Luftdruck kann das Wasser sogar über den Rand der Schnauze hinauslaufen. Heraufkommender Sturm oder Gewitter werden dadurch ganz gut angezeigt. Natürlich ist dieser Wetteransager nur bedingt zuverlässig. Er ist ja auch in weitem Umfang abhängig von der Temperatur seiner Umgebung. Steigt sie, dann wird sich die Luft im Behälter ausdehnen und das Wasser in der Schnauze wird steigen, ohne daß der Luftdruck von außen dafür verantwortlich ist. Bei Abkühlung wird das Wasser sinken. Hängt das »Donnerglas« dagegen an einem Ort, wo die Temperatur nicht stark schwankt, dann ist es ein sehr guter Anzeiger von Luftdruckveränderungen.

Die Wettergläser sind etwas typisch Niederländisches. Vor allem in den südlichen Niederlanden sind viele davon hergestellt worden. Vermutlich hat man damit schon im frühen 17. Jahrhundert begonnen. Die Jahreszahl 1619 wurde bereits erwähnt. Seit damals steht – wie sich aus einem noch vorhandenen, aber unbekannten Dokument ergibt – unumstößlich fest, daß ein gewisser Ghijsbrecht de Donckere eine Art Wasserwetterglas erfunden und verkauft hat. Dieses Dokument ist auf Seite 75 abgebildet.

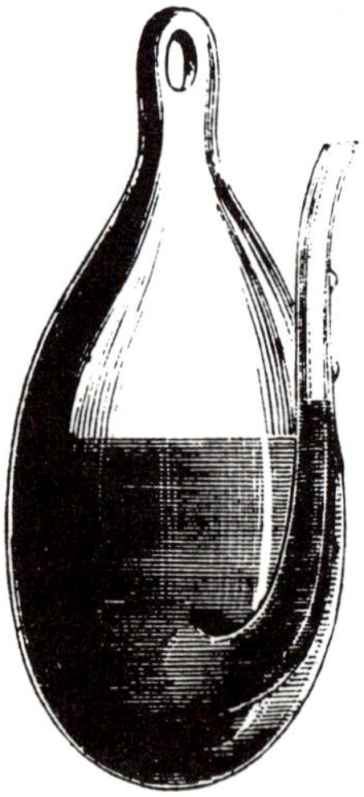

73 Ein »Donnerglas« aus dem 19. Jahrhundert

74 Dokument von Ghijsbrecht de Donckere.

Der volle Text lautet in deutscher Übersetzung:

»Actum XXsten Septembris 1619.

Es erschien Cornelia Oloffs, Hausfrau von Ghijsbrecht de Donckere, Ingenieur Seiner Durchlauchtigsten Hoheit, und präsentierte dem Collegium ein gewisses Instrument, neuerdings von demselben ihrem Mann erfunden, genannt motus perpetuus, mit welchem man durch das Aufsteigen des Wassers täglich das Ungestüm des Wetters sehen kann, dagegen durch das Absinken des Wassers die Beruhigung des Wetters und durch

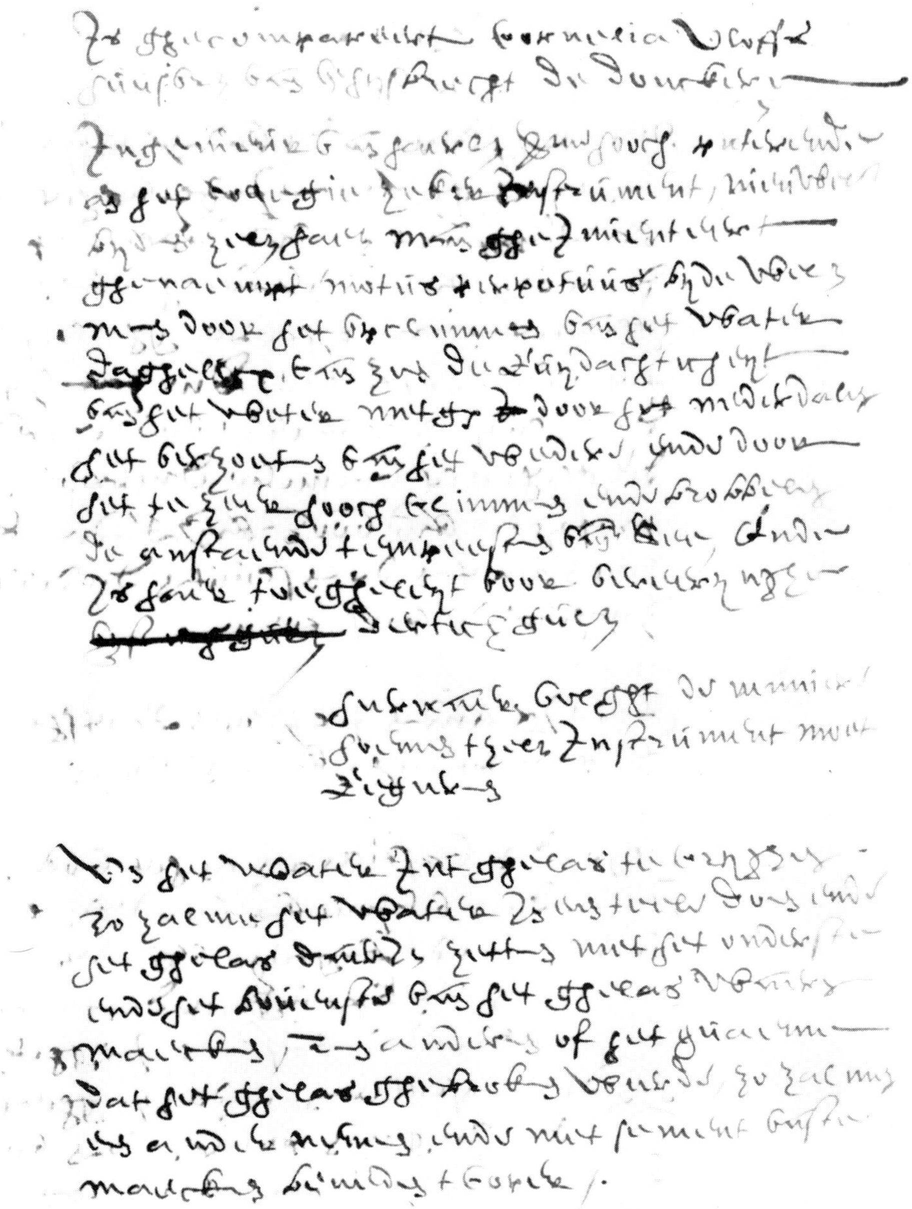

74

das sehr hohe Ansteigen und Brodeln die bevorstehenden Stürme auf See. Und sind ihr als Honorar dreißig Gulden ausgehändigt worden.

Hierauf folgt die Art und Weise, wie man dasselbe Instrument handhaben muß. Um das Wasser in das Glas zu kriegen, muß man es in einen Trog tun und das Glas hineinsetzen mit seinem unteren Ende, und das Oberteil des Glases muß angewärmt werden. Sollte es vorkommen, daß das Glas bricht, so muß man ein anderes nehmen und es mit Zement unter dem Kupfer festmachen.«

Das ist wirklich eine Sensation. Obwohl nicht bekannt ist, wie der Apparat von de Donckere eigentlich genau ausgesehen hat, bedeutet das, daß bereits damals in den Niederlanden Wettervorhersagen mit einem Wasserwetterglas gemacht worden sein dürften, also mindestens ein Vierteljahrhundert, bevor Torricelli seinen Quecksilberversuch vorführte!

Jedenfalls ist nicht klar, wie das Wasserwetterglas von de Donckere genau ausgesehen hat. Es gibt wohl zwei echte Möglichkeiten. Die erste ist das Modell des soeben behandelten Donnerglases. Die zweite Möglichkeit ist, daß de Donckere durch eine Erfindung eines Zeitgenossen auf die Idee gekommen ist, z.B. durch das offene Thermometer von Sanctorius. Im letzten Satz in dem weiter oben angeführten Dokument ist nämlich die Rede vom »Festmachen unter dem Kupfer«, und Sanctorius' Thermometer muß auf einem Metallfuß gestanden haben . . . (Abb. 75). Auch ist es nicht unvorstellbar, daß etwa Cornelius Drebbels perpetuum mobile de Donckere inspiriert hat, obgleich Drebbels Erfindung überhaupt nicht als Gerät zur Wettervorhersage bekannt ist, das von de Donckere dagegen wohl. Einen zweiten Beweis dafür liefert ein Posten aus der »Rechenschaftslegung der Freien Stadt Brügge« über das Jahr 1621 (folio 108 verso, Nr. 5). Der Text lautet dort folgendermaßen:

»Ghysbrecht Donckere, Ingenieur Ihrer Hoheiten, die Summe in Höhe von vier Pfund, ihm vom Kollegium bewilligt und zugestellt in Anerkennung eines bestimmten Instruments, von ihm erfunden und dem Kollegium präsentiert und geschenkt, genannt perpetuus motus, das ohne jemandes Zutun immer bewegt und gelenkt wird, Tag und Nacht, *indem es die Veränderungen des Wetters vorhersagt,* es sei gut oder schlecht . . .«

75 Offenes Thermometer von Sanctorius.

Wie das Instrument auch immer ausgesehen haben mag, sicher ist zum mindesten, daß de Donckere wußte, daß damit Wettervorhersagen gemacht werden können! Deshalb kann – mit einigem Stolz – behauptet werden, daß man in »den Niederlanden« schon seit mehr als 350 Jahren wettervorhersagende Geräte kannte.

Das »Donnerglas« ist häufig in und um Lüttich hergestellt worden, wo bereits um das Jahr 1640 eine Glasindustrie zu wachsen und zu blühen begann. Die Donnergläser aus dem 17. Jahrhundert sind von schlanker Bauart, mit nur 4 bis 6 cm Durchmesser. Die Schnauze verläuft dicht am Rand des Behälters entlang in die Höhe. Kennzeichnend sind die oft in farbigem Glas ausgeführten Verzierungen an den Seiten und auf der Schnauze. Diese Verzierungen erinnern an kleine Hahnenkämme, weshalb die Donnergläser auch »Hahnenkämme« genannt werden. Im 18. Jahrhundert beginnt der Behälter sich mehr und mehr zu erweitern. Er bekommt die Form einer Birne, und die Schnauze läuft nicht mehr so dicht am Behälter entlang. Im 19. Jahrhundert ist der Behälter kurz und dick geworden, und die Schnauze ähnelt weitgehend der einer Kaffeekanne. Die Verzierungen sind jetzt etwas einfacher. Feststeht, daß Donnergläser bis in unser Jahrhundert hinein angefertigt worden sind. Man sei also gewarnt. Längst nicht jedes Donnerglas ist von vornherein Hunderte von Jahren alt. Fälschungen kommen häufig vor.

In Kapitel 4 wurden bei der Behandlung von Schiffsbarometern zwei kurze Instrumente erwähnt, die übrigens im technischen Teil ausführlich erklärt werden, jedoch auch in dieses Kapitel gehören: das »Thermo-Barometer« von Hooke und das »Sympiesometer« von Adie.

Das Thermo-Barometer

Dieses Instrument von Robert Hooke besteht aus einem »normalen«, geschlossenen Alkoholthermometer und einem ganz mit Quecksilber oder gefärbtem Wasser gefüllten offenen Thermometer. Dieses Barometer soll in den ersten Jahrzehnten des 18. Jahrhunderts angefertigt worden sein. John Patrick, der berühmte Barometerhersteller aus jener Zeit, bekannt als der »Torricellian Operator«, annoncierte das Instrument um 1710 als »Ein Schiffsbarometer, Ein Fuß Lang«. Im Handel wird es wohl nicht mehr anzutreffen sein.

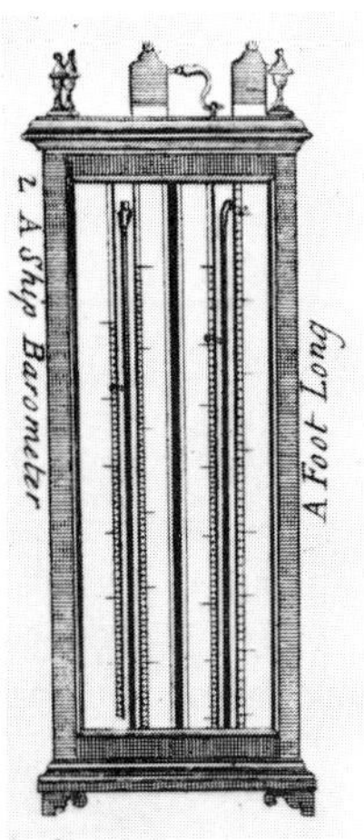

76 Thermo-Barometer, annonciert von John Patrick um 1710.

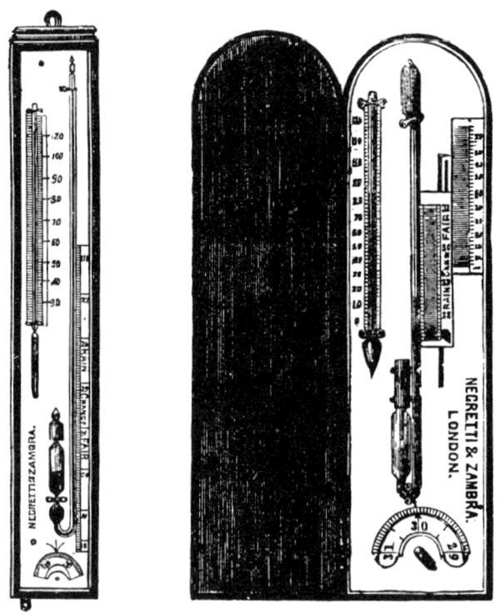

77 Sympiesometer, abgebildet in einem Katalog von 1879.

Sympiesometer

Alexander Adie (1774–1858) erhielt 1818 das Patent auf das »Improved Sympiesometer«, eine gänzlich erneuerte Version des »Thermo-Barometers«. Der Name »Sympiesometer« kommt von den griechischen Worten συμπιεζειν (sympiézein = zusammendrücken) und μετρον (métron = Maß). Auf der Abbildung sieht man die Skizzen von zwei Sympiesometern (Technische Details s. Teil III, S. 222). Das Wort »zusammendrücken« bezieht sich auf einen mit Gas gefüllten Behälter. Dieser ist fest verschlossen, und das Gas wird je nach herrschendem Luftdruck und Temperatur zusammengedrückt. Das Maß dieser Kompression wird durch eine gefärbte Flüssigkeit angezeigt. Stets ist ein Thermometer daneben montiert. Die Maße von Sympiesometern können zwischen 15 und 60 cm liegen. Sympiesometer, die auf Schiffen gebraucht wurden – das war meist der Fall – sind an einer Verengung der Röhre, in der sich die Flüssigkeit befindet, zu erkennen. Diese Form wurde gewählt, um den durch das Stampfen des Schiffes verursachten Niveauschwankungen entgegenzuwirken. Die Gehäuse bestehen oft aus Mahagoni und sind zuweilen mit Schnitzwerk versehen. Die Skalaplatten sind meist aus versilbertem Messing, selten aus Elfenbein. Kennzeichnend ist ein mit der Hand verstellbares Rädchen, auf dem eine Skalaeinteilung angegeben ist. Dieses Rädchen hat dieselbe Funktion wie der Tendenzzeiger, der auf beinahe jedem Thermometer angebracht ist. Es ist eine kleine Gedächtnisstütze bei Messungen zu einem späteren Zeitpunkt.

Wahrscheinlich ist bereits vor dem Ausgang des 19. Jahrhunderts die Herstellung von Sympiesometern eingestellt worden. Sie sind durch die damals vervollkommneten (Schiffs-)Quecksilberbarometer sowie durch viel besser zu handhabende Aneroidbarometer verdrängt worden.

Kapitel 9
Das Radquecksilberbarometer, ein beliebtes Hausinstrument

Entwicklung des Radsystems; Banjobarometer

Es schien angezeigt, zunächst einmal die Urform der Torricelli-Röhre mit all ihren Varianten zu beschreiben, bei denen die Wahrnehmungen direkt vom Stand der Flüssigkeit abgelesen werden, und sämtliche bisher behandelten Barometertypen haben diese Eigenschaft miteinander gemeinsam. Anders liegen die Dinge bei den Zeigerbarometern, zu denen nicht nur die Banjobarometer gehören, sondern auch die Aneroidbarometer, deren System heute noch angewandt wird. Das zeitliche Schwergewicht der – antiken – Zeigerbarometer liegt klar und deutlich in einer Periode des 19. Jahrhunderts.

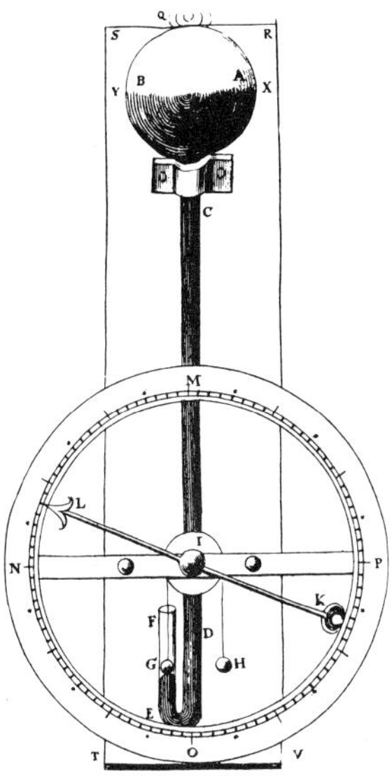

78 Eine der ältesten bekannten Abbildungen des Radsystems von Hooke

79 Dieser Stich aus dem 17. Jahrhundert läßt links den »Vorläufer« des Radsystems erkennen: die Siphonröhre (von Boyle), und rechts das Radsystem von Hooke.

Dem Engländer Robert Hooke kommt die Ehre zu, ein Barometer mit einem Radsystem erfunden zu haben. Im Jahre 1664 veröffentlichte er in seiner »Micrographia« die abgebildete Zeichnung, die ein klares Bild von einem Radbarometer vermittelt. Auch die viel später angefertigten Banjobarometer funktionieren nach diesem System. Man sieht eine Quecksilbersäule von Torricelli mit einem – wohl etwas groß geratenen – Behälter. Unten ist die Röhre gekrümmt. Man nennt dies eine Siphonröhre. Der Unterschied im Quecksilberniveau unten und oben beträgt, wie normalerweise, im Durchschnitt 76 cm.

Bei einer Luftdruckveränderung wird der Abstand zwischen beiden Quecksilberniveaus größer oder kleiner, genau wie bei einer Torricelli-Röhre. Da der Innendurchmesser des unteren kurzen Schenkels F kleiner ist als der des Behälters, werden die Bewegungen des Quecksilbers hier auch am größten sein. Die Bewegungen des Quecksilbers werden auf das Zeigersystem übertragen. Über dem kurzen Schenkel befindet sich das Rädchen I. An dem Rädchen hängen an feinen Fäden zwei kleine Gewichte G und H. Das Gewicht G hängt im kurzen Schenkel und schwimmt auf dem Quecksilber. Das ist möglich, weil das Quecksilber ein hohes spezifisches Gewicht hat, so daß viele Stoffe darauf schwimmen können. Das andere Gewicht H hängt frei und bildet das Gegengewicht, das dazu dient, die Fäden in Spannung zu halten. Auf der Achse des Rädchens ist ein Zeiger angebracht, der entlang einer runden Skalaeinteilung läuft. Wenn der Luftdruck steigt, dann sinkt das Quecksilber im kurzen Schenkel, das Gewicht G sinkt mit und das Rädchen dreht sich nach links. Der Zeiger, der ja auf der Welle des Rädchens festsitzt, dreht sich mit. Beim Fallen des Luftdruckes geschieht das Umgekehrte. Das Quecksilber im kurzen Schenkel steigt, das Gewicht G wird nach oben gedrückt und das Rädchen mit seinem Zeiger dreht sich wegen des Gegengewichtes H nach rechts.

Wie man sieht, wird mit Hilfe dieses Systems eine enorme Skalavergrößerung erzielt. Das Ausmaß der Vergrößerung hat man selbst in der Hand. Dies kann in jede Richtung dadurch geschehen, daß man den Durchmesser des Rädchens entweder vergrößert oder verkleinert. Je größer das Rädchen, desto kleiner ist die Skalavergrößerung und umgekehrt. Auch die Drehrichtung des Zeigers kann man selbst bestimmen. Beim abgebildeten System läuft der Zeiger in entgegengesetzter Richtung als es bei den meisten Radquecksilberbarometern, die wir kennen, der Fall ist. Hier ist die Rede von einem mehr als drei Jahrhunderte alten Urmodell, das – wie es üblich ist – im Laufe der Zeit vervollkommnet wurde. Bei den Banjobarometern fällt dies deutlich ins Auge, doch darüber später.

Es ist bemerkenswert, daß die Entwicklung des Radquecksilberbarometers in England bis weit ins 18. Jahrhundert hinein fast überhaupt keine Fortschritte machte, obgleich dies sehr wohl auf dem Kontinent der Fall war, namentlich in Frankreich. Möglicherweise hat die schleppende Entwicklung in England zum Teil an der anfangs negativen Einstellung verschiedener Wissenschaftler gelegen, die mit ihrer Meinung über die Unvollkommenheiten des Radsystems nicht hinter dem Berg hielten. Wie dem auch sei, in England wurden im 17. und 18. Jahrhundert nur wenige Exemplare angefertigt, doch sind die einzelnen noch erhaltenen Stücke besonders schön.

In Frankreich ging man mit der Erfindung Hookes viel entschlossener zu Werke. Die unschöne Quecksilberröhre wurde im Gehäuse völlig unsichtbar untergebracht und die kleine rechteckige Skalaplatte oben durch eine Zeigerplatte in phantastischen Formen ersetzt. Die Franzosen mit ihrem verfeinerten Geschmack verstanden aus dem Radquecksilberbarometer etwas ganz Eigenes zu machen. Das gesamte 18. Jahrhundert hindurch und auch noch danach finden wir entsprechende Beispiele. Oft sind die französischen Barometer – je nach ihrem Stil – reich an Verzierungen, und die Gehäuse pastellfarben und blattvergoldet. Die Zeigerblätter sind meist weiß bemalt oder aus Papier, und die Skalaeinteilung ist in Pariser Zoll.

Man beachte, daß der Pariser Zoll oder Daumen etwas länger ist als das englische inch (s. Teil III, S. 192). Leider sind Buchstaben und Ziffern auf den Zeigerblättern ab und zu etwas grob geraten und daher nicht gerade attraktiv. Manchmal sind diese Instrumente auch mit einem Thermometer ausgerüstet.

Hier wurde soeben der Ausdruck »Zeigerplatte« anstelle von Skalaplatte gebraucht. In der Welt der Barometer muß zwischen beiden Begriffen unterschieden werden. Barometer und Thermometer ohne Zeiger haben eine Skalaplatte, dagegen diejenigen mit Zeiger eine Zeigerplatte.

Nicht alle französischen Radquecksilberbarometer sind von angenehmer Proportion. Es gibt Geräte, die eher einem Spiegel- oder Gemälderahmen ähneln als einem Barometer. Apart sind sie sicher, und für diejenigen, welche etwas Besonderes haben wollen, können sie sehr interessant sein. Glücklicherweise tauchen diese französischen Radquecksilberbarometer aus dem 18. und frühen 19. Jahrhundert immer noch hie und da auf, mögen sie auch schwieriger zu bekommen sein als die – zumeist aus dem 19. Jahrhundert stammenden – Banjobarometer.

Das Banjobarometer

Kein Barometertyp ist so allgemein bekannt und begehrt wie das »Banjo«. Sie sind heutzutage – noch – in reicher Auswahl bei Antiquitätenhändlern vorhanden, und wohl jeder hat schon irgendwo eines gesehen. Banjobarometer sind während der zweiten Hälfte des 18. Jahrhunderts und das ganze 19. Jahrhundert über hergestellt worden. Gegen Ende des 19. Jahrhunderts hat das Aneroidsystem einen so großen Erfolg gehabt, daß das Radquecksilbersystem zunehmend verdrängt wurde.

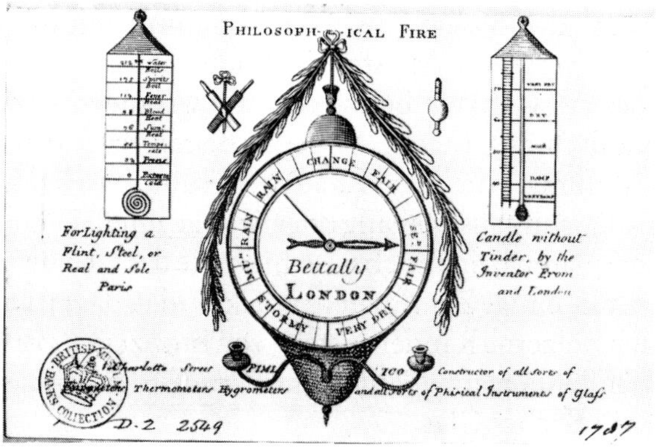

80 Geschäftskarte von C. Betally, um 1787

Der Ursprung des Banjomodells ist auf dem europäischen Festland zu suchen. Bereits vor 1760 sind banjoähnliche Modelle in Frankreich anzutreffen. In den Jahren um 1780 wurde das Modell höchstwahrscheinlich von italienischen Auswanderern nach England mitgenommen, die von Frankreich oder den Niederlanden aus den Sprung in ein Land voller Wohlstand wagten, das eine gute Zukunft versprach. Einige italienische Familien hatten Niederlassungen sowohl in England als auch auf dem Festland, hauptsächlich in Frankreich und in den Niederlanden. Betally war einer von ihnen, mit einem Ladengeschäft in Paris und in London. Von diesem Betally weiß man, daß er als einer der ersten das Banjomodell einführte. Vor allem in England fand das »Banjo« Anklang, und bereits vor dem Ende des 18. Jahrhunderts war dieser Typ allgemein bekannt. Im ersten Viertel des vorigen Jahrhunderts entwickelte sich das »Banjo« zu einem sehr begehrten Hausgerät. Ein wissenschaftliches Instrument sollte es wegen seiner Unvollkommenheiten niemals werden (s. Teil III, S. 223). Für den Privatgebrauch erwies sich das »Banjo« jedoch als so gut geeignet, daß es schließlich Aussichten hatte, das alte Stockbarometer zu überflügeln.

Im Laufe des vorigen Jahrhunderts sind in England so viele Arten von »Banjos« angefertigt worden, daß es unmöglich ist, sie alle aufzuzählen. Außerdem gehen die verwendeten Stilarten ineinander über, während einige Modelle Jahrzehnte hindurch hergestellt wurden, so daß es schwierig ist, für die genaue Datierung von Banjobarometern bestimmte Regeln aufzustellen. Nur wer viele Modelle studiert und kennengelernt hat, kann an Hand einer Reihe von Merkmalen, wie dem verwendeten Material, der Gravierung oder einem Namen, ein gutes Stück in dieser Richtung vorwärtskommen.

Natürlich ist eine gewisse Linie in der Entwicklung des englischen »Banjos« zu beobachten. Die Gehäuse sind beinahe stets aus Kiefern- oder Föhrenholz, furniert mit einer kostbaren Holzsorte, der Mode oder Nachfrage entsprechend. Bei den älteren Modellen wurde überwiegend Mahagoni verwendet in Verbindung mit Einlegearbeit aus noch feineren Holzarten in kontrastierenden Farbtönen. Die gebräuchlichsten Verzierungen waren schmale oder breite, aus Hölzern verschiedener Farben bestehende Schmuckstreifen entlang des Randes sowie Blumen- und Muschelmotive. Die Zeigerplatten bestehen überwiegend aus versilbertem Messing, ab und zu aus Papier, und die Angaben über Wetterveränderungen wie »Very Dry« und »Stormy« sind in der Regel in straff gezogener Antiqua aufgemalt. Die ersten Banjomodelle – vom Ende des 18. Jahrhunderts an – sind an einem abgerundeten Kopf und rundem Unterteil zu erkennen. Ein anderes, frühes Haubenmodell sieht etwas pagodenhaft aus; es ist durchweg mit drei Vasenknöpfen aus Messing oder Elfenbein versehen. Meistens befindet sich über der Zeigerplatte ein langes Thermometer, das am Gehäuse befestigt ist. Hygrometer und Wasserwaagen wurden damals nur sporadisch angebracht, Einlegearbeiten trifft man dagegen weit häufiger an. Ein wichtiges Merkmal von »Banjos« aus der Frühzeit ist auch die breite, weit hervorstehende gegossene Fassung aus Messing oder Bronze mit flachem Glas. Die Fassung ist bei den ältesten Exemplaren beinahe eben so breit wie das Gehäuse selbst. Zu Beginn des 19. Jahrhunderts tritt sie einige Zentimeter zurück, so daß das Holz sichtbar wird. Höchst selten kommen auch hölzerne Ränder anstelle von bronzenen vor. Diese hölzernen Ränder – beinahe ausschließlich auf »Banjos« aus sehr früher Zeit zu finden – dienen oft als Tür und haben ein flaches Glas.

Mitten im Glas befindet sich ein kleiner Knopf, mit dem man den fest unter dem Glas sitzenden Zeiger aus Messing drehen kann. Der Hauptzeiger ist in der Regel aus Stahl und von straffer Linienführung. Die erwähnten Kennzeichen finden sich auch auf einem etwa 1800 in Mode gekommenen Modell mit einem tympanonförmigen Häubchen (schräges Dach), im Englischen bekannt als »broken pediment«. Zwischen den zwei »Dachhälften« befindet sich ein handfester Vasenknopf, meist aus Messing, der im Laufe des 19. Jahrhunderts etwas kleiner wird. Bei den ältesten Banjobarometern hat das tympanonförmige Häubchen die meiste Anwendung gefunden, und zwar in der Periode zwischen 1800 und 1830. Es hat das »Banjo« ungemein populär gemacht. Auch auf Stockbarometern wurde es oft angebracht. Heute noch ist das »Banjo« mit dem Schrägdach, der Einlegearbeit mit Muschelmotiven sowie den ruhigen und doch zierlichen Gravuren auf der Zeiger- und Skalaplatte ein sehr beliebtes Sammelobjekt. Die ältesten »broken pediment-Banjos« sind zu erkennen an einem relativ kurzen »Kopf«, d.h. dem rechten Teil unter der Haube. Diese kurzen Köpfe sind in der Regel nur 2–3 cm hoch, während diejenigen auf Exemplaren aus späterer Zeit 5–10 cm hoch sein können. Ein weiteres Kennzeichen eines sehr alten »Banjos« ist die horizontal verlaufende Maserung des Furniers auf den Seitenkanten. Fast alle »Banjos« aus späterer Zeit haben vertikal verlaufendes Furnierholz.

Auch die Art und Weise der Gravierung auf der Zeigerplatte sagt uns etwas über das Alter eines »Banjo«. Bei den meisten Banjobarometern folgen die Wetterbezeichnungen der Kreisform der Skalaeinteilung und der Zahlen. Bei Exemplaren aus sehr früher Zeit jedoch sind die Wetterbezeichnungen horizontal angebracht. Man kam zu Beginn des 19. Jahrhunderts schnell davon ab. Ein anderes Kennzeichen von Zeigerplatten auf älteren »Banjos« ist die Skalaeinteilung selbst.

Diese erfolgt meistens in Zwanzigstel oder Vierzigstel eines inch. Einteilungen in Hundertstel kommen viel seltener vor und werden erst später allgemein üblich. Obgleich die meisten »Banjos« aus dem ersten Viertel des vorigen Jahrhunderts mit einem flachen Glas ausgerüstet sind, versehen mit einem in der Mitte zu bedienenden Tendenzzeiger, kommen bereits um 1800 Tendenzzeiger vor, die über eine hinter der Zeigerplatte verborgene Saitenübertragung bedient werden. Unter der Zeigerplatte sitzt dann ein abnehmbarer Knopf, zumeist aus Elfenbein, mit dem der Tendenzzeiger verstellt werden kann. Das zerbrechliche flache Glas weiterhin zu verwenden, entfiel damit, und man ging dazu über, gewölbtes Glas anzubringen. Das Saitensystem mit gewölbtem Glas kam erst 1820 in Gebrauch und hat um 1830 das flache Glas verdrängt. Das Saitensystem wurde bis zum Ende des vorigen Jahrhunderts verwendet.

Wieder ein anderer Haubentyp ist die »Schwanenhalshaube«, besser bekannt als »Swan neck« oder »Scroll pediment«. Dieses Modell erlebte erst nach etwa 1830 seine Blütezeit, kommt jedoch schon – wenn auch sporadisch – bei den frühesten »Banjos«

81 Drei bekannte Haubenmodelle aus der Anfangsperiode des Banjobarometers. Links eine runde Haube, in der Mitte ein tympanonförmiges Häubchen und rechts eine Schwanenhalshaube.

vor. Kennzeichnend für die »Banjos« aus dem frühen 19. Jahrhundert mit dem Schwanenhalsoberteil ist die *große* Zeigerplatte. Sie hat durchweg einen Durchmesser von 12 inches, während sonst 8 inches bei Banjobarometern normal ist. Ferner sind in Abweichung von den erwähnten Modellen gewölbtes Glas und Tendenzzeiger mit Saitenübertragung üblich, und Skalaeinteilungen in Hundertsteln eines inch kommen bereits früh vor. Die große Zeigerplatte machte das möglich.

82 Annonce etwa aus dem Jahre 1825 der Gebrüder Innocent und Peter Bregazzi, Nottingham. Sie lieferten an den »Handel« und an Private.

Die hier besprochenen Modelle wurden hauptsächlich von Italienern hergestellt und in den Handel gebracht. Das Modell war von ihnen eingeführt worden, und bei Bearbeitung von Glas, Holz und Metall waren sie besonders geschickt. Außerdem wirkten sie gemeinsam im engen Familienverband und behielten so weit wie möglich die Bearbeitung in eigener Hand, so daß sie viel billiger als ihre englischen Fachkollegen liefern konnten. Die Italiener beschäftigten sich auch mit der Herstellung von Stockbarometern. Obwohl wir ihren Namen im ganzen Land begegnen, beherbergte vor allem London sehr viele Italiener. Hauptsächlich in der Umgebung von Clerkenwell hatten sich italienische Handwerker angesiedelt. Sie verkauften ihre Erzeugnisse, darunter Barometer, sowohl direkt an Privatleute als auch an Optiker oder Händler von Bilderrahmen, künstlichen Blumen, Spiegeln und Tonwerk. Diese Weiterverkäufer ließen häufig ihre Namen in die Zeigerplatte – oder bei jüngeren Exemplaren wohl auch in die Platte der Wasserwaage – gravieren, so daß es nicht immer sicher ist, ob ein Name, den man dort findet, auch mit dem des wirklichen Herstellers übereinstimmt.

Bereits um 1840, später noch in größerem Umfang, trat der alleinschaffende Barometerhersteller, der unmittelbar an den privaten Benutzer lieferte, in den Hintergrund, während sehr viele Banjobarometer auf Bestellung an Zwischenhändler komplett mit deren Namen und Adresse geliefert wurden.

Namen auf Barometern jüngeren Datums – sowohl auf Stock- als auch auf Banjobarometern – geben daher auch in der Regel weniger Anhaltspunkte als jene auf älteren Exemplaren, obwohl es andererseits wiederum schwieriger ist, etwas über Namen aus den ersten Jahrzehnten des »Banjos« in den Archiven zu finden. Je weiter man in der Zeit zurückgeht, desto weniger registrierten Barometerherstellern – vor allem eingewanderten – begegnet man in den Archiven. Somit sind nie vollständige Herstellerlisten zu bekommen und, was schlimmer ist, sie sind fehlerhaft. Gerade die Hersteller mit altem Prägestempel aus dem 18. und beginnenden 19. Jahrhundert, die noch keine Probleme mit übermäßiger Nachfrage oder tödlicher Konkurrenz hatten, bleiben in einer solchen

83 Karte von Jacob Abraham, Bath. Die Karte datiert so gut wie sicher aus den zwanziger Jahren des vorigen Jahrhunderts. Das Modell mit der tympanonförmigen Haube war damals noch immer beliebt.

Herstellerliste mangels Archivunterlagen seltener als die Namen von jüngeren Betrieben, die – durch die Umstände gezwungen – Quantität vor Qualität gehen lassen mußten oder mit Barometern nur Handel trieben. Dazu kommt noch, daß es eine ganze Menge »Hersteller« gab, die Barometer nur zusammensetzten. Der betreffende Handwerker brauchte dann höchstens noch seinen Namen in die Zeigerplatte zu gravieren. Uhrmacher und Optiker bedienten sich manchmal dieser Methode. Öfters war das Barometer für sie nur ein Nebenartikel. Deshalb lege ich beim Ankauf eines Barometers, vor allem eines Geräts aus dem 19. Jahrhundert, und auch beim Verkauf viel mehr Wert auf Qualität, Alter sowie Echtheit als auf einen Namen, es sei denn, sein Träger ist ein authentisch registrierter Barometerhersteller.

Doch zurück zur Blütezeit des »Banjo«, zur ersten Hälfte des vorigen Jahrhunderts, als um 1830 der gelockte Schopf, der »Swan neck« mit der runden Unterseite, die anderen Formen, wie das tympanonförmige Häubchen, zu ersetzen begann. Die Zeigerplatten haben in der Regel einen Durchmesser von 8 inches, wenn auch größere und kleinere

Exemplare vorkommen. Durchmesser von 4½ inches sind sehr selten, 6 inches auch nicht häufig, 8 inches am häufigsten, 10 inches schon wieder seltener, 12 inches selten, und Durchmesser von 14 inches sind, wie die kleineren Brüder, sehr selten. Das Glas ist gewölbt, obgleich die Messingfassung um 1830 schon weniger hervorstehend als bei den älteren Exemplaren ist. Das Bedürfnis nach einem hohen Rand entfiel, weil das gewölbte Glas den Zeigern ausreichend Platz bot, was natürlich unter flachem Glas evtl. Probleme aufwarf. Die Zeiger wurden spielerischer, breiter, und waren durchgearbeitet. Die straffen Antiquabuchstaben auf den Zeigerplatten machten mehr und mehr breiteren und ausgeformteren Buchstaben Platz, die dann durch überladene gotische Lettern verdrängt wurden. Ein gewisses Durcheinander von Buchstabentypen hielt das ganze Jahrhundert über an.

Nach 1830 entstanden »Banjos« mit straffer Linienführung, z.B. mit gerader Unterseite und geradliniger Verarbeitung in der Höhe des Thermometers. Die einfachen Rundungen wurden zuweilen stark hervorgehoben durch Verengungen, während Extrazubehör wie Wasserwaage und Hygrometer zur Selbstverständlichkeit wurde, desgleichen der kleine Butlerspiegel. Dieser Spiegel sitzt in einer dunklen, gerippten Holzfassung und verschafft dem Benutzer einen Überblick über die betreffende Halle oder das Zimmer. Vielleicht war er als bequemes Hilfsmittel für das Dienstpersonal gedacht, das den Ablauf der Dinge bei Tisch auf diskrete Weise im Auge behalten mußte. Ab und zu wurden auch banjoartige Barometer mit einem normalen rechteckigen Spiegel angefertigt.

84 Eine der Niederlassungen von Negretti & Zambra im Crystal Palace, London, um 1874.

Hier montierte man die Zeigerplatte oben – ein abweichendes Modell also und eigentlich kein »Banjo« mehr. Auch »Banjos« mit eingebauter Uhr wurden geliefert. Diese Exemplare bekommt man ebenfalls nicht jeden Tag zu Gesicht.

Das anfangs noch lange Thermometer wurde wegen des Aufkommens des Butlerspiegels gekürzt. In der Regel können beide mit Hilfe eines verschiebbaren kleinen Knopfes unter dem Thermometer vom Gehäuse abgenommen werden. Dieses System kam um 1830 in Anwendung, obwohl es bereits früher benutzt wurde. Man konnte mit so einem »tragbaren« Thermometer die Temperatur in den anderen Räumen messen. Bei den Exemplaren aus der zweiten Hälfte des vorigen Jahrhunderts ist der kleine Knopf manchmal noch vorhanden, jedoch nur als Verzierung. Das Thermometer sitzt dann fest. Für das Hygrometer gilt dasselbe: auch dieses läßt sich abnehmen, nur nicht bei den Exemplaren späteren Datums. Ob die Hygrometer sämtlich gut funktioniert haben, ist nicht sicher. Vor allem die Instrumente jüngerer Bauart hatten eher ornamentalen als funktionellen Wert.

Die Rahmen der Wasserwaagen auf den »Banjos« sind meistens rund. Bei Exemplaren mit gerade auslaufendem Endstück sind sie zuweilen rechteckig, und sehr selten kommen auch ovale Modelle vor. Öfters findet man einen Namen in das Markierungsblatt der Wasserwaage eingraviert. Im Laufe des 19. Jahrhunderts sind die Buchstaben nicht nur eingraviert sondern manchmal auch eingeschlagen worden. Häufig kommt der Text vor: »Warranted Correct«. Dies ist eine Art Garantieerklärung für korrektes Funktionieren, abgegeben vom Hersteller, der zumeist anonym bleibt. Von diesen »W.C.-Barometern« steht so gut wie fest, daß sie über den Zwischenhandel verkauft worden sind. Sie brauchen deshalb nicht minder interessant zu sein wie signierte Barometer, ebenso wie diese von minderwertiger Qualität sein können.

Während Mahagonifurnierung beliebt blieb, verschwand um 1830 die Einlegearbeit mit Muschel- und Blumenmotiven, wenn auch der Randstreifen von hellem und/oder dunklem Holz bis etwa 1850 erhalten blieb. Wohl kam um 1840 Perlmutter-Einlegearbeit auf, durchweg in Verbindung mit Palisander (rosewood). Auch andere Holzarten wie Nußbaum und Eiche werden verwendet, doch in bedeutend geringerem Umfang. Sehr luxuriöse Exemplare wurden auch wohl aus massivem Material angefertigt, aber im weiteren Verlauf sind dann alle »Banjo«-Gehäuse furniert auf einem Untergrund von Weichholz.

Um 1850 ist die Blütezeit der Banjobarometer vorbei. Die Italiener hatten um diese Zeit den Großteil der Barometerfabrikation in ihren Händen, aber allzu viele Leute waren beflissen, Barometer anzufertigen – auch englische Hersteller –, so daß eine wachsende Konkurrenz unvermeidlich war. Viele Kleinbetriebe legten ihre Produktionsstätten zusammen, und einige Firmen bestehen noch immer, wie die bereits oben erwähnten Häuser Negretti & Zambra, Casella, Pastorelli & Rapkin und Comitti. Im Viktorianischen England entstanden glänzende Beispiele fachmännischer Arbeit, wie »Banjos« aus Palisander mit überreicher Perlmutter-Einlegearbeit, ferner Exemplare aus massivem Nußholz, ausgestattet mit Schnitzwerk. Ganz allgemein zeigen Banjobarometer nach den sechziger Jahren weniger Aufmachung und Raffinement als ihre Vorgänger.

Etwa im Jahre 1850 kamen Modelle mit einem spitz auslaufenden Ober- und Unterteil in Form einer Zwiebel (onion top) auf den Markt. Obwohl in der Regel Palisander für »Zwiebel-Banjos« verwendet wurde, kommen ab und zu auch Exemplare aus Mahagoni mit einem Randstreifen vor. Andere Modelle – etwa nach 1860 – zeigen ans Biedermeier erinnernde Kennzeichen mit sanften Rundungen und einfachem aufgelegtem Schnitzwerk. Der »Ankerschwanz« erschien, und im letzten Viertel des vorigen Jahrhunderts wiesen die »Banjos« eine Mischung verschiedener Stilarten auf. Das allgemein übliche Eichenschnitzwerk forderte nur noch wenig Respekt vor dem Hersteller. Massenproduktion läßt sich nicht verleugnen.

Banjobarometer aus der zweiten Hälfte des 19. Jahrhunderts haben – des niedrigen Preises wegen – hin und wieder eine Zeigerplatte aus weiß bemaltem Zink, und der Text ist aufgedruckt. Auch Platten aus bemaltem oder geätztem Opalinglas kommen regelmäßig vor. Die Buchstaben sind dann sehr grell und wuchtig. Für diejenigen, die sich keine kostbare Einlegearbeit aus Holz oder Perlmutter leisten konnten, gab es »Banjos« mit aufgemalten Motiven als Imitation von Einlegearbeit zu kaufen. Das Zubehör, das man bei den Barometern aus der ersten Hälfte des 19. Jahrhunderts ganz oder teilweise unsichtbar in das Gehäuse montierte, brachte man nach 1860 mehr und mehr auf dem Gehäuse an. Butlerspiegel wurden zu diesem Zweck in Messing gefaßt, und die Rahmen für die Gläser von Hygrometer und Wasserwaage, die immer aus gediegen gegossenem Material angefertigt waren, wurden, seit man sie auf das Gehäuse montierte, in gepreßtem Messingblech ausgeführt. Das Thermometer befestigte man auf zwei ins Gehäuse gedrehten Holzschrauben. Doch ließ sich ein solches Thermometer leicht wieder abnehmen, so daß viele von ihnen verloren sind.

Im letzten Viertel des 19. Jahrhunderts verschwanden Butlerspiegel, Hygrometer und Wasserwaage. Dort, wo besonderes Zubehör wegfiel, wurde das Thermometer wieder länger. Schließlich verdrängte dann um 1900 das Aneroidsystem das Radbarometer (s. nächstes Kapitel).

Noch im England der Königin Victoria kam um 1860 die Firma Negretti & Zambra mit einem reich illustrierten Katalog heraus, in dem viele Barometer angeboten wurden.

85 Banjobarometer von Negretti & Zambra aus einem Katalog vom Jahre 1859. Die beiden Modelle rechts gab es damals schon einige Jahrzehnte lang. Es konnte zwischen verschiedenen Holzsorten gewählt werden. Zeigerplatten wurden sowohl aus Silber als auch bemalt geliefert.

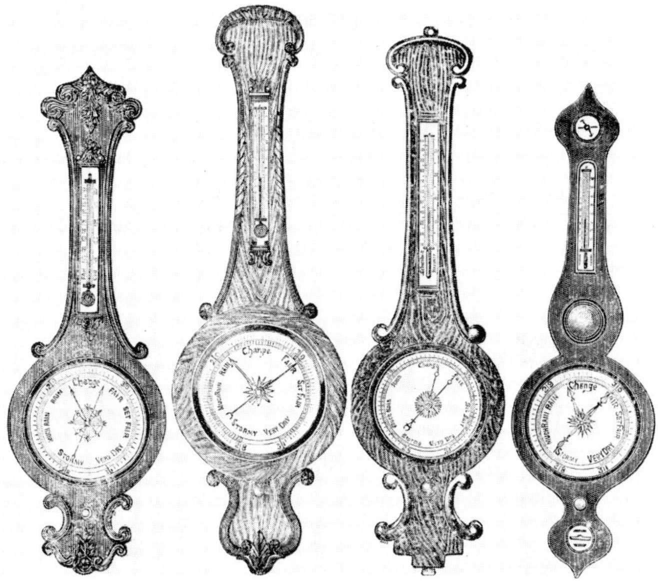

86 Eine Reihe von Banjobarometern, abgebildet in einem Katalog von Pastorelli & Rapkin aus dem Jahre 1895.

Die Abbildungen zeigen einige Beispiele daraus. Es handelt sich sowohl um zeitgenössische als auch um bereits seit langem bestehende Modelle. Diese Modelle findet man bis weit in die zweite Hälfte des vorigen Jahrhunderts hinein in neuaufgelegten Katalogen immer wieder. Dies sei nur erwähnt, um zu zeigen, wie gefährlich es ist, Barometer ausschließlich an Hand von Stilmerkmalen zu datieren. Der Rückgriff auf alte Formen in jenen Jahren macht die Beurteilung nicht leichter. So taucht etwa in den Jahren 1850 bis 1860 das flache Glas wieder auf. Zwar sind die Ränder dieses Glases durchweg schräg geschliffen, arbeitet der Tendenzzeiger meistens nach dem bekannten Saitensystem und ist der Messingrand nicht gegossen sondern aus gepreßtem Blech, doch sei davor gewarnt, ein Barometer mit einem flachen Glas von vornherein für ein Exemplar aus dem frühen 19. Jahrhundert zu halten. Die Einzelheiten sind oft wichtiger als die Stilkennzeichen. Es gibt zwar viele kleine und große Erkennungsregeln, aber die Zahl der Ausnahmen davon ist womöglich noch größer. Es schien daher ratsam, sich hier auf die globale Beschreibung der englischen Banjobarometer zu beschränken und es dem Leser zu überlassen, sich mit der Photoserie in Teil II, S. 106ff. zu beschäftigen.

Das Festland

Neben den schon besprochenen Radbarometern sind sowohl im 18. als auch im 19. Jahrhundert »Banjos« in Frankreich angefertigt worden. Einige waren mit Schnitzwerk ausgestattet, mit Pastellfarben bemalt und mit Blattgold überzogen. Die Zeiger- und Skalablätter der Thermometer sind freilich nicht immer hübsch ausgefallen. Oft sind sie aus Papier, und ihre grobe Beschriftung sticht zuweilen von der raffinierten Ausarbeitung des Gehäuses etwas ab. Ein schneeweißes, gedrucktes Zeigerblatt für das Barometer in Verbindung mit einer vergilbten, handgeschriebenen Thermometerskala ist keine Ausnahme. Die Skala ist in Pariser Zoll eingeteilt.

Die Rädchen des Zeigersystems wurden manchmal aus Holz oder Knochen angefertigt, im Gegensatz zu den englischen Banjobarometern, bei denen überwiegend Messingrädchen zu finden sind. Üppiges Schnitzwerk, z.B. Weintrauben, sowohl in Mahagoni als auch in Nußbaum oder Eiche ist regelmäßig anzutreffen, aber auch sehr einfache Exemplare mit einem Holzrand um die Zeigerplatte, hin und wieder ergänzt durch ein bearbeitetes Messingband. Eine reiche Palette von Arten und Qualitäten, wie es sie in England gab, hat Frankreich im vorigen Jahrhundert freilich nicht hervorgebracht.

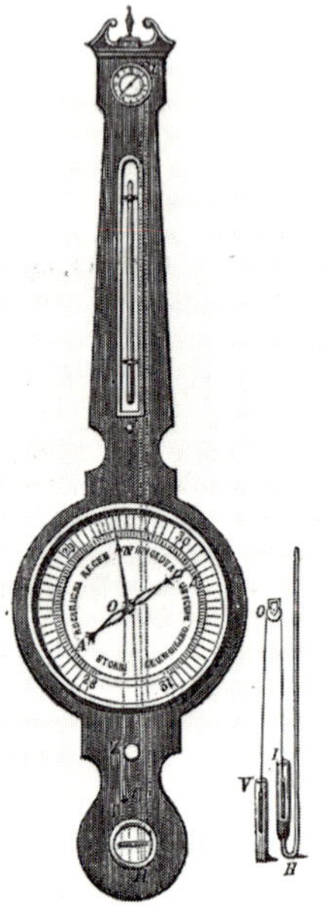

87 Aus dem 19. Jahrhundert stammende Abbildung eines niederländischen Banjobarometers.

88 Karte der Gebrüder W. und A. Arzoni in Leeuwarden um 1875. Für Reinigung und Füllung einer Barometerröhre berechnete man damals 1 Gulden und 75 Cents (entspricht etwa dem gleichen Betrag in Mark. Anm. d. Übers.).

Dasselbe gilt für die Niederlande, wo das gesamte 19. Jahrhundert hindurch ebenfalls Banjobarometer begegnen. Zwar wurde ein Teil aus England importiert, doch sind auch welche im Lande selbst angefertigt worden, sowohl von Italienern als auch von Niederländern. Einige Modelle wirken so englisch, daß die wahre Herkunft erst aus dem niederländischen Text auf Zeiger- und Skalaplatten erkennbar wird. Das ist dann für einen Niederländer stets eine angenehme Überraschung, denn so viele niederländische Banjobarometer sind nun auch wieder nicht auf den Markt gekommen. Neben den typisch englischen Ausführungen kommen – vor allem in der zweiten Hälfte des 19. Jahrhunderts – auch zahlreiche Modelle vor, die mit ihren kleinen Papierblättern und ihrer einfachen Bauart mehr an ihre französischen »Geschwister« denken lassen. In Deutschland gibt es sehr wenige »einheimische« Banjobarometer. Die meisten wurden importiert.

Kapitel 10
Die Metalldose verdrängt das Quecksilber

Aneroidbarometer und Barographen

Eine der jüngsten Generationen der großen Barometerfamilie ist das Dosenbarometer, auch bekannt als Metallbarometer oder Aneroidbarometer. Mit diesem System kann der Luftdruck gemessen werden, ohne Quecksilber oder eine andere Flüssigkeit anzuwenden. Außerdem können die kleinen Mechanismen sehr kompakt ausgeführt werden und sind viel unempfindlicher gegenüber Stößen und Stürzen als Quecksilberbarometer. Ihre Genaugkeit ist – wenn sie mit Sorgfalt angefertigt worden sind – sehr hoch, so daß sie nicht nur als Hausbarometer gebraucht wurden und werden, sondern auch als fachtechnische Instrumente, wie sie die Meteorologie verwendet. Wenn es um äußerst genaue Messungen geht, zieht die Wissenschaft allerdings immer noch das altvertraute Quecksilber vor.

89 Jacobus Bernoulli (1654–1705) und Gottfried Wilhelm Leibniz (1646–1716)

Das Aneroidsystem ist zum ersten Mal von dem Franzosen Lucien Vidie (1805–1866) benutzt worden, der seinen Namen auch Vidi zu schreiben pflegte. Die geniale Idee, Luft aus einer federnden Dose zu pumpen, um Luftdruckschwankungen registrieren zu können, ist übrigens schon älter. Sie stammt aus den letzten Jahren des 17. Jahrhunderts. Ist es nicht bemerkenswert, wieviele Barometersysteme auf jenes »Goldene« Jahrhundert zurückgehen? Der deutsche Philosoph Gottfried Wilhelm Leibniz korrespondierte in den Jahren um 1700 mit dem aus den südlichen Niederlanden stammenden Jacobus Bernoulli und tauschte mit ihm Gedanken aus über (frei übersetzt) »ein transportables Barometer im Taschenformat, gleich einer Uhr; aber es enthält kein Quecksilber, dessen Stelle vielmehr von einer kleinen Trommel eingenommen wird, wobei eine Stahlfeder dem Gewicht der Luft, das sie zusammendrückt, Widerstand leistet«. Später machte Leibniz noch deutlich, daß die kleine Trommel aus Metall sein muß. Leider brachte er seine Idee, soweit bekannt, nicht zur Ausführung.[1] Ein Jahrhundert später stellte der Franzose Nicolas Conté eine primitive Art von Dosenbarometer her, das jedoch viele Unvollkommenheiten aufwies und bald wieder in Vergessenheit geriet.

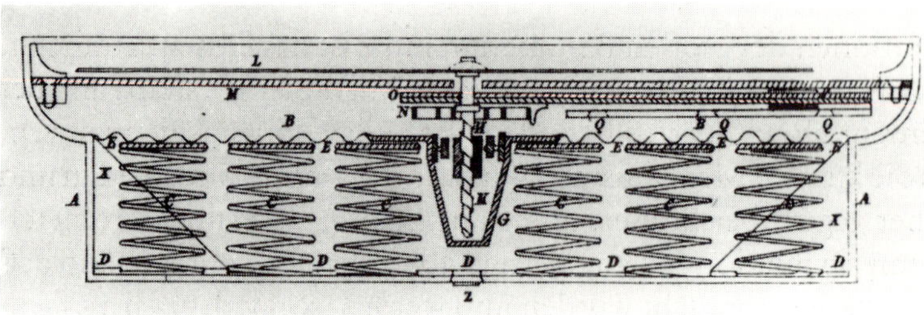

90 Eine im Patent von Vidi(e) vorkommende Zeichnung seines Aneroidsystems.

Um 1840 experimentierte Vidie mit Manometern, die noch auf Quecksilberbasis arbeiteten. Er suchte nach einem kompakteren und weniger empfindlichen System, und es glückte ihm in der Tat, eines zu finden. Von ihm ist auch der Name »Aneroid« eingeführt worden, worin die griechischen Worte ἀν (alpha privans, entspricht dem deutschen »ohne«), ἀηρ (aér = Luft) und εἰδος (eídos = Form) enthalten sind. Im Jahre 1844 bekam er ein Patent auf seine Erfindung, und eine der von ihm beschriebenen Konstruktionen ist hier abgebildet (s. Abb. 90). Unten befindet sich die eigentliche »Vidi-Dose« (A) aus Kupfer, mit geripptem Deckel versehen (B). Aus der Dose ist die Luft herausgepumpt. Um zu verhindern, daß der atmosphärische Luftdruck die Dose zusammendrückt, ist eine Anzahl Stahlfedern (C) eingebaut, die für die richtige Gegenkraft sorgen. Das Geheimnis besteht darin, daß sich der Deckel in Abhängigkeit vom atmosphärischen Luftdruck auf und ab bewegt. Bei fallendem Luftdruck geht er ein wenig in die Höhe, während er bei steigendem Luftdruck etwas zusammengedrückt wird. Durch die gerippte Form des Deckels wird die Elastizität der Dose verfeinert und die Dose selbst erhält mehr Festigkeit. Vermittels einer kleinen Mechanik, die sich in der Mitte des Deckels befindet, wird die auf und ab gehende Bewegung des Deckels in eine drehende Bewegung der kleinen Achse umgesetzt, an welcher der Zeiger befestigt ist. Eine Zeigerplatte macht das Ganze zum vollständigen Aneroidbarometer.

Vidie brachte in den Jahren um 1844 noch einige Verbesserungen an, darunter eine außerhalb der Dose anstatt in ihrem Inneren montierte Stahlfeder, und bereits vor 1850 wurden seine Aneroidbarometer in England verkauft. In Frankreich stieß er auf Widerstand, und es gab noch andere Erfinder, die mit Aneroidsystemen auf den Markt kamen.

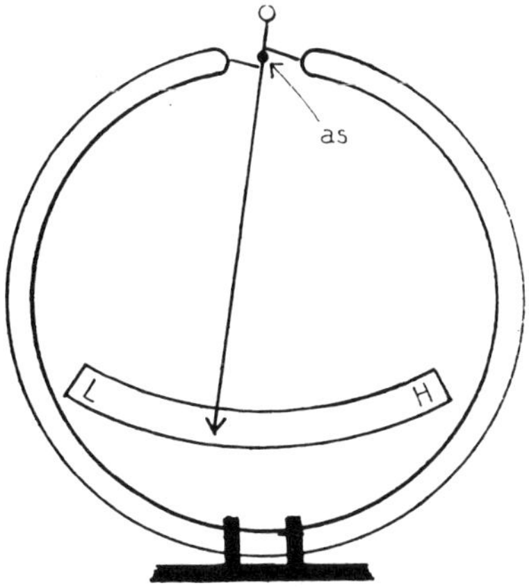

91 Prinzip der Bourdon-Röhre. Bei zunehmendem Luftdruck bewegen sich die Enden der Röhre aufeinander zu, wodurch der Zeiger nach rechts gedreht wird.

92 Anwendung der Bourdon-Röhre in einem Barometer.

93 Taschenbarometer mit einstellbarem Stift für Höhenmessung, um 1865.

94 Taschenbarometer mit einstellbarer Höhenskala und Thermometer, letztes Viertel des 19. Jahrhunderts.

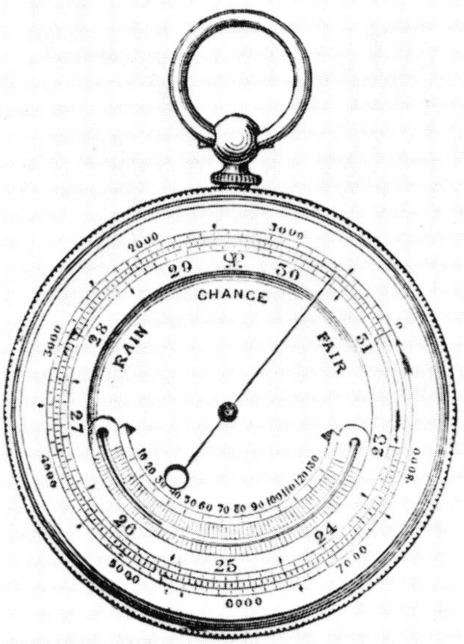

Einer unter ihnen war Bourdon, der 1849 ein Patent auf ein System mit einer leergepumpten dünnwandigen Röhre erhielt, die kreisförmig gebogen ist und einen ovalen Querschnitt hat. Durch die Luftdruckschwankungen treten an dieser Röhre Formveränderungen auf. Diese Bewegungen werden wiederum auf ein Zeigerwerk übertragen. Obwohl der geschäftstüchtige Bourdon aus seinem System weit größeren Nutzen gezogen hat als Vidie aus dem seinen, hat die Vidi-Dose auf dem Gebiet des Barometers letzten Endes doch den Sieg davongetragen. Die Vidi-Dose wurde unter dem belebenden Einfluß günstiger Kritiken von Wissenschaftlern wie Admiral Fitzroy noch in einigen Punkten verbessert, und ihre Popularität wuchs sehr schnell.

Bereits im Jahre 1860 konnte das Aneroidbarometer als ausgereift bezeichnet werden. Bald war man in der Lage, den Apparat so klein zu fabrizieren, daß er Taschenuhrformat bekam. Die bekannte Firma Negretti & Zambra hat auf dem Gebiet des Aneroids bahnbrechend gewirkt. Um noch bei den Liliputbarometern zu bleiben: die Taschenaneroide befinden sich manchmal in einem Holzetui, das mit Leder beklebt und mit Samt gefüttert ist, ebenso oft auch sind sie »lose«. Sie werden zuweilen am Ende einer Uhrkette getragen. Viele Taschenbarometer sind für die Reise geeignet. Einige wurden besonders für Bergsteiger angefertigt. Oft reicht die Skala bis auf sehr niedrige Werte zurück, manchmal sogar bis 20 inches oder noch niedriger. Bei älteren Exemplaren sitzt ein feiner verstellbarer Stift neben der Skalaeinteilung, mit dem man bei Beginn des Anstieges den Barometerstand fixieren konnte. Mit Hilfe einer Tabelle konnte man dann ausrechnen, auf welcher Höhe man sich befand. Schon bald erschienen Ausführungen mit einer verstellbaren Höhenmaßskala, so daß die Tabelle überflüssig wurde.

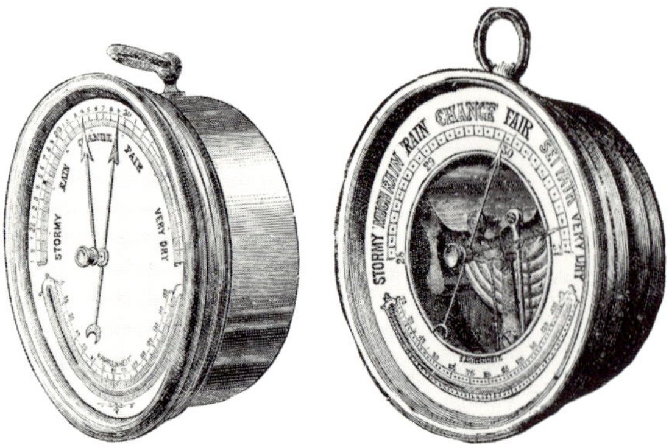

95 Aneroidbarometer, die sowohl hängen als auch stehen können. Katalog 1895.

96 Aneroidbarometer mit verschiebbarer Lupe. Katalog 1895.

Die Gehäuse sind meist aus Messing, zuweilen auch feuervergoldet, manchmal vernickelt. Selbst massives Gold oder Silber kommen vor. Der Durchmesser des ersten Taschenbarometers betrug ungefähr 5 cm. Etwas später erschienen noch kleinere Modelle. Das allerkleinste, das jemals angefertigt wurde, hatte einen Durchmesser von nur 2 cm. Mehr als zwei Jahrhunderte zuvor wurde noch mit Wasserbarometern experimentiert, die elf Meter hoch waren!

Taschenbarometer haben meistens eine gravierte, versilberte Zeigerplatte, aber es kommen auch emaillierte Platten vor. Sie tragen oft die bekannten Wetterangaben wie »Change« usw. Auch der Name der Firma, die das Instrument hergestellt hat, ist manchmal darauf zu finden sowie das Wort »compensated«, um anzuzeigen, daß Vorkehrungen zur Nivellierung des Einflusses der wechselnden Temperaturen eingebaut worden sind. Ab und zu ist ein Thermometer angebracht.

Natürlich stellte man von Anfang an auch größere Aneroidbarometer hauptsächlich zum Gebrauch auf hoher See her. Die Zeigerplatten sind dann in der Regel emailliert, weil versilberte Platten infolge der Einwirkung von Seeluft rasch korrodieren würden. Die Schiffsbarometer können sowohl aus glattem Messing hergestellt als auch mit einem Holzrand versehen sein. Oft trifft man Thermometer auf Aneroidbarometern an, die unter der Zeigerplatte in einem Bogen verlaufen. Einige Modelle, vor allem die kleineren Exemplare, haben eine verschiebbare Lupe, um die kleine Skalaeinteilung besser ablesen zu können.

Auch das Wohnzimmer wurde nicht vergessen. In der zweiten Hälfte des 19. Jahrhunderts sind zahlreiche Modelle erschienen. Sehr oft sind die bekannten Banjomodelle mit einem »modernen« Aneroidwerk ausgestattet. Einige dieser Geräte sind von vorn kaum von einem Quecksilberbarometer zu unterscheiden, und wer sicher sein will, muß das »Banjo« von der Wand nehmen, um nachzusehen, ob sich hinten eine hohe schmale Tür befindet (Radquecksilbersystem) oder nur ein kleines Loch für die Einstellschraube

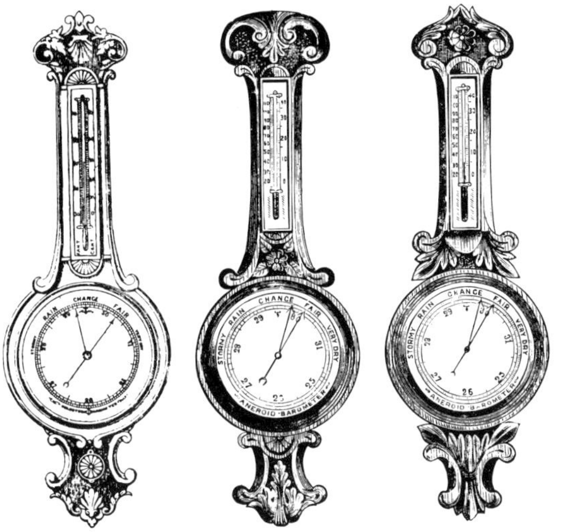

97 Eine Serie Aneroidbarometer in Banjoform, abgebildet in einem Katalog etwa aus dem Jahre 1895 (Pastorelli & Rapkin). Von ungefähr 1870 ab sind sie in vielen Varianten hergestellt worden.

der Aneroidmechanik. Diese Möglichkeit besteht auch bei neuzeitlichen Barometern. Nachdem lange Quecksilberröhren entbehrlich geworden waren, sind Banjobarometer auch in kurzen Ausführungen hergestellt worden. Auf den Zeigerplatten der meisten Hausbarometer stehen die alten, vertrauten Wetterangaben, zuweilen ergänzt durch Firmennamen. Des weiteren kann man auf sämtlichen Typen von Aneroidbarometern die Angabe »Aneroid-Barometer«, manchmal auch »holosteric barometer«, abgeleitet vom griechischen ὅλος (hólos = ganz) und στερεος (stereós = fest) finden. Die Bezeichnung spricht für sich: das »ganz Feste«, das Robuste des Aneroidbarometers sorgte dafür, daß dieses Instrument einen gewaltigen Aufschwung nahm.

98 Bereits in den siebziger Jahren des vorigen Jahrhunderts gab es viele Aneroidmodelle zu kaufen. Hier sind einige Beispiele aus einem Katalog von Negretti & Zambra abgebildet.

99 Gegen Ende des vorigen Jahrhunderts war die Auswahl an Aneroidbarometern riesengroß. Eine Auswahl der vielfältigen Möglichkeiten, die der Katalog von Pastorelli & Rapkin aus dem Jahre 1895 anbot.

Die Abbildungen zeigen einige der unglaublich vielen Modelle, welche die Barometerfabrikanten sich im vorigen Jahrhundert ausgedacht haben. Kombinationen mit Thermometern und Uhren sind geradezu zahllos. Interessant sind die offenen Zeigerplatten, durch die man einen großen Teil des Innenwerkes sehen kann. Die Modelle sind manchmal von straffer Linienführung, aber meistens sind sie mit überladenem Schnitzwerk versehen. Sowohl Wand- als auch Tischmodelle kamen auf den Markt. Kein Wunder, daß um 1900 das Quecksilberbarometer – zumindest im Wohnzimmer und in den Betrieben – verschwunden war.

Auch auf dem Festland wurden natürlich Aneroidbarometer angefertigt, wenngleich – wenigstens im vergangenen Jahrhundert – in geringerem Umfang als in England. Was ihre Ausführung anbetrifft, so stimmen sie in vielem mit den englischen Exemplaren überein.

STORMY
RAIN
CHANGE
FAIR
VERY DRY
WET
MORE WIND
DRY
LESS WIND
FALL
RISE
ANEROID BAROMETER

Registrierbarometer

Das letzte der hier behandelten Instrumente ist etwas »aus der Art geschlagen«, wenn es auch vor allem auf meteorologisch interessierte Liebhaber Anziehungskraft ausübt: der Barograph. Der griechische Ursprung des Wortes besagt allein genug: βαρος (bárǫs = Schwere) und γραφειν (gráphein = schreiben). Der Barograph registriert den atmosphärischen Druck auf einem Blatt Papier. Ein solcher »beschriebener« Papierstreifen heißt Barogramm. Was die Vorläufer des »modernen« Aneroidbarographen anlangt, so müssen wir – wieder einmal – bis ins 17. Jahrhundert zurückgehen, in dem – schon vor 1680 – der mehrfach erwähnte Robert Hooke ein bereits früher aufgekommenes System weiter ausbildete, und zwar zur Registrierung nicht nur von Luftdruck, sondern auch von Temperatur, Niederschlag, Windstärke usw. Diese »weather-clock«, wie sie genannt wurde, funktionierte – soweit es sich um den Barometerteil handelte – auf Quecksilber-

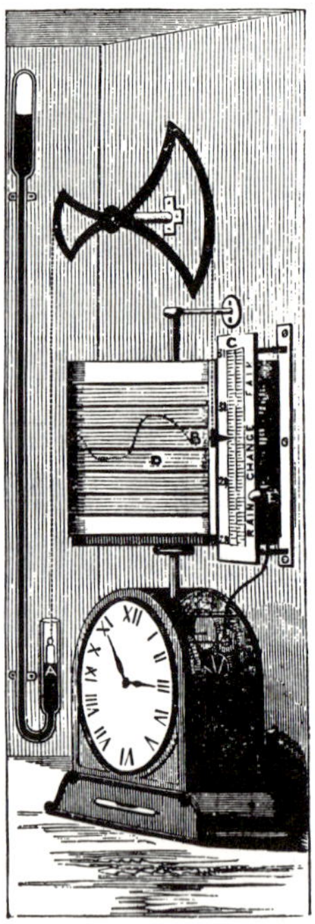

100 Quecksilberbarograph von Negretti & Zambra um 1860 bis 1865.

101 Erster Aneroidbarograph (Breguet) aus dem Jahr 1867.

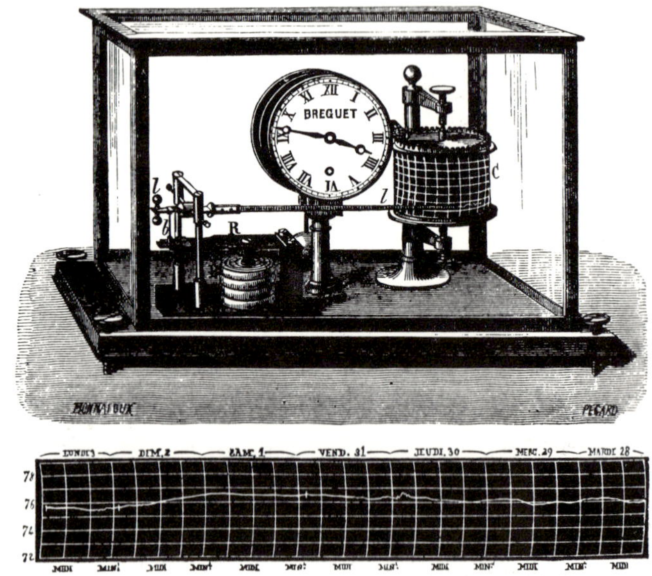

basis. Dasselbe gilt für die anderen Registrierbarometer, die später – übrigens in geringer Anzahl – angefertigt worden sind. Erst ungefähr nach 1860 begann die Firma Negretti & Zambra mit der Herstellung eines Quecksilberbarographen. Auf der Abbildung kann man das Schema erkennen. Das System ähnelt dem Radquecksilberbarometer. Die Bewegungen des Quecksilbers werden vermittels eines Fadens auf einen Zeiger übertragen, der nicht nur entlang einer Skalaeinteilung läuft, sondern auch gleichzeitig ein Merkzeichen auf einem Papierstreifen anbringt, der auf einer runden Trommel befestigt ist, die durch ein Uhrwerk langsam gedreht wird. So kann je nach der Umlaufgeschwindigkeit der Trommel der Verlauf des Luftdruckes während des abgelaufenen Tages oder der Woche abgelesen werden.

Im Zuge der großen Erfolge des Aneroidsystems erschienen auch die Aneroidbarographen auf der Bildfläche. Abbildung 101 ist die älteste bekannte Darstellung eines solchen »schreibenden Barometers« aus dem Jahre 1867, sachkundig angefertigt von dem Pariser Hersteller Breguet. Links befinden sich vier aneinander gekoppelte Vidi-Dosen, die für eine vergrößerte Bewegung sorgen. Durch ein Hebelsystem werden diese Bewegungen auf einen mit einer scharfen Spitze versehenen Arm übertragen. Eine Uhr versetzt eine Papierrolle in Umdrehungen. Der Arm, der durch die Luftdruckschwankungen seine Lage verändert, kratzt an der Stelle, wo er mit dem Papier in Berührung kommt, den aufgetragenen Ruß weg. Auf diese Weise entsteht eine Linie, die den Verlauf des Luftdrucks innerhalb einer bestimmten Ablaufperiode angibt.

102 Ein im Katalog von Pastorelli & Rapkin abgebildeter Aneroidbarograph aus dem Jahre 1895. Dieser ist ausgestattet mit einem Zeigeraneroid (rechts), einer Uhr (links) und einem Maximum-Minimum-Thermometer (unter der Papierrolle in der Mitte).

Bei späteren Exemplaren sind die Kratzfeder und der rußgeschwärzte Papierstreifen durch eine winzige Tintenfeder und einen normalen Papierstreifen ersetzt worden, auf welchem die Wochentage aufgedruckt sind sowie die Luftdruckwerte in inches oder, auf dem Festland, in mm und schon bald in unserem Jahrhundert in Millibar. Einige Barographen sind mit einem Thermometer und/oder einem »normalen« Zeigeraneroid ausgestattet. Manchmal ist noch ein kleiner Tintenbehälter für die Schreibfeder vorhanden.

Die Gehäuse sind meistens aus Eiche, sei es mit oder ohne kleines Schubfach für die Papierstreifen. Auch Messinggehäuse kommen vor. Dadurch, daß viel Glas verwendet wurde, ist deutlich zu sehen, wie der Barograph arbeitet, was das Instrument für manchen anziehend macht. Der Barograph findet immer noch – vor allem als Fachgerät – Anwendung in der Meteorologie. Ähnlich dem Barographen gibt es auch Registrierapparate u.a. für Temperatur (Thermographen), Luftfeuchtigkeit (Hygrographen oder Psychrographen) und Windgeschwindigkeit (Anemographen). Auch diese Instrumente hier zu behandeln, würde zu weit weg vom eigentlichen Thema, dem Barometer, führen.

Kapitel 11
Nützliche Winke

Über Restaurierung, Anschaffung, Transport, Pflege und Fälschungen

Zwischen Reparieren und Restaurieren

Wie geschildert, war im Laufe der Jahrhunderte eine Vielzahl von Barometerarten in Gebrauch, darunter sehr einfache Modelle, aber auch sehr luxuriöse, robuste und zerbrechliche, uralte und altmodische usw. Dies alles sind Faktoren, die bei der Beurteilung eines Barometers eine Rolle spielen, sowohl bei der Bestimmung des Wertes, aber auch dann, wenn eine Entscheidung über die Art und Weise einer Restaurierung getroffen werden soll.

Vorauszuschicken ist, daß ein guter Restaurator stets versuchen wird, ein beschädigtes Teil wiederherzustellen, am liebsten »unsichtbar«, wenn das auch nicht immer verlangt werden kann. Ist an einem Banjobarometer der um die Zeigerplatte sitzende Messingrand gebrochen, dann kann der Restaurator einen solchen Rand natürlich kurzerhand durch ein neues Stück ersetzen. Jegliche Reparatur kostet aber Geduld und Zeit und erfordert vor allem fachmännisches Können. Nur so kann jedes Vorgehen der Qualität und dem Wert eines Barometers zugute kommen. Ist ein Teilstück verschwunden, wie dies öfter der Fall ist bei einem Vasenknopf aus Messing oder Elfenbein, der als Verzierung des Barometeroberteils dient, oder bei einem losen Drehknöpfchen aus Elfenbein zum Einstellen des Tendenzzeigers, bleibt dem Restaurator gar nichts anderes übrig, als zu einem neuen Stück zu greifen, doch wird er auch hier auf echte handwerkliche Arbeit bedacht sein und Farbe sowie Oberflächenstruktur des erneuerten Teilstückes so weit wie möglich der übrigen Ausführung des Barometers anpassen.

Ein Teil, das bei den meisten Barometern schon einmal – oft mehrere Male – ersetzt worden ist, ist die Quecksilberröhre. Vor allem die ganz alten Röhren wurden durch das Quecksilber rasch angegriffen. An der Innenseite setzte sich obendrein rasch Schmutz fest, so daß ihr Ersatz nach einiger Zeit notwendig wurde. Bei jüngeren Barometern ist es zuweilen wohl möglich, die alte Röhre zu retten, indem man sie reinigt, aber das erfordert größte Sorgfalt, und ein bleibender Erfolg ist auch nicht garantiert. Deshalb sind die meisten antiken Barometer – zumindest die gut funktionierenden – ihrer ursprünglichen Röhre schon längst beraubt. Man sollte sich also nicht vom Kauf eines Barometers abhalten lassen, wenn man entdeckt, daß die Röhre erneuert worden ist. Sofern sich die etwaigen übrigen Restaurierungen innerhalb vernünftiger Grenzen halten und ausreichend auf solche Eingriffe aufmerksam gemacht wurde, sind sie annehmbar.

Leider kommt es gelegentlich vor, daß ein unvollständiges Barometer von »gewieften Burschen« »restauriert« wird. Solche Barometer werden mit funkelnagelneuem Glanzmessing aufgeputzt. Schlecht gedrechselte, unansehnliche Vasenknöpfe, Hygrometer-und Wasserwaagengläser aus Plastik und brandneue Messingränder werden aus England mitgebracht und »auf die Schnelle« montiert. Daß das Furnier hier und da lose ist oder Blasen aufweist, ist in den Augen solcher »Restauratoren« weniger von Bedeutung. Auch daß die hauchdünne Silberschicht auf einer Skala- oder Zeigerplatte halb wegoxydiert oder durchgerieben ist, kümmert sie wenig. Ist es doch alt! Mit diesem Zauberspruch werden Unkenntnis und Bequemlichkeit auf wunderbare Weise verhüllt, wird eine ganze Reihe »lästiger Fragen« des Interessenten, der Kaufabsichten erkennen läßt, umgangen und jede weitere Diskussion vermieden.

Natürlich darf man an dem Charme des Alters, den die Verblichenheit und die Patina jahrelang gebrauchten Materials ausstrahlen, nicht vorübergehen. Auf der anderen Seite darf »Ehrfurcht vor dem Alter« nicht zu »laß es nur gut sein« entarten. Es ist eine Beleidigung des Fachmannes von einst, seine damals sorgfältig hergestellten Erzeugnisse einfach deshalb ungepflegt und verkommen aussehen zu lassen, »weil sie alt sind«. Was hat es für einen Sinn, den Messingrand einer Zeigerplatte durch einen fabrikneu lackierten, glänzenden Rand zu ersetzen, aber die Zeigerplatte halb versilbert zu belassen? Dann sollte man doch auch diese Platten wieder auffrischen. Ein guter Restaurator verfügt über Spezialkenntnisse, um Skala- und Zeigerblätter aus Messing mit der Hand wieder versilbern zu können, wenn sie unansehnlich geworden sind. Der häufig so schön gravierte Text kommt dann viel besser zum Vorschein und verhilft dazu, den Charakter der alten Platte in vollem Umfang zu bewahren. Sollte der Käufer die Neuversilberung aus dem einen oder anderen Grund nicht wollen – manchmal ist die Platte nur ein wenig durchgerieben – dann werden sich Käufer und Verkäufer bzw. Restaurator schon einig werden.

Auf jeden Fall ist es für einen Käufer wichtig, sich an einen Antiquitätenhändler zu wenden, der Spezialist in Barometern ist, der selbst restauriert oder über entsprechend geschultes Personal verfügt. Auch sollte der Interessent verlangen, das Barometer seiner Wahl zu sehen, ehe es ins Atelier des Restaurators geht. Er weiß dann, was gefehlt hat, was beschädigt war, so daß hinterher keine Zweifelsfragen auftreten, was man wohl alles damit angestellt habe. Ein seriöser Händler wird das Interesse des Käufers für das Wie und Warum der Restaurierung stets zu schätzen wissen. Sorgfältige Arbeit ist ja sein Stolz, seine Visitenkarte. Was bei Uhren, Möbeln und Gemälden zu beachten ist, gilt auch für Barometer: billig kann teuer zu stehen kommen.

Die Anschaffung

Wer sich ein antikes Barometer anschafft, holt sich ein Stück Atmosphäre ins Haus, das ihn sein ganzes Leben lang begleitet und auch seinen Nachkommen Freude machen wird. Nun ist er aber nicht der einzige, der ein Barometer haben möchte, da diese Instrumente mehr und mehr in den Mittelpunkt des Interesses zahlreicher Sammler und Liebhaber geraten. Nicht zuletzt deshalb, weil dadurch die Nachfrage größer ist als das Angebot, verkaufen auch nichtspezialisierte Händler Barometer. Das braucht an sich kein Übel zu sein, solange die angebotenen Barometer einwandfrei sind und die fraglichen Händler genügende Auswahl bieten sowie für Pflege sorgen können.

Um aber jedes Risiko auszuschalten, wende man sich an eine Spezialadresse oder suche wenigstens einen Antiquitätenhändler seines Vertrauens auf. Kann dieser selbst nicht zu einem schönen Barometer verhelfen, so wird er den Interessenten doch zumeist an eine vertrauenswürdige Adresse verweisen. Während seiner »Barometerjagd« wird der Kaufwillige dann rasch merken, wie angenehm es ist, mit einem Spezialisten ins Gespräch zu kommen. Das gilt übrigens auch für alle anderen Bereiche des Antiquitätenhandels, wie Uhren, Gemälde, Porzellan usw., denn Spezialisten sind fast immer zugleich Liebhaber auf ihrem Gebiet.

Der Transport

Nach dem Kauf eines schönen Barometers muß das kostbare und empfindliche Gerät in die Wohnung des Käufers gebracht und dort aufgehängt werden. Häufig wird der Lieferant das Barometer lieber selbst transportieren und aufhängen, aber gelegentlich eines Umzugs muß dies der Eigentümer ja auch selbst durchführen. Wer aber ohne klare Instruktionen sein Barometer transportiert, begibt sich in Gefahr. Zerbricht nämlich die Röhre, so fließt das Quecksilber aus, und in diesem Fall ist äußerste Vorsicht geboten! Solange sich das Quecksilber sicher in der Glasröhre befindet, ist nichts zu befürchten. An freier Luft aber ist es schädlich, denn die entstehenden Quecksilberdämpfe sind giftig. Außerdem geht Quecksilber Verbindungen mit anderen Stoffen, auch mit Edelmetallen, ein. Ein Goldring z.B. wird ganz von ihm »aufgefressen«. Sollte doch Quecksilber überschwappen, so muß es sofort entfernt werden, nicht ohne daß man vorher die Ringe von den Fingern gestreift oder Plastikhandschuhe übergezogen hat. Am besten läßt sich Quecksilber mit einem Gegenstand aufnehmen, der die Kügelchen gleichsam greift, z.B. mit einer Drahtzange oder auch einem Streichholzschächtelchen. Nachdem aber Vorbeugen besser ist als Heilen, seien hier einige nützliche Winke gegeben.

Im allgemeinen gilt: Jedes Quecksilberbarometer, bei dem der Behälter an der Röhre festsitzt oder mit ihr ein Ganzes bildet – das ist beinahe bei allen im Handel befindlichen Barometern der Fall – muß in schiefer Lage transportiert werden, gleich ob man es mit der Hand trägt oder im Auto befördert. Sobald das Barometer von der Wand genommen wurde, fängt das Quecksilber an zu »tanzen«. Bei einem Stockbarometer kann das in der Höhe der Skalaplatte gut beobachtet werden. Bei einem Radquecksilberbarometer wird – sofern es funktioniert – der Zeiger auf und ab gehen. Nun ist das Barometer *langsam* in eine schräge Lage zu bringen, dann wird das Quecksilber das Torricellische Vakuum oben in der Röhre allmählich auffüllen. In dem Augenblick, in dem das Quecksilber an das Ende der Röhre gelangt, hört man einen leichten, jedoch deutlich vernehmbaren Anschlag. Hört man ihn nicht, dann ist – infolge früherer unsachgemäßer Behandlung – Luft in die Röhre gekommen, so daß das Barometer nicht mehr richtig funktioniert. Wurde das Instrument als »einwandfrei funktionierend« gekauft, sollte man sich mit einer solchen Röhre nicht ohne weiteres zufrieden geben. Selbst kann man die Luft – ohne die nötige Apparatur und Sachkunde – nicht entfernen. Nur einige wenige Barometertypen darf man auf den Kopf stellen, um die Luft herauszuschütteln, aber selbst dann sollte man ein derart riskantes Verfahren lieber dem Fachmann überlassen, bei dem das Barometer gekauft wurde. Eine »gesunde« Barometerröhre darf oben keine Luft enthalten und muß »ticken« können!

Die oben erwähnte Schrägstellung hat *sehr behutsam* zu geschehen, sonst fliegt das Quecksilber mit so viel Kraft gegen das obere Ende der Röhre, daß das Glas zerbrechen kann, mit allen geschilderten Unannehmlichkeiten im Gefolge. Deshalb gehe man mit Bedacht zu Werke. Erst, nachdem feststeht, daß das Quecksilber das Vakuum aufgefüllt hat, ist man etwas freier in seinen Bewegungen. Das Quecksilber kann sich jetzt nicht mehr auf und ab bewegen, und das Barometer darf nun schräger gelegt werden, bis es eine beinahe waagerechte Lage einnimmt. Diese Lage ist die sicherste für den Transport, wobei das Unterteil des Barometers stets etwas *tiefer* liegen muß als das Oberteil. Ein Kissen oder ein dickes Buch unter dem Oberteil ist genug. Sorgfältig ist zu kontrollieren, daß kein Quecksilber aus dem Behälter entweichen kann! Da diese allgemeinen Regeln nicht für jeden Barometertyp gültig sind, weil die Quecksilberbehälter voneinander abweichen können, sei auf die ins einzelne gehenden Anweisungen für den Transport von Barometern in Teil III, S. 228ff., verwiesen.

Das Aufhängen

Ist das Barometer heil im Hause eingetroffen, muß der Platz, an dem es hängen soll, ausgesucht werden. Im Prinzip kann das überall sein. Es wird hin und wieder behauptet, ein Barometer funktioniere nur auf dem Korridor gut. Das ist Unsinn. Der Luftdruck ist in Zimmern oder auf dem Korridor gleich. Man kann es also ruhig dort aufhängen, wo man es gerne haben möchte, sofern es nur in gehöriger Entfernung von einem Heizkörper oder dem offenen Herd ist. Unmittelbare Hitzeeinwirkung sowie starke Sonne lassen das Gehäuse schrumpfen und sich verziehen. Dasselbe geschieht bei zu trockenem Heizen. Auch bei Feuchtigkeit und Zugluft fühlt sich ein Barometer nicht wohl. Trotz dieser Einschränkungen wird es nicht schwer fallen, einen Aufhängeort für die Neuerwerbung zu finden. Ein Barometer ist im jedem Falle von bescheidenen Ausmaßen, und es ist mir noch niemals passiert, daß ein Kunde ein Barometer zurückgebracht hat, weil er nicht wußte, wohin damit!

Die Pflege

Ein Barometer benötigt wenig Pflege. Man kann, falls der Lieferant bzw. der Antiquitätenhändler nichts anderes empfiehlt, das Holz des Gehäuses ab und zu vorsichtig einwachsen und dann mit einem weichen Tuch polieren. Ist das Gehäuse schon auf Hochglanz poliert, dann ist in jedem Fall ein sauberer, weicher Lappen ausreichend. Niemals darf man an die versilberten Platten rühren, denn das Silber ist nur sehr dünn aufgetragen und im Handumdrehen »abgeputzt«. Man unterlasse hier Experimente, wenn etwas nicht in Ordnung ist. Mancher Optiker wird gern fällige Reinigungs- oder Restaurierungsarbeiten durchführen. Vor allem auf dem Gebiet der Glasbläsertechnik wissen viele Optiker Bescheid.

Eine andere Frage ist die Versicherung eines kostbaren Instrumentes. Brand oder Einbruch können jeden heimsuchen. Nach Anschaffung von etwas Kostbarem wie einem Barometer empfiehlt es sich, sorgfältig nachzuprüfen, ob die Versicherung noch ausreicht. Damit zögere man nicht, sondern setze sich sofort mit seinem Versicherungsagenten in Verbindung.

Sind mehrere antike Stücke im Haus, dann ist es ratsam, sie taxieren zu lassen. Das kostet meist weniger, als man denkt. Ein solches Taxierungsgutachten gilt für 2½ Jahre und muß von einem *vereidigten Taxator* erstellt werden, denn nur ein *vereidigter Taxator* kann ein rechtsgültiges Gutachten abgeben. Bezeichnungen wie »Sachverständiger« oder »Taxator« sind – zumindest in den Niederlanden – gesetzlich nicht geschützt. Jedermann kann sich als solcher ausgeben. Dagegen ist der Zusatz »vereidigt« gesetzlich geschützt, und das Gutachten eines vereidigten Taxators bewahrt den Versicherten vor nachträglichen Unannehmlichkeiten. Vereidigte Taxatoren findet man im Branchenverzeichnis. Die Tarife sind nicht einheitlich, man erkundige sich vorher danach. Ein Tarif in Höhe bis zu einem halben Prozent des taxierten Wertes ist als vernünftig zu bezeichnen. Bei Taxierungen geringer Werte ist ein fester Betrag in Minimalhöhe üblich.

Das Ablesen

Beim Ablesen darf leicht auf das Barometer geklopft werden. Vor allem bei Banjos ist das nützlich. Man sieht dann zuweilen, wie der Zeiger ein Stückchen weiterrückt. Diese »Trägheit« ist völlig normal und nützlich dazu. An der Richtung, in die sich der Zeiger dabei bewegt, ist zu sehen, ob man sich in einem Gebiet fallenden oder steigenden Luftdruckes befindet. Auch Stockbarometer können leichtes Klopfen vertragen. Der Flüssigkeitsspiegel (meniscus) erhält dadurch – sofern die Röhre sauber ist – seine richtige Wölbung. Die Skalaeinteilung antiker Barometer weicht, wie bereits früher ausgeführt wurde, von der heutzutage gebräuchlichen Millibarskala ab. Oft werden es inches (englische Zoll) sein, aber französische Zoll kommen auch vor (Frankreich, Deutschland) sowie rheinische Zoll. Auf niederländischen »Bakbarometern« findet man auch noch die 36er-Skala (vgl. S. 69), und Barometer jüngeren Datums weisen meist auch Millimetereinteilungen auf. Wie diese auf älteren Instrumenten vorkommenden Werte auf einfache Weise in die der Millibarskala umgerechnet werden können, zeigt die vollständige Vergleichsskala auf der letzten Seite dieses Buches. Sie läßt das Verhältnis der verschiedenen Skalen zueinander erkennen. Die Umrechnungsfaktoren findet man in Teil III, S. 192. Auch unterschiedliche Thermometerskalen gibt es. Für diese ist gleichfalls eine Vergleichsskala am Schluß eingefügt. Die Umrechnungsformeln stehen in Teil III auf S. 202.

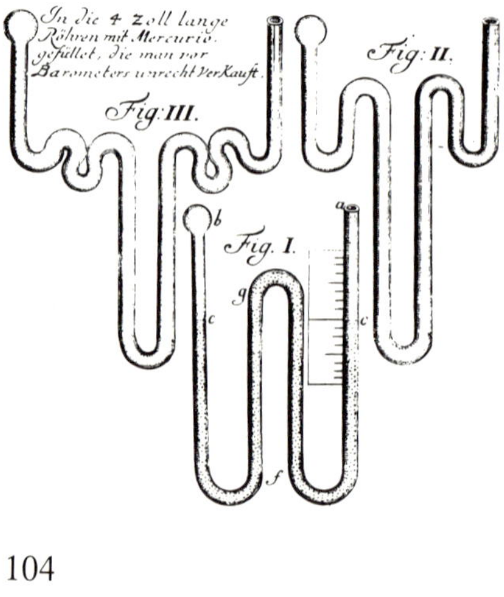

103 Fälscher und Pfuscher gab es schon in früheren Jahrhunderten. Hier wird in einem deutschen Buch aus der zweiten Hälfte des 18. Jahrhunderts vor »Barometerbetrug« gewarnt. Kleine Glasröhren, »gelehrt« aussehend und mit Quecksilber gefüllt, doch nur 10 cm lang. Diese nutzlosen Dinger wurden als »Barometer« angeboten.

Fälschungen

Fälschungen und Pfuscharbeiten hat es zu allen Zeiten gegeben, vor allem aber erscheinen in den letzten Jahren, in denen das Barometer immer beliebter geworden ist, neue Quecksilberbarometer in antikem Stil mit einem Anstrich auf »alt« versehen auf dem Markt. Vor allem aus England kommen derartige Erzeugnisse. Die neuen Exemplare, oft hervorragend unter Verwendung alter Hölzer nachgemachte Stock- und Banjobarometer, werden einem künstlichen Verschleiß ausgesetzt. Das Holz erhält einen »Patinabelag« aus braunem Lack und Bohnerwachs. Nichtssagenden Skalaplatten wird ein Herstellername eingraviert. Das Messingwerk bekommt ein Säurebad, und verdächtige Stellen werden mit einer dicken Schicht Beize, Fett, Öl oder Farbe bedeckt. Weitere wichtige Erkennungsmerkmale bringt Teil II S. 184ff., wo einige gefälschte Barometer anhand von Photos ausführlich besprochen werden. Solche Stücke sind bereits auf dem Kontinent als echt verkauft worden. Nach und nach werden diese in England hergestellten Kopien an Orten, wo ausländische Antiquitätenhändler ihre Einkäufe zu machen pflegen, eingeschleust. Oft ohne von ihrem Fehleinkauf etwas zu wissen, verkaufen diese Händler das erworbene Stück weiter, bis es schließlich in die Hände eines ahnungslosen Privatmannes gelangt. Bei einem gediegenen Antiquitätenhändler wird man glücklicherweise solchem Betrug nicht begegnen.

2

Photos

Der Phototeil zeigt eine Serie von Instrumenten, und zwar in derselben Reihenfolge, wie sie in Teil I besprochen wurden.

Darunter sind nicht nur rund 125 Barometer, sondern auch viele Detailphotographien sowie einige Thermometer. Auch der Versuch von Torricelli fehlt nicht, ebensowenig das heutige Standardbarometer des Königlich Niederländischen Meteorologischen Instituts. Den Phototeil beschließt die Abbildung eines Glasbläsers bei der Arbeit, außerdem werden Beispiele von Restaurierungen und Fälschungen gezeigt.

Der Schwerpunkt der Photoserie liegt bei den englischen Barometern, doch finden auch die Niederlande, Frankreich und Deutschland Erwähnung. Sucht man einen bestimmten Barometertyp aus einem bestimmten Land, dann schlage man im Photo-Index auf S. 189 nach. Zum Schluß einige Bemerkungen über die Bildunterschriften.

Namen

Wie schon mehrfach erwähnt, besagt ein auf dem Barometer vorkommender Name noch lange nicht, daß er mit dem des Herstellers identisch ist. Steht beim Namen kein »Fecit« (lateinisch: »hat gemacht«) oder »door. . .« oder »par. . .« oder etwas anderes, woraus hervorgeht, daß es sich um den Hersteller handelt, dann ist die Rolle des Namens unklar und es heißt dann der Sicherheit halber in der Beschreibung: Signatur ». . .«.

Maße

Nur in bestimmten Fällen wird man Maßangaben der abgebildeten Instrumente finden. Normalerweise ist die Länge von Stock- oder Banjobarometern 95 cm bis zu 1 m. Ein »normales« Banjo ist in der Regel 25 cm breit. Nur wenn ein Barometer beträchtlich länger, kürzer, breiter oder schmaler ist, sind die Maße angegeben.

Teil II, Kapitel 1
Siehe im übrigen Teil I, S. 10ff. (Entwicklung) und Teil III, S. 191ff. (Technik).

104 Torricellis Experiment, dargestellt als Diorama im Science Museum in London. In der Mitte, mit ausgestrecktem Arm, Torricelli. Wie man sieht, steht das Quecksilber in allen Röhren auf gleicher Höhe, obgleich die Röhren verschieden lang sind.
Photo: Science Museum, London.

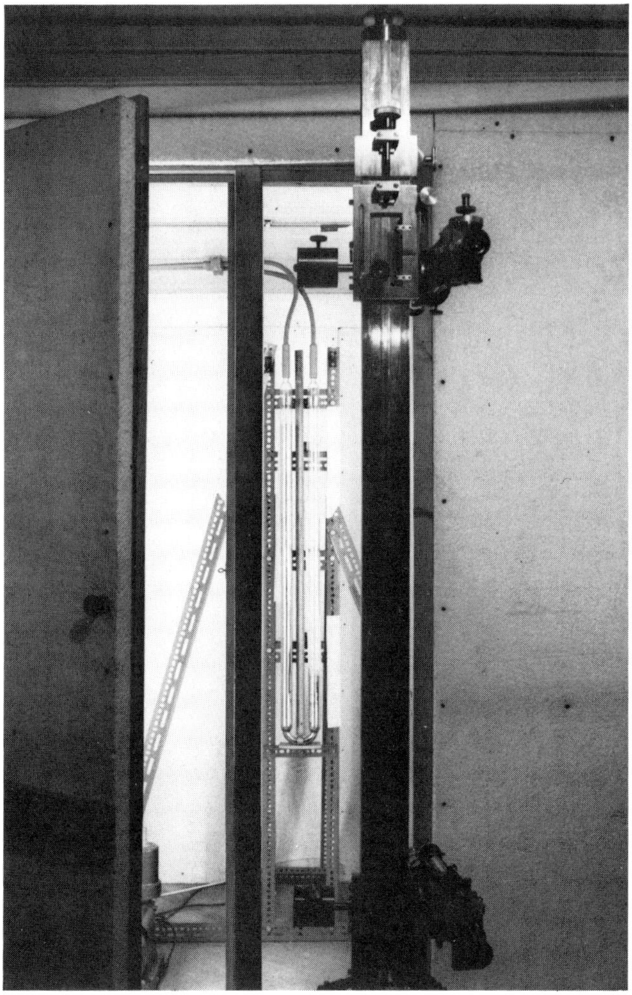

105 Standardbarometer des Königlich Niederländischen Meteorologischen Instituts.
In einem isolierten Kellerraum, abgeschirmt gegen Temperaturschwankungen, ist dieses Standardbarometer des Königlich Niederländischen Meteorologischen Instituts aufgestellt.
Auf einem Gestell befinden sich zwei Glasröhren, die untereinander verbunden sind und den gleichen Durchmesser haben. Die auf diese Weise erzielte U-förmige Röhre ist mit Quecksilber gefüllt. Der große Durchmesser (40 mm) ist gewählt worden, um die Kapillardepression auf ein Mindestmaß zu beschränken (s. S. 196). Wenn abgelesen werden muß, wird in der linken Röhre mit Hilfe einer Pumpe ein Vakuum erzeugt. Die rechte Röhre steht in Verbindung mit der Luft der Umgebung. Der herrschende Luftdruck drückt das Quecksilber in der linken Röhre nach oben und sorgt für einen Gleichgewichtszustand, das Vakuum anhält.
Um den Luftdruck ablesen zu können, muß der Abstand zwischen dem Quecksilberniveau in der linken und dem in der rechten Röhre gemessen werden. Das geschieht mit Hilfe eines genauen Meßinstrumentes, das speziell für diese Messungen entworfen wurde: dem Kathetometer, *das in kurzem Abstand vom Standardbarometer aufgestellt ist.*

Teil II, Kapitel 2
Siehe ferner Teil I, S. 18ff. (Entwicklung) und Teil III, S. 201ff. (Technik).

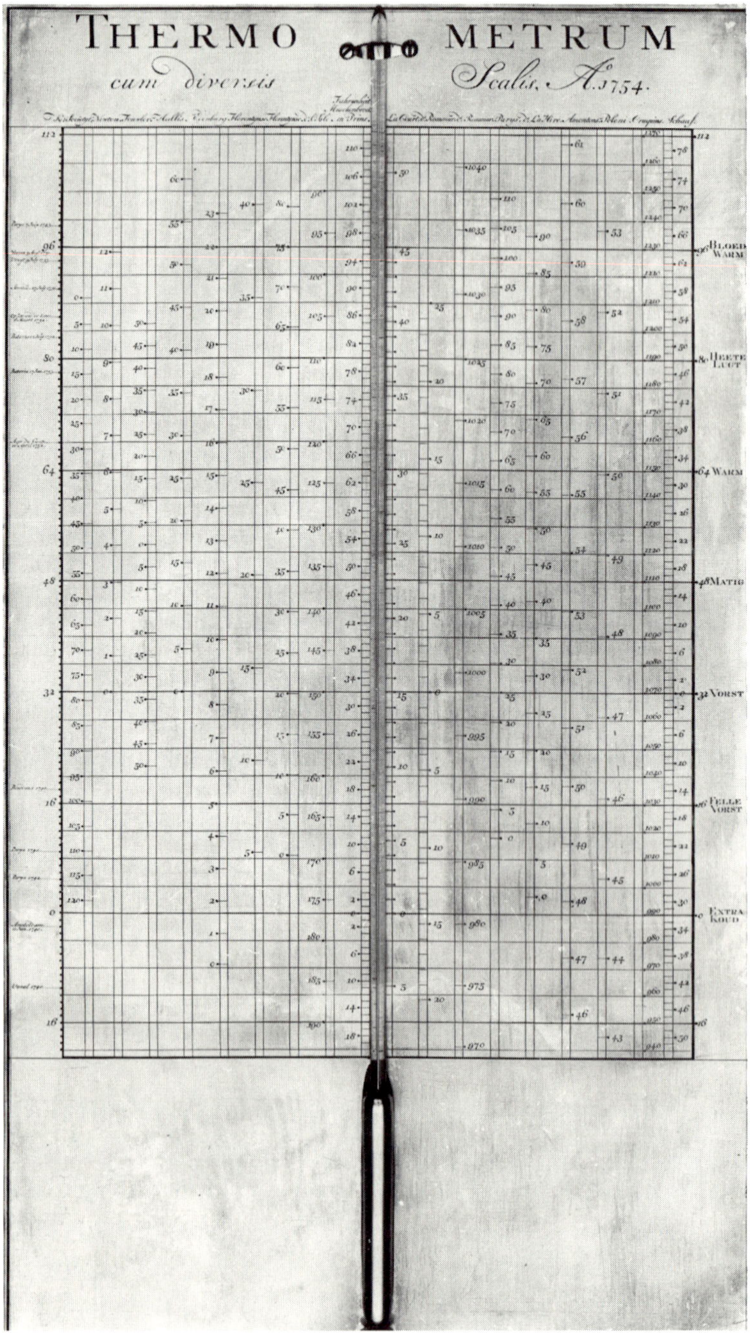

106

Bilderläuterungen zu den Abb. 106, 107 und 108 auf Seite 112.

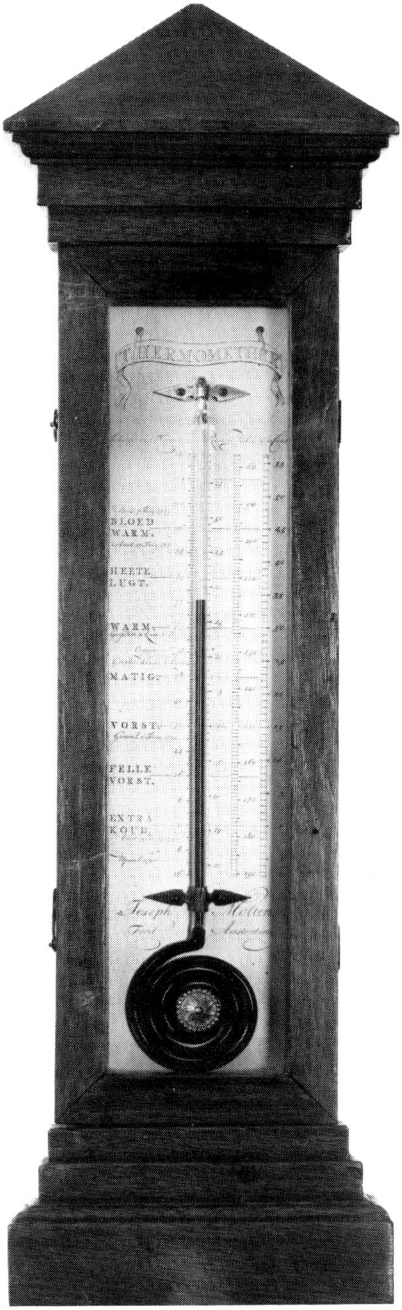

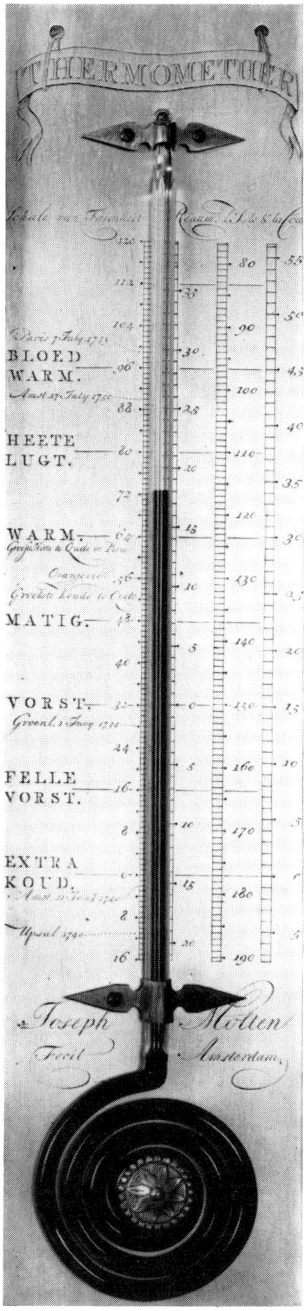

107

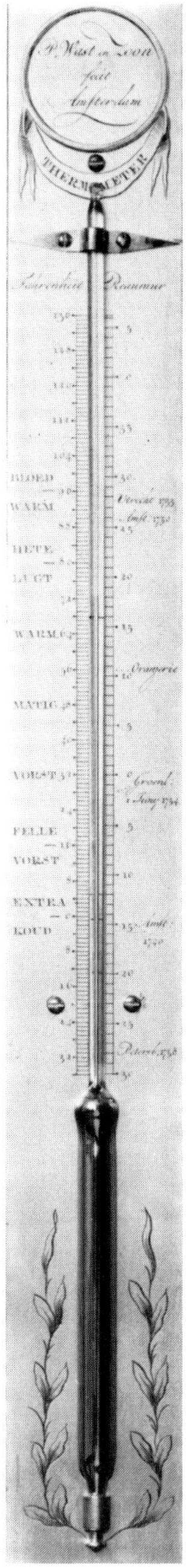

108

106 Niederländisches Thermometer mit 18 verschiedenen Skalen, mit dem Datum 1754 versehen. Keine Signatur (möglicherweise von Butti oder Molten, Amsterdam).
In Mahagonirahmen gefaßt.
Skalaplatte aus versilbertem Messing, Maße: 29^6 52 cm.
Gravierung: »Thermometrum cum diversis scalis Ao. 1754«.
In der Mitte ein Quecksilberthermometer. Zu beiden Seiten davon 9 verschiedene Thermometerskalen. Links, von links nach rechts: »K. Societyt«, »Newton«, »Fouwler«, »Hallis«, »Edinburg«, »Florentynse«, »Florentynse«, »dl'Isle«, »Fahrenheit, Musschenbroek, Prins«. Rechts, von links nach rechts: »La Court«, »de Reaumur«, »de Reaumur», »Parijs«, »de la Hire«, »Amontons«, »Poleni«, »Cruquius«, »Schaaf«. Ganz links sind extreme Temperaturen vermerkt mit dem Orten und Jahreszahlen, ganz rechts die auf niederländischen Thermometerskalen häufig angewandten Ausdrücke wie »Bloedwarm« (blutwarm), »Extra koud« (besonders kalt) usw.
Sammlung: Universitätsmuseum, Trans 8, Utrecht. (Ein Besuch ist immer lohnend!)
Photo: J. Stolp.

107 Niederländisches Thermometer mit 4 verschiedenen Skalen, etwa 1760 bis 1780.
»Joseph Molten fecit Amsterdam«. (Geboren in Bern um 1746 und seit 1767 in Amsterdam verheiratet).
Gehäuse: massiv Eiche, schwere und straffe Bauart, Tür vor der Skalaplatte; Maße: 68 cm hoch, 20 cm breit.
Skalaplatte: versilbertes Messing: Maße 40 cm hoch, 9½ cm breit.
Gravierung: »Thermometer«. In der Mitte ein Alkoholthermometer (ursprünglich so gut wie sicher ein Quecksilberthermometer). Unmittelbar links von der Röhre »Schale van Fahrenheit« (Skala von Fahrenheit) und rechts, von links nach rechts: » Reaum, l'Isle & la Court.« Eine Analyse dieses Thermometers findet man auf S. 201. Ganz links stehen die extremen Temperaturen mit Orten und Jahreszahlen sowie die bereits bekannten Ausdrücke »Bloed Warm« und »Extra Koud«.
Sammlung: Bert Bolle.
Photo: J. J. Kok.

108 Beispiel eines Thermometers, angebracht auf einem niederländischen »Bakbarometer« von P. Wast & Zoon, Amsterdam, (s. Seite 114) Skalaplatte aus versilbertem Messing. Links die Fahrenheit- und rechts die Réaumurskala. Links stehen die Temperaturbezeichnungen, rechts die extremen Temperaturen mit Orten und Jahreszahlen.
Sammlung: Bert Bolle.
Photo: J. J. Kok.

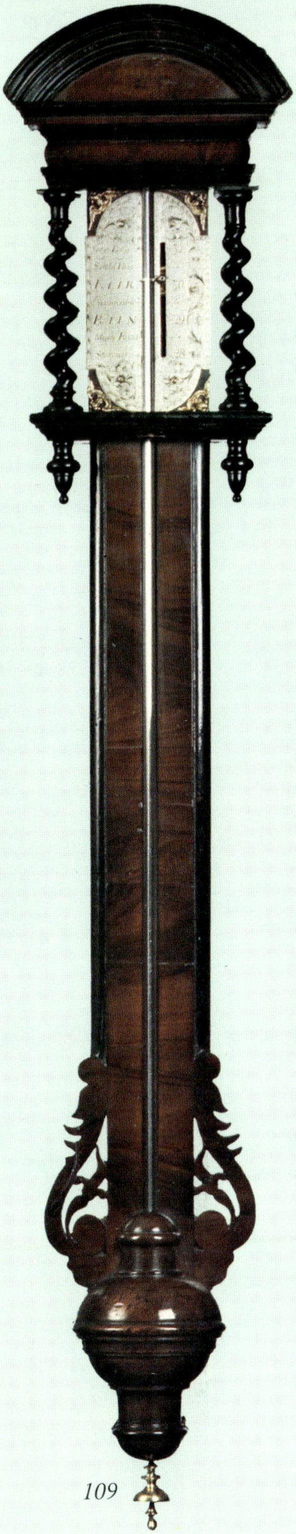

109

109 Englisches Stockbarometer. Queen-Anne-Periode (1702–1714). Keine Signatur.
Gehäuse: Eiche, mit Nußbaum furniert. Profilierte, abgerundete Haube. Gewundene Säulen neben der Skalaplatte. Unten Verbreiterung mit durchbrochenem Schnitzwerk. Behälterkappe aus gedrechseltem Nußbaum.
Skalaplatte: versilbertes Messing, aus zwei Teilen bestehend, mit Cherubinen (Lichtengeln) in den Ecken. Skalaeinteilung rechts, Wetterangaben links.
Graviert mit Blumenstengeln und Randverzierungen.
Tendenzzeiger auf der Skalaplatte montiert.
Behälter: Holz mit Lederboden und Regulierschraube (nicht mehr original).
Sammlung: Bert Bolle.
Photo: J.J. Kok.

110

110 Englisches Stockbarometer, um 1810 bis 1825.
Signatur: »Yeates, Penrith«. Aufschrift: »The great Barometer«.
Gehäuse: mit Mahagoni furniert, Einlegearbeit aus Ebenholz und Ahorn.
Tympanonförmiges Häubchen und herausnehmbare Tür.
Skalablatt: bedrucktes Papier.
Tendenzzeiger, der mittels Holzknopf mit hölzerner Zahnradübertragung bedient wird.
Glasbehälter.
Sammlung: Langeveld.
Photo: J.J. Kok.

111

111 Niederländisches »Bakbarometer« mit einfacher Röhre.
Datiert: 1759.
»C. Ruspinus, Amsterdam« (geb. 1722 in Rotterdam; seit 1746 verheiratet, wohnhaft in Amsterdam; gest. 1773).
Gehäuse: Louis-quinze; furniert mit Nußbaumwurzel.
Skalaplatten: ungeschützt; Maße: 122 cm hoch, 15 cm breit.
Material der Platten: versilbertes Messing; einige durchbrochene Arbeit (Ajourarbeit).
Barometereinteilung: englische und rheinische Zoll.
Tendenzzeiger auf der Platte montiert.
Thermometereinteilung: Quecksilberthermometer mit Réaumur- und Fahrenheitskalen.
Privatsammlung.
Photo: J. Verhoeff.

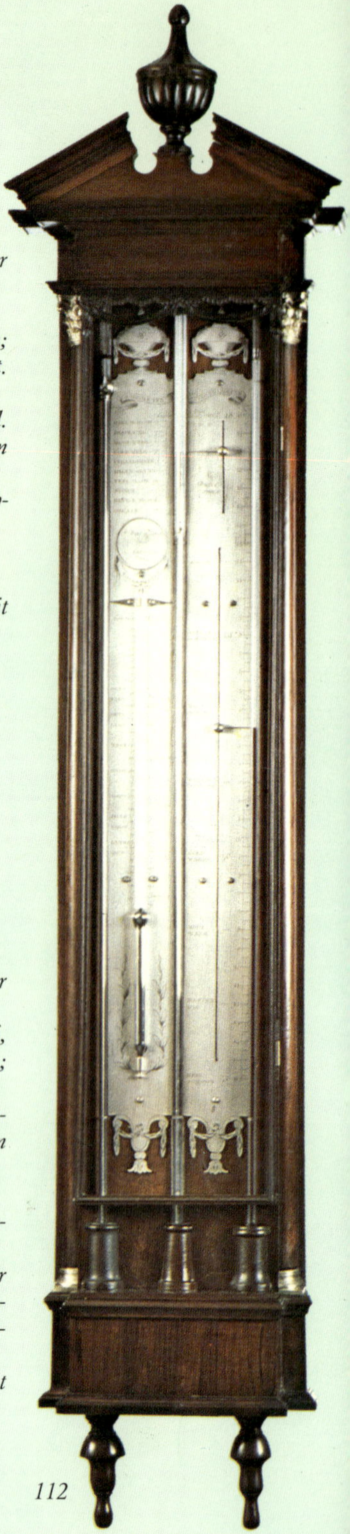

112

112 Niederländisches »Bakbarometer« mit einfacher Röhre und Kontraröhre, etwa 1770–80.
»P. Wast en Zoon fecit Amsterdam« (Paulus Guasti, geb. 1721 in Bern; seit 1744 verheiratet in Amsterdam; gest. 1784).
Gehäuse: Louis-seize; mit Nußbaum furniert; Skalaplatten durch Tür geschützt. (Einzelne Nachlässigkeiten einer früheren Restaurierung).
Material der Platten: versilbertes Messing.
Gravierung: »Barometer, Thermometer und Contraroleur«.
Barometereinteilung: einfache Röhre (Mitte) mit »36er Skala« und englischen und rheinischen Zoll; Kontraröhre mit 36er Skala (s. S. 69) und inches; beide Röhrensysteme mit Tendenzzeiger, auf Platte montiert.
Thermometereinteilung: Quecksilberthermometer mit Fahrenheit- und Réaumurskalen.
Sammlung: Bert Bolle.
Photo: J.J. Kok.

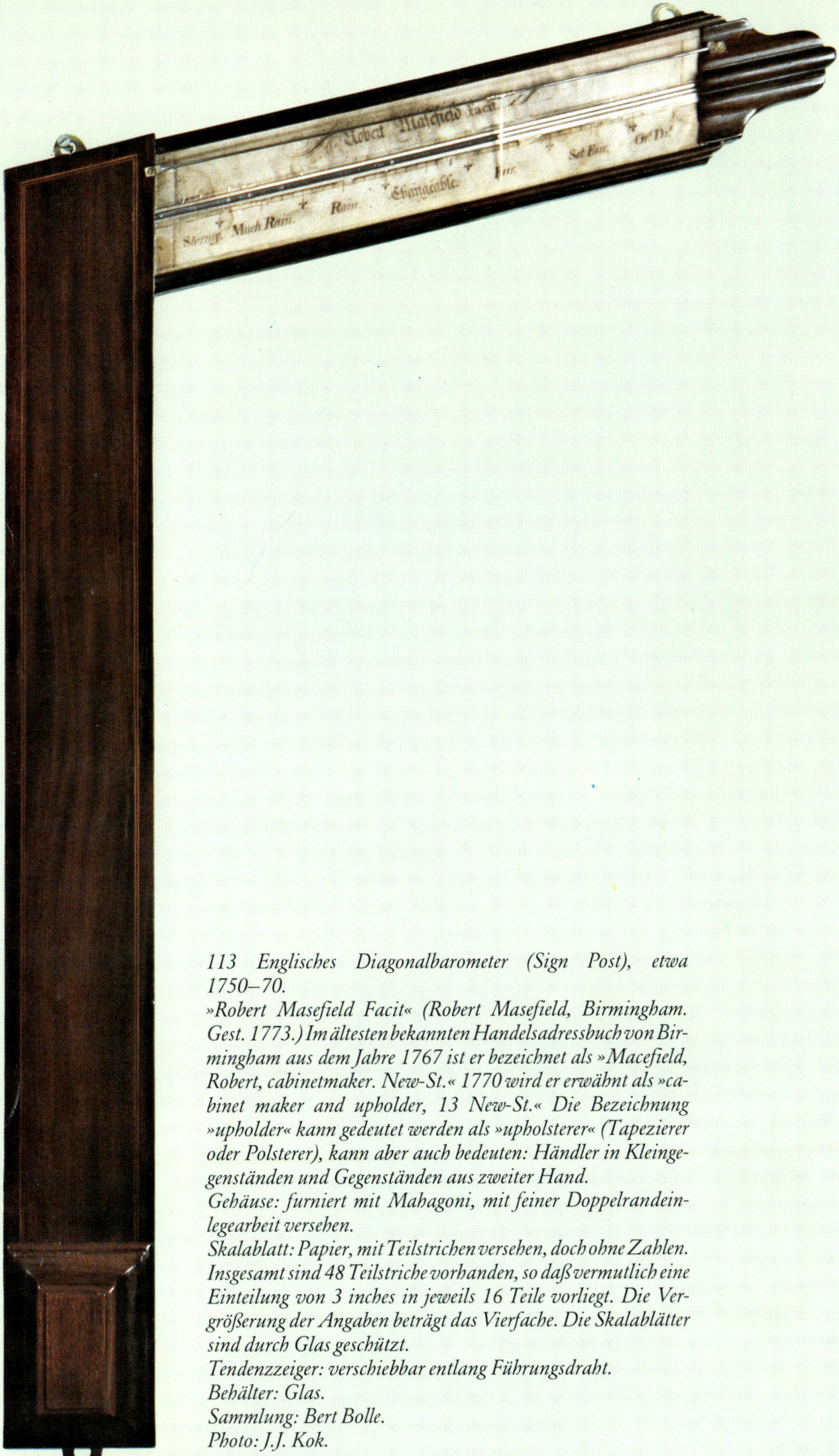

113

113 Englisches Diagonalbarometer (Sign Post), etwa 1750–70.
»Robert Masefield Facit« (Robert Masefield, Birmingham. Gest. 1773.) Im ältesten bekannten Handelsadressbuch von Birmingham aus dem Jahre 1767 ist er bezeichnet als »Macefield, Robert, cabinetmaker. New-St.« 1770 wird er erwähnt als »cabinet maker and upholder, 13 New-St.« Die Bezeichnung »upholder« kann gedeutet werden als »upholsterer« (Tapezierer oder Polsterer), kann aber auch bedeuten: Händler in Kleingegenständen und Gegenständen aus zweiter Hand.
Gehäuse: furniert mit Mahagoni, mit feiner Doppelrandeinlegearbeit versehen.
Skalablatt: Papier, mit Teilstrichen versehen, doch ohne Zahlen. Insgesamt sind 48 Teilstriche vorhanden, so daß vermutlich eine Einteilung von 3 inches in jeweils 16 Teile vorliegt. Die Vergrößerung der Angaben beträgt das Vierfache. Die Skalablätter sind durch Glas geschützt.
Tendenzzeiger: verschiebbar entlang Führungsdraht.
Behälter: Glas.
Sammlung: Bert Bolle.
Photo: J.J. Kok.

114 Englisches Banjobarometer, um 1800–15.
Signatur: »Jn° Corti, London«. (Vermutlich tätig auf 94, Holborn Hill, Anfang des 19. Jahrhunderts in Zusammenarbeit mit Donegan & Co. und F. Saltery & Co.).
Gehäuse: furniert mit Mahagoni, oben und im Unterteil sowie beiderseits des Thermometers Einlegearbeit. Feiner schräggemusterter Einlegerand. Rundes Ober- und Unterteil.
Material der Platten: versilbertes Messing.
Zeigerplatte: 8 inches; flaches Glas; schwerer Rand.
Zubehör: fest angebrachtes Alkoholthermometer mit Fahrenheitskala, Tendenzzeiger, unmittelbare Bedienung mittels Knopf auf Zeigerplattenglas.
Privatsammlung.
Photo: J.J. Kok.

115 Englisches Banjobarometer, um 1840–60.
Signatur: »P. Bianchi, Lane End.« (London).
Gehäuse: furniert mit Palisander, Einlegearbeit aus Perlmutter, Zweig- und Vogelmotive. Schwanenhalshaube mit Vasenknopf aus Messing.
Zeigerplatte: 8 inches, gewölbtes Glas.
Zubehör: abnehmbares Hygrometer; abnehmbares Quecksilberthermometer mit Fahrenheitskala; Tendenzzeiger wird mit abnehmbarem Knopf über ein Saitensystem bedient; rechteckige Wasserwaage.
Privatsammlung.
Photo: J.J. Kok.

114

115

Siehe ferner Teil I, S. 29ff. (Entwicklung) und Teil III, S. 206ff. (Technik).

116 Englisches Säulenbarometer, Anfang 18. Jahrhundert. »Invented and made by Dan'. Quare, London«. (Daniel Quare, 1649–1724, sehr bekannter Hersteller).
Gehäuse: massiv Nußbaum. Zusammenklappbare Bronzefüße, so daß das Barometer aufgehängt und auch transportiert werden kann.
Skalaplatte: versilbertes Messing, aus zwei Teilen bestehend, geschützt durch Glas; schräg gravierte Wetterbezeichnungen. Zwei Tendenzzeiger, auf beide Skalahälften montiert.
Behälter: Palmenholz mit Lederboden und Stellschrauben, um das Barometer transportfähig zu machen (eine Erfindung Quares, patentiert im Jahre 1695). Zugleich ist in der Röhre, dicht unter dem Skalaplattenteil, eine Verengung angebracht, um dem »Pumpen« des Quecksilbers während des Transportes zu begegnen.
Sammlung und Photo: Science Museum, London.
British Crown Copyright.

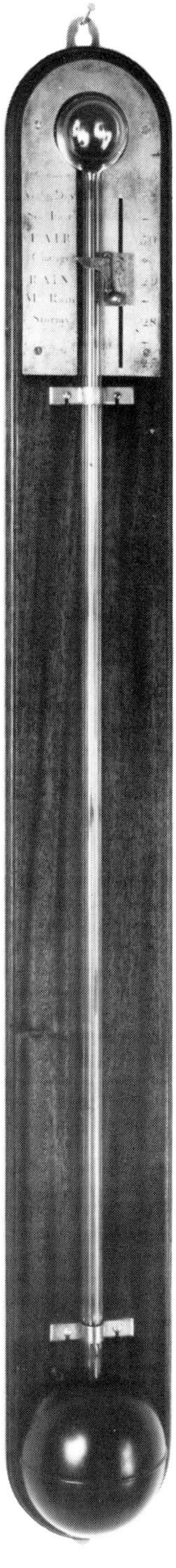

117 Englisches Stockbarometer, um 1770.
Signatur: »J. Ramsden, London.« (Jesse Ramsden, 1731 bis 1800).
Gehäuse: massiv Mahagoni; abgerundetes Ober- und Unterteil.
Skalaplatte: versilbertes Messing.
Nonius auf die Skalaplatte montiert.
Behälter: offenes Gefäß mit Elfenbeinanzeiger, um die Nullpunktverschiebung im Quecksilberbehälter korrigieren zu können. Außerdem ist das obere Ende der Röhre zu einer Kugel ausgeblasen, um Abweichungen in den Anzeigen, die durch evtl. in das Vakuum eingedrungene Luft erzeugt werden können, auf ein Mindestmaß zu beschränken. Ramsden ist durch seine fortschrittlichen Ideen zur Erzielung größerer Ablesegenauigkeit bekannt geworden.
Sammlung: Royal Society, London, Leihgabe an das Science Museum, London.
Photo: Science Museum, London.
British Crown Copyright.

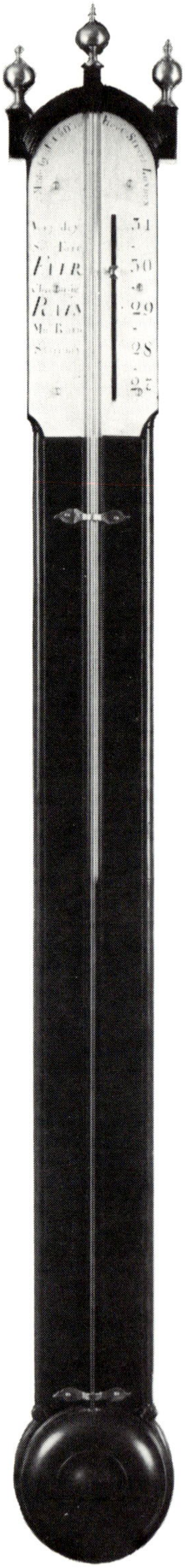

118 Englisches Stockbarometer, um 1750–70.
»Made by J. Cuff in Fleet Street, London.« (John Cuff, 1708–1772).
Gehäuse: furniert mit Mahagoni, rundes Oberteil, verziert mit drei Messingkugeln.
Skalaplatte: versilbertes Messing.
Tendenzzeiger auf Skalaplatte montiert.
Glasbehälter (ursprünglich Holzbehälter mit Regulierschraube).
Privatsammlung.
Photo: J.J. Kok.

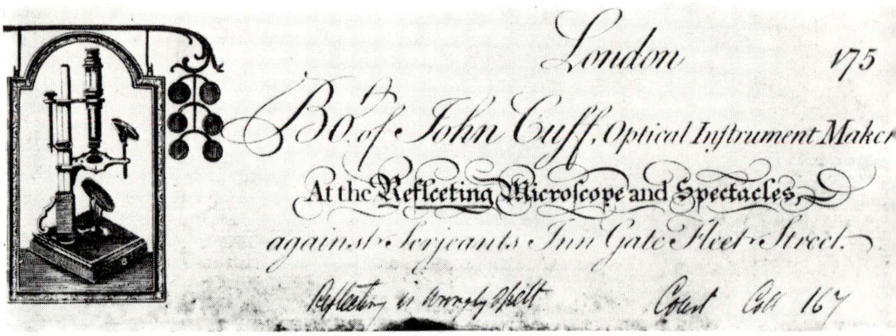

London 175
Bo.t of John Cuff, Optical Instrument Maker
At the Reflceting Microscope and Spectacles,
against Serjeants Inn Gate Fleet Street.

119 Kopf einer Rechnung von John Cuff, etwa 1750–60. Links das Aushängeschild von Cuffs Geschäft »gegenüber Sergeants Inn.« (Das in falscher Buchstabenfolge gedruckte Wort »Reflceting« muß heißen »Reflecting«).

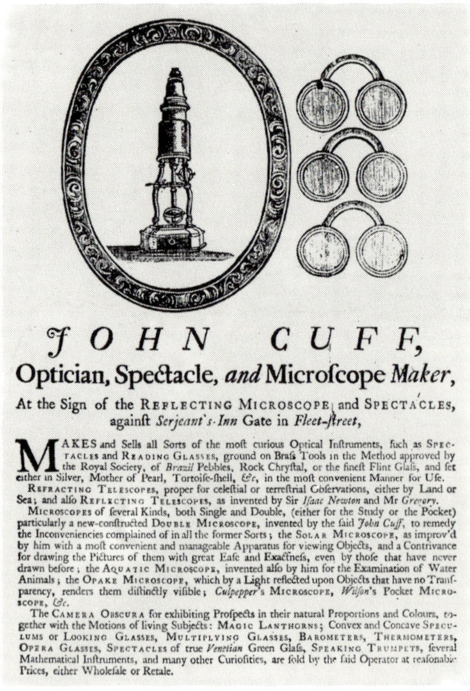

JOHN CUFF,
Optician, Spectacle, *and* Microscope *Maker*,
At the Sign of the REFLECTING MICROSCOPE and SPECTACLES,
against *Serjeant's-Inn* Gate in *Fleet-street*,

MAKES and Sells all Sorts of the most curious Optical Instruments, such as SPECTACLES and READING GLASSES, ground on Brass Tools in the Method approved by the Royal Society, of *Brazil* Pebbles, Rock Chrystal, or the finest Flint Glass, and set either in Silver, Mother of Pearl, Tortoise-shell, *&c*, in the most convenient Manner for Use.

REFRACTING TELESCOPES, proper for celestial or terrestrial Observations, either by Land or Sea; and also REFLECTING TELESCOPES, as invented by Sir *Isaac Newton* and Mr *Gregory*.

MICROSCOPES of several Kinds, both Single and Double, (either for the Study or the Pocket) particularly a new-constructed DOUBLE MICROSCOPE, invented by the said *John Cuff*, to remedy the Inconveniencies complained of in all the former Sorts; the SOLAR MICROSCOPE, as improv'd by him with a most convenient and manageable Apparatus for viewing Objects, and a Contrivance for drawing the Pictures of them with great Ease and Exactness, even by those that have never drawn before; the AQUATIC MICROSCOPE, invented also by him for the Examination of Water Animals; the OPAKE MICROSCOPE, which by a Light reflected upon Objects that have no Transparency, renders them distinctly visible; *Culpepper's* MICROSCOPE, *Wilson's* Pocket MICROSCOPE, *&c.*

The CAMERA OBSCURA for exhibiting Prospects in their natural Proportions and Colours, together with the Motions of living Subjects: MAGIC LANTHORNS; Convex and Concave SPECULUMS or LOOKING GLASSES, MULTIPLYING GLASSES, BAROMETERS, THERMOMETERS, OPERA GLASSES, SPECTACLES of true *Venetian* Green Glass, SPEAKING TRUMPETS, several Mathematical Instruments, and many other Curiosities, are sold by the said Operator at reasonable Prices, either Wholesale or Retale.

120 Anzeige von John Cuff, um 1750. Wie man sieht, hatte sich Cuff auf optische Instrumente spezialisiert.

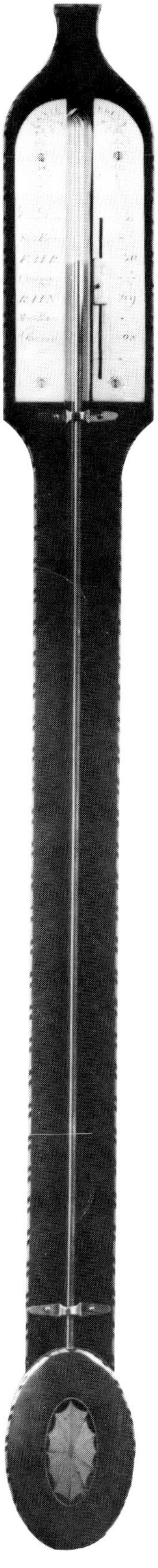

121 Englisches Stockbarometer, um 1800.
»Knie, Edin«, mit Blumendekoration (Balthasar Knie, etwa von 1743 bis 1817).
Gehäuse: furniert mit Mahagoni, Fischgrätenfurnier entlang der Röhre; abweichendes Oberteil, typisch für Barometer von Knie.
Senkrecht ovale Behälterkappe mit Intarsien; versehen mit feinem, schräggemustertem Schmuckstreifen.
Skalaplatte: zweiteilig, versilbertes Messing, Nonius.
Glasbehälter, ursprüngliche Röhre und »Concertina-Behälter« (das ist ein hölzerner Behälter, der aus zwei Hälften mit gefalteter Lederverbindung besteht) mit Regulierschraube, die hier nicht mehr vorhanden ist.
Privatsammlung.
Photo: J.J. Kok.

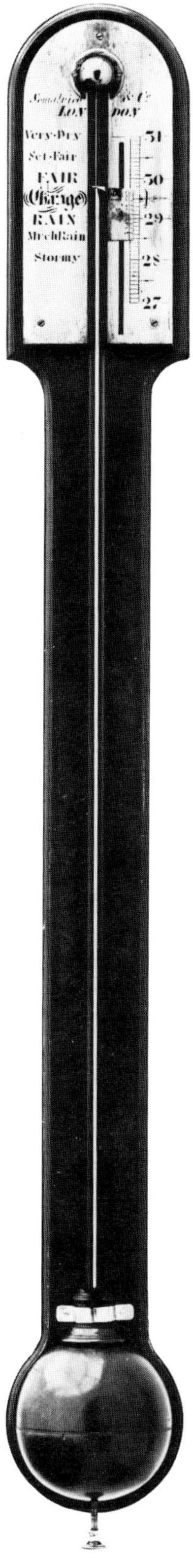

122 Englisches Stockbarometer, um 1800.
Signatur: »Somalvico & Co. London«.
Gehäuse: Mahagoni, teilweise massiv und furniert; abgerundetes Oberteil.
Skalaplatte: versilbertes Messing; Nonius.
Behälter aus Holz mit Lederboden und Stellschraube mit festem Messingknopf.
Privatsammlung.
Photo: Bert Bolle.

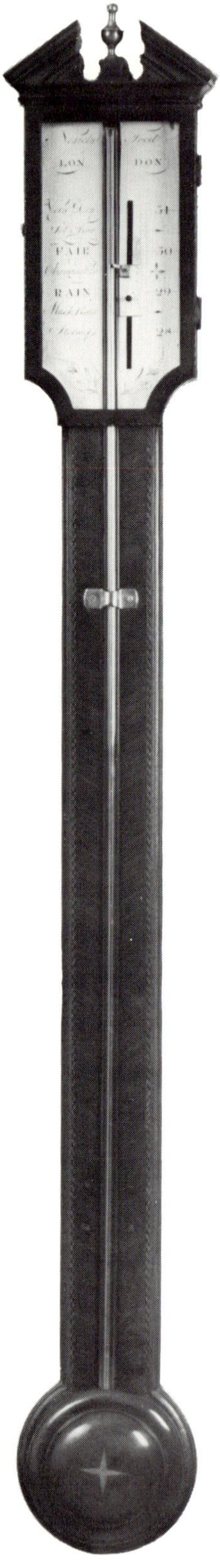

123 Englisches Stockbarometer, um 1800–1825.
»Negrety Fecit, London.«
Gehäuse: Mahagoni, teilweise massiv und furniert. Fischgrätenfurnier entlang der Röhre, umrahmt von schräggemusterter Schmuckleiste; tympanonförmige Haube mit Vasenknopf; Tür vor der Skalaplatte.
Skalaplatte: versilbertes Messing. Unten sind zwei kleine Zweige eingraviert (s. Abb. daneben). Nonius.
Glasbehälter. Behälterkappe möglicherweise schon im 19. Jahrhundert ersetzt.
Privatsammlung.
Photo: J.J. Kok.

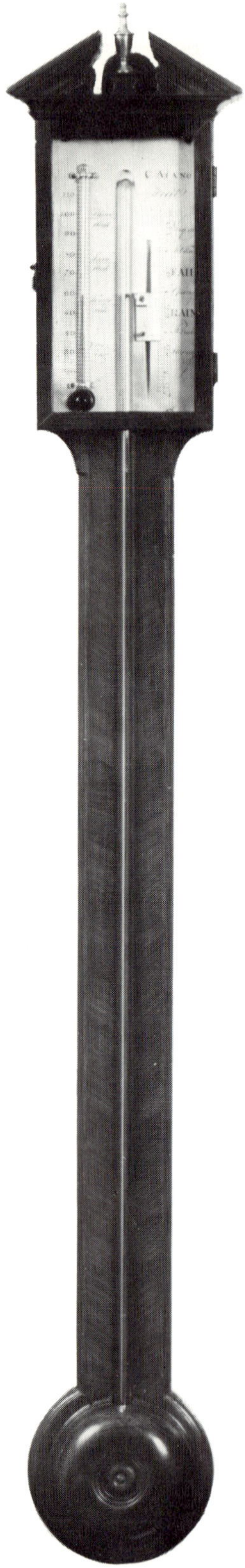

124 Englisches Stockbarometer, um 1830–1840.
»C. Aiano Fecit« (Charles Aiano, Canterbury).
Gehäuse: Mahagoni, teilweise massiv und furniert, entlang der Röhre Fischgrätenfurnier. Tympanonförmige Haube mit Vasenknopf, Tür vor der Skalaplatte.
Skalaplatte: versilbertes Messing.
Zubehör: Alkoholthermometer mit Fahrenheitskala und Nonius.
Glasbehälter.
Privatsammlung.
Photo: J.J. Kok.

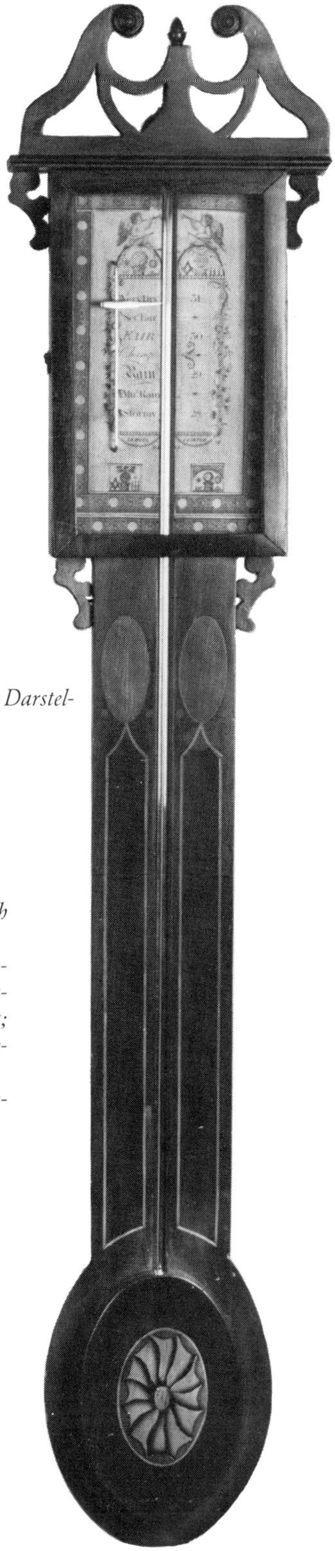

125 Englisches Stockbarometer, um 1840–1860.
»John Illingworth Fecit Halifax«.
Gehäuse: massiv Eiche mit etwas Mahagoni.
Skalablatt: bedrucktes Papier; mit unter anderem vier Darstellungen.
Kein Tendenzzeiger.
Glasbehälter.
Privatsammlung.
Photo: J.J. Kok.

126 Englisches Stockbarometer, etwa 1840–1860.
Signatur: »Samuel Lainton, Halifax«. (Bekannt durch seine Diagonalbarometer).
Gehäuse: furniert mit Mahagoni, versehen mit Einlegearbeiten zu beiden Seiten der Röhre und auf der ovalen Behälterkappe; Kappe mit durchbrochener Arbeit; abgerundetes Unterteil; Skalatabelle durch Tür geschützt.
Skalablatt: bedrucktes Papier mit einigen Darstellungen.
Tendenzzeiger: einfacher Schieber.
Glasbehälter.
Privatsammlung.
Photo: J.J. Kok.

127 Englisches Stockbarometer (sog. Nadelstock), um 1850–1860.
Signatur: »Marratt, London« (John Marratt, 63 King William Street, London).
Gehäuse: massiv Mahagoni, abgerundeter Kopf.
Skalaplatte: Elfenbein.
Zubehör: Quecksilberthermometer mit Fahrenheitskala, Nonius.
Originalbehälter aus Holz mit Lederboden und Stellschraube mit festem Messingknopf.
Der Innendurchmesser der Röhre ist sehr klein (einige Millimeter).
Sammlung: Van der Kaaij.
Photo: J.J. Kok.

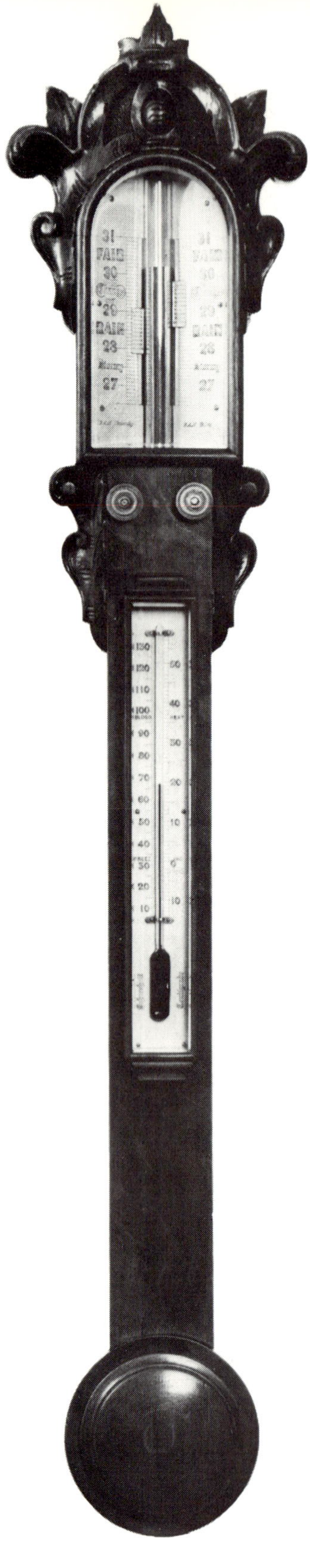

128 Englisches Stockbarometer, drittes Viertel des 19. Jahrhunderts.
Keine Signatur.
Gehäuse: massiv Eiche, gekerbter Kopf.
Skalaplatten aus Elfenbein, schräg eingewinkelte Barometerskalateile.
Zubehör: Alkoholthermometer mit Fahrenheit- und »Centigrade«-(Celsius-)Skala. Zwei Nonien, Bedienung durch zwei abnehmbare Knöpfe vermittels Zahnstangensystemen. Holzbehälter mit Lederboden und Regulierschraube, Bedienung durch einen der Noniusknöpfe.
Röhre mit sehr großem Innendurchmesser (etwa 20 mm).
Sammlung: Van der Kaaij.
Photo: J.J. Kok.

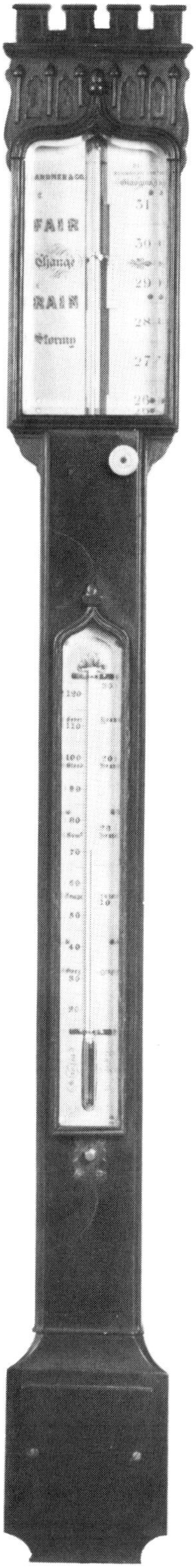

129 Englisches Stockbarometer, um 1850–1860.
Signatur: »Gardner & Co., 21 Buchanon Strt. Glasgow« (M. Gardner).
Gehäuse: Palisander, teilweise furniert und massiv. Mit gotischen Motiven. Skalaplatte durch Glas mit Facettenschliff geschützt.
Skalaplatte: Elfenbein.
Zubehör: abnehmbares Quecksilberthermometer mit Fahrenheit- und Réaumurskala, geschützt durch Glas mit Facettenschliff.
Nonius, Bedienung mit losem Knopf vermittels Zahnstangensystem.
Holzbehälter mit Regulierschraube, Bedienung durch Noniusknopf.
Privatsammlung.
Photo: J.J. Kok.

130 Englisches Stockbarometer, um 1870–1890.
Signatur: »L. Casella, London.« (Louis P. Casella, etwa 1840–1870: 23 Hatton Garden, London; nach etwa 1870: 147, Holborn Bars, London).
Gehäuse: massiv Palisander, abgerundeter Kopf.
Skalaplatte: Elfenbein, zweiteilig.
Zubehör: Alkoholthermometer mit Fahrenheit- und Celsiusskala (Centigrade); Nonius.
Behälter: Holz, Lederboden und Regulierschraube mit festem Knopf.
Sammlung: Bert Bolle.
Photo: J.J. Kok.

131 Englisches Stockbarometer, etwa 1860–1890.
Signatur: »J. Buist, Edinburgh« (James Buist, Kirk o' Fields, Edinburgh; stellte von 1840 bis 1902 Quecksilberbarometer her).
Gehäuse: massiv Mahagoni, abgerundeter Kopf.
Skalaplatte: Elfenbein, zweiteilig.
Zubehör: Quecksilberthermometer mit Fahrenheitskala; Nonius.
Behälter: Holz mit Lederboden und Regulierschraube mit festem Knopf.
Sammlung: Souman.
Photo: J.J. Kok.

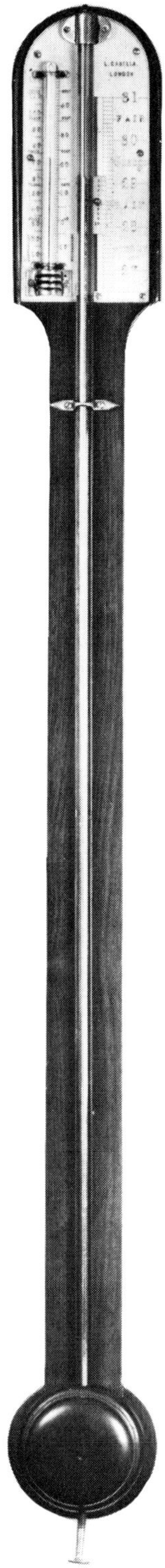

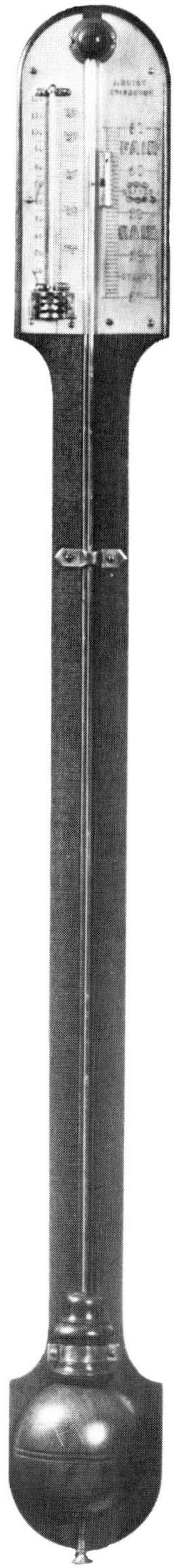

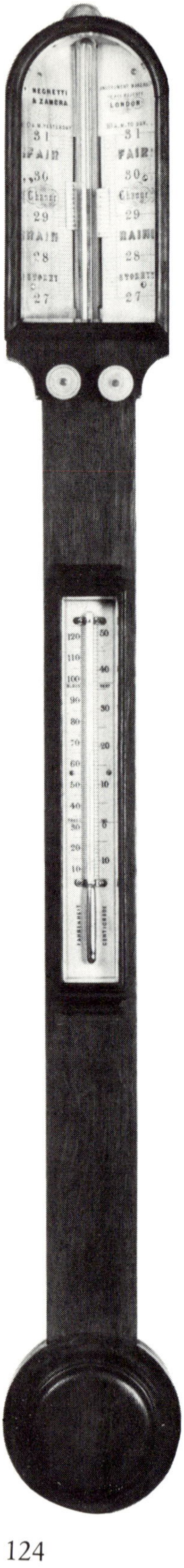

132 Englisches Stockbarometer, zweite Hälfte des 19. Jahrhunderts.
Signatur: »Negretti & Zambra, Instrument Makers to Her Majesty, London.« (Enrico Angelo Ludovico Negretti, 1818–1879, und Joseph Warren Zambra, 1822–1897, Partner seit 1850. Die Firma besteht heute noch).
Gehäuse: massiv Eiche, abgerundeter Kopf. Skalaplatte geschützt durch Glas mit Facettenschliff.
Skalaplatte: Knochen, schräg eingewinkelte Barometerskalateile.
Zubehör: Quecksilberthermometer mit Fahrenheit- und Celsiusskala (Centigrade) in einem auf dem Barometerrumpf aufmontierten Schränkchen.
Zwei Nonien, Bedienung durch abnehmbare Knöpfe vermittels Zahnstangensystem.
Behälter: Holz mit Lederboden und Regulierschraube, Bedienung durch einen der Noniusknöpfe.
Sammlung: Buitendijk.
Photo: J.J. Kok.
Von der Firma Negretti & Zambra sind etliche Niederlassungsadressen bekannt mit Jahreszahlen. Einige Barometer von Negretti & Zambra sind mit einer oder mehreren Signaturen versehen und können deshalb ziemlich genau datiert werden. Ein Beispiel dieser Barometer findet man auf S. 135 (Farmer's Barometer).

133 Englisches Stockbarometer, zweite Hälfte des 19. Jahrhunderts.
Signatur: A & N C. S. L.«
Gehäuse: massiv Eiche; Pagodenhaube; Skalaplatten geschützt durch Glas mit Facettenschliff.
Skalaplatten: Knochen, schräg eingewinkelte Barometerskalateile.
Zubehör: Quecksilberthermometer mit Fahrenheitskala in dem auf den Barometerrumpf montierten, abnehmbaren Schränkchen. Zwei Nonien, Bedienung mit abnehmbarem Knöpfchen vermittels Zahnstangensystem.
Behälter: Holz mit Lederboden und Regulierschraube, Bedienung durch einen der Noniusknöpfe.
Privatsammlung.
Photo: J.J. Kok.

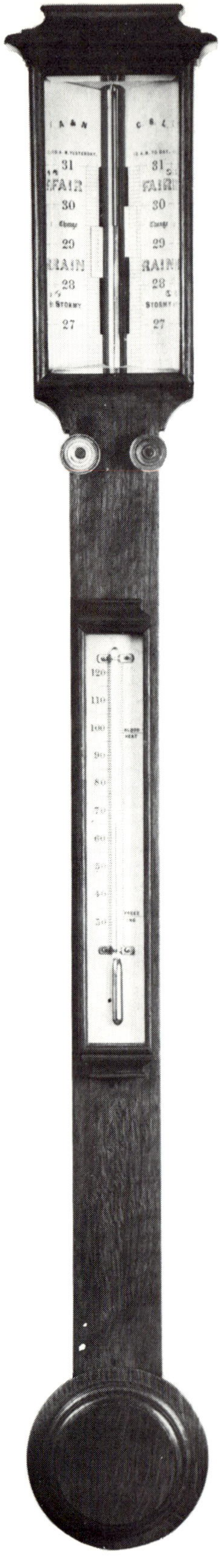

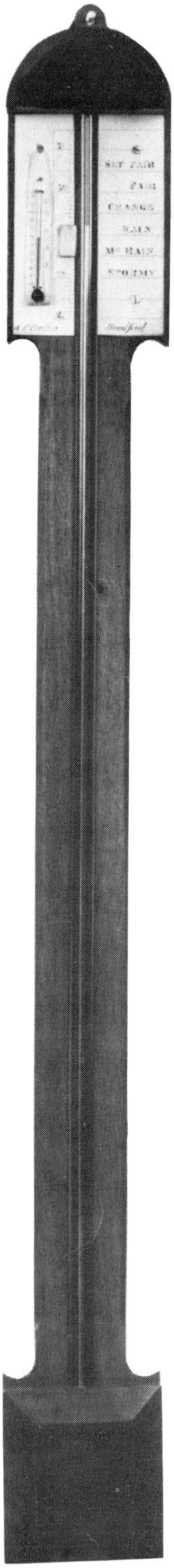

134 *Englisches Stockbarometer, um 1870.*
Signatur: »W.P. Coultas. Bradford«. (William Padget Coultas, stellte von 1867 bis etwa 1894 Barometer und Sicherheitsapparaturen für Dampfmaschinen her. Wohnadressen: Ashley Street von 1867 bis 1871; Croft Street von 1871 bis etwa 1894).
Gehäuse: massiv Mahagoni, abgerundeter Kopf.
Skalaplatten: Elfenbein, zweiteilig.
Zubehör: Alkoholthermometer mit Fahrenheitskala, Skalaplatte ebenfalls aus Elfenbein.
Tendenzzeiger aus Elfenbein.
Glasbehälter.
Sammlung: Bert Bolle.
Photo: J.J. Kok.

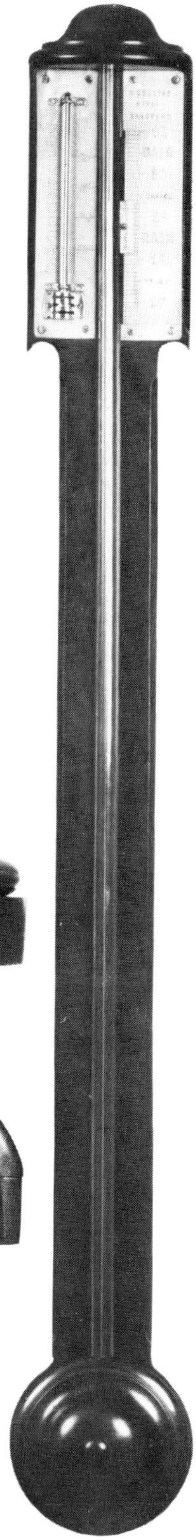

135 *Englisches Stockbarometer, datiert 1871 (auf der Rückseite des Gehäuses).*
»W. Coultas, maker. Bradford«. (s. Beschreibung des Barometers unter Abb. 134).
Gehäuse: massiv Mahagoni, runder Kopf, versehen mit einem gedrechselten Stück, das dasselbe Profil hat wie die Behälterkappe.
Skalaplatte: Elfenbein, zweiteilig.
Zubehör: Quecksilberthermometer mit Fahrenheitskala; Nonius.
Glasbehälter.
Sammlung: Bert Bolle.
Photo: J.J. Kok.

136 *Einzelheiten der Stockbarometer 134 und 135.*
Daß beide Barometer vom gleichen Hersteller stammen, ist u.a. aus der recht ungebräuchlichen Art und Weise der Kopf- und Unterteilbearbeitung zu ersehen. Der Hersteller sorgte bei seinen Stockbarometern für einen rechteckigen Spalt, um die Röhre einlassen zu können. Dieser Spalt wurde mit einem breiten Nuthobel in voller Länge des Brettes angebracht, aber die Enden wurden nicht verschlossen, so daß beide Barometer sowohl oben als auch unten ein rechteckiges Loch aufweisen. Es gibt darüber hinaus noch mehr Übereinstimmungen.

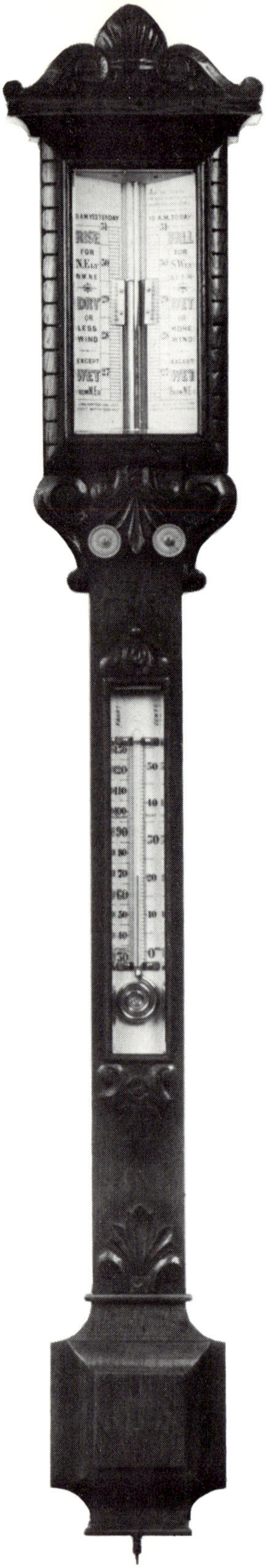

137 Englisches Stockbarometer, um 1860–1880
Keine Signatur.
Gehäuse: massiv Eiche, mit gekerbter Haube, Kerbschnitzerei unter der Skalaplatte, rings um das Thermometer und über der Behälterkappe. Skalaplatten durch geschliffenes Glas geschützt.
Skalaplatten: Opalinglas, rot und schwarz bemalt. Barometerskalateil springt schräg ein.
Zubehör: Quecksilberthermometer mit Fahrenheit- und Celsiusskala, mit Spiralbehälter, der in ein auf dem Rumpf sitzendes Kästchen montiert ist.
Zwei Nonien aus Opalinglas, Bedienung mit abnehmbaren Knöpfen vermittels Zahnstangensystem.
Behälter: aus Holz mit Lederboden, Regulierschraube. Bedienung mit einem der Noniusknöpfe.
Privatsammlung.
Photo: J.J. Kok.

138 Englisches Stockbarometer, um 1875.
Signatur: »W. Cooke, Optician, Keighly«. (William Cooke, Optiker und Photograph, Skipton Road, Keighly, Yorkshire, um 1870).
Gehäuse: massiv Palisander mit neugotischer Kerbschnitzerei in der Höhe der Skalaplatte und des Behälters.
Zubehör: Psychrometer, bestehend aus »trockenem« Fahrenheitthermometer (links) und »nassem« Fahrenheitthermometer (rechts), beide mit Quecksilber. Rechts ein Wassergefäß mit Docht, um den Behälter des »nassen« Thermometers feucht zu halten. Nonius.
Behälter: aus Holz mit Lederboden und Regulierschraube mit festem Knopf.
Privatsammlung.
Photo: J.J. Kok.

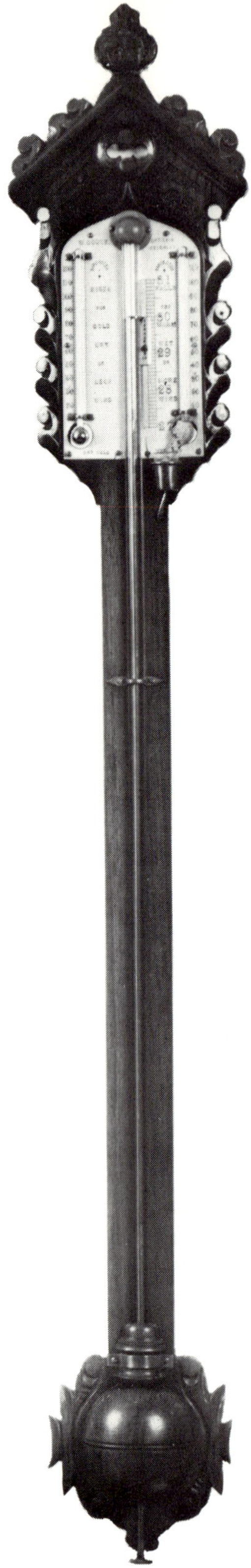

*139 Niederländisches »Bakbarometer« mit einfacher Röhre, um 1770.
Signatur: »A. Solaro, Leeuwarden.« (geb. in »Loquarno« (Locarno), Schweiz; seit 1756 Bürger von Leeuwarden; einer seiner drei Söhne, Joseph Maria, wurde 1790 sein Nachfolger; A. Solaro starb 1794.)
Gehäuse: Louis-quinze; furniert mit Nußbaumwurzel; getrennte Türen für Barometer- und Thermometerteil; Maße: 118 cm hoch und 25 cm breit.
Material der Platten: Zinn, versehen mit Ajourarbeit.
Barometerteil: englische und rheinische Zoll.
Thermometerteil: Alkoholthermometer mit Réaumur- und Fahrenheitskala.
Privatsammlung.
Photo: J. Verhoeff.*

*140 Niederländisches Gefäßbarometer, um 1770.
Signatur: »F. Evers, Amsteldam« (heiratete 1762).
Gehäuse: Louis-quinze; furniert mit Nußbaumwurzel; getrennte Türen für Barometer- und Thermometerteil; Maße: 125 cm hoch, 25 cm breit.
Material der Platten: Zinn, versehen mit Ajourarbeit und Gravierungen; Signatur auf beiden Skalenplatten.
Barometerteil: englische und rheinische Zoll.
Thermometerteil: Alkoholthermometer »Op de Schalen van Fahrenheit en Florenet« (Fahrenheit-und florentinische Skala).
Sammlung: B.P. Hazenberg.
Photo: Muntz.*

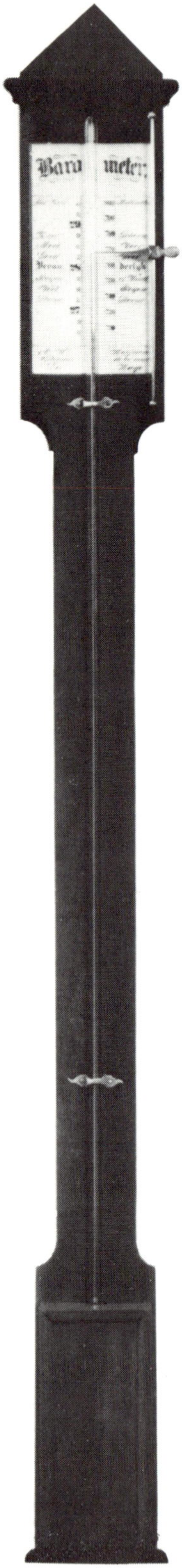

141 *Niederländisches Stockbarometer, um 1860–1880.*
Signatur: »A.W. Heynen, Opticien de la Court. La Haye.« (Anthonie Willem Heynen, 1830–1895, Noordeinde 48, 's Gravenhage, Hoflieferant).
Gehäuse: massiv Mahagoni; verschiebbare Behälterkappe.
Skalaplatte: Opalinglas mit schwarzen und roten Buchstaben.
Skalen: Pariser Zoll und mm.
Tendenzzeiger: kleiner Schieber aus Messing.
Glasbehälter.
Privatsammlung.
Photo: J.J. Kok.

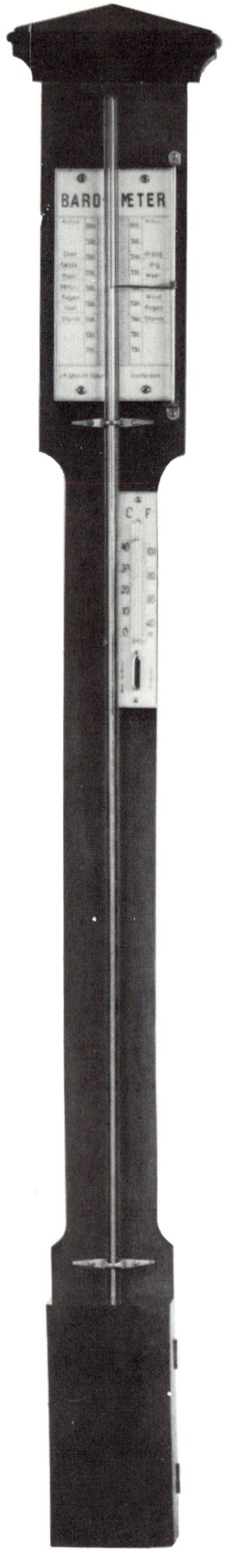

142 *Niederländisches Stockbarometer, letztes Viertel des 19. Jahrhunderts.*
Signatur: »J.M. Schmidt, Rokin 72, Amsterdam.« (Gründungsjahr: 1866; Betrieb besteht noch.)
Gehäuse: massiv Mahagoni; spitze Haube, gerade auslaufendes Endstück; Behälterkappe mit Scharnieren.
Skalaplatten: Opalinglas mit verblichenen schwarzen und roten Buchstaben.
Barometerskala: mm.
Zubehör: Quecksilberthermometer, gesondert auf das Gehäuse montiert, mit Celsius- und Fahrenheitskala.
Aufschrift: »Karel van Buren, Amsterdam«.
Tendenzzeiger: einfacher Schieber.
Sammlung: Bert Bolle.
Photo: J.J. Kok.

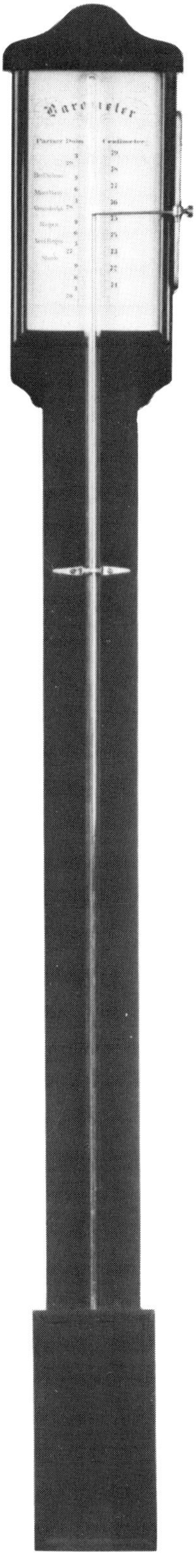

143 Niederländisches Stockbarometer, um 1875 bis 1900.
Keine Signatur.
Gehäuse: Nußbaum, schwarz poliert; Glas vor dem Skalablatt.
Skalablatt: bedrucktes Papier; Pariser Zoll und mm.
Tendenzzeiger: Schieber aus Messing.
Glasbehälter.
Privatsammlung.
Photo: J.J. Kok.

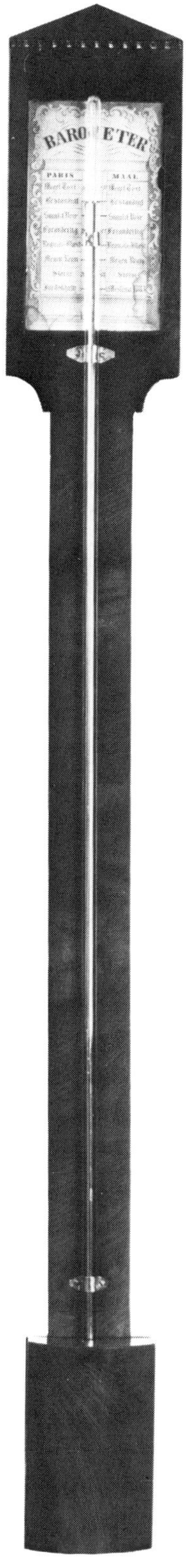

144 Dänisches Stockbarometer, zweite Hälfte 19. Jahrhundert.
Keine Signatur.
Gehäuse: furniert mit Mahagoni; Glas vor dem Skalablatt.
Skalablatt: bedrucktes Papier; »Paris Maal« (Pariser Maß) Pariser Zoll. (Später hat man die Zahlen anpassen wollen, indem man 27, 28 und 29 in 28, 29 und 30 verändert hat.)
Unten steht: »Jordskjaelv i. Messina 1783«, was bedeutet: »Erdbeben in Messina (Italien) 1783«.
Tendenzzeiger: Schiebesystem aus Messing auf der Röhre.
Glasbehälter.
Privatsammlung.
Photo: J.J. Kok.

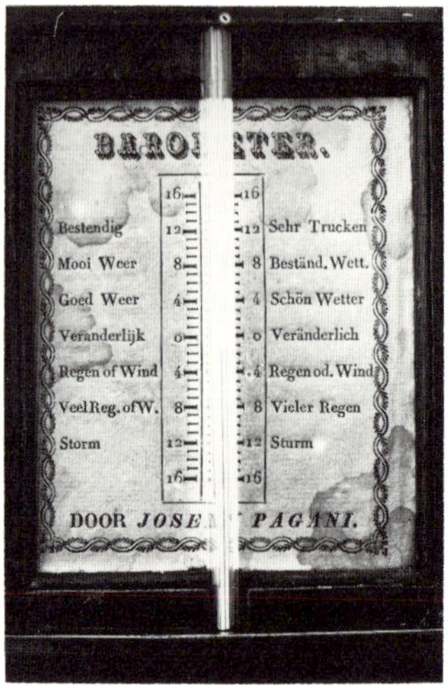

145/146 Niederländisches-deutsches Stockbarometer, um 1825.
»Door Joseph Pagani« (das Wort »door« = »von« und die Texte in niederländischer und deutscher Sprache zeigen deutlich, daß dieses Barometer in dem Grenzgebiet Niederlande-Deutschland hergestellt ist).
Gehäuse: massives Ulmenholz. Haube mit durchbrochener Arbeit und messingverziert; runde Behälterkappe mit Messingornament.
Skalablatt: bedrucktes Papier; Skala ist die auf vielen niederländischen »Bakbarometern« vorkommende »36er-Skala«, die vom englischen inch abgeleitet ist, in zwölf Teile geteilt. »Veränderlich« = 0 stimmt mit 29 8/12 inch überein. Skalablatt durch Glas geschützt. Kein Tendenzzeiger (original).
Glasbehälter.
Privatsammlung.
Photos: Bert Bolle.

147 Deutsches Stockbarometer, um 1850.
Signatur: »Hirsch Aron, Optikus in Aurich«.
Aufschrift: »Unterschriebener verfertigt alle Sorten optischer und mathematischer Waaren und repariert auch diese um billige Preise«. (Hirsch Aron, geb. 1808, Blütezeit etwa 1840–1850).
Gehäuse: massiv Esche; Glas vor dem Skalablatt.
Skalablatt: bedrucktes Papier; »nach Pariser Maaß. Barometer Stand 28 Zoll«.
Ohne Tendenzzeiger.
Sammlung: Bert Bolle.
Photo: J.J. Kok.

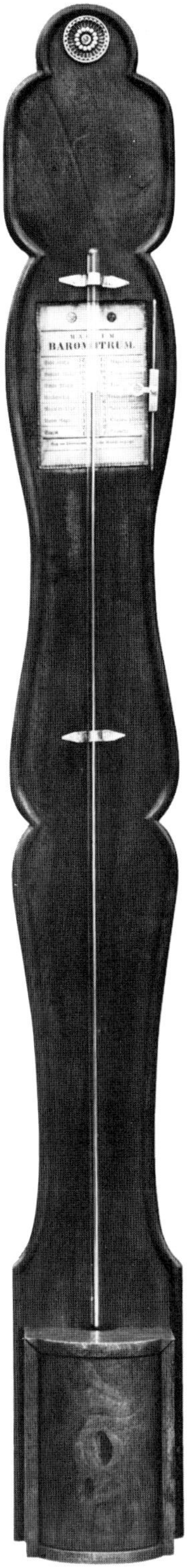

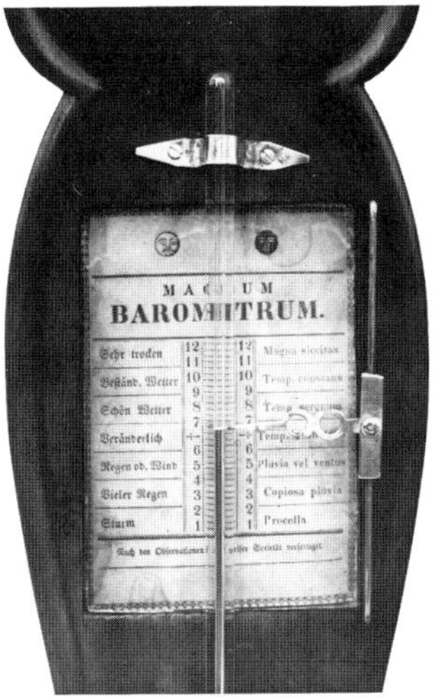

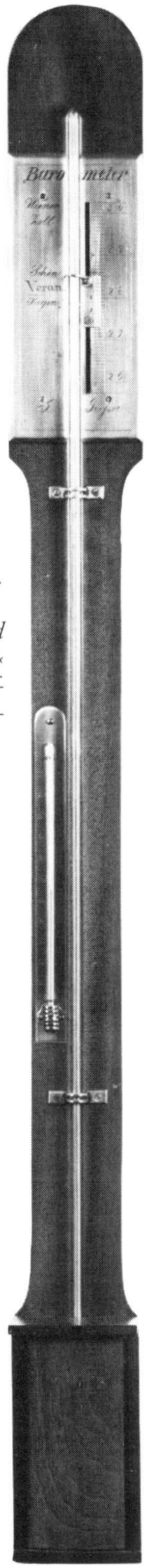

148 Deutsches Stockbarometer, um 1840 bis 1870.
Keine Signatur.
Gehäuse: Kirschbaum. Oben ein kleines Messingornament.
Glas vor dem Skalablatt.
Skalablatt: bedrucktes Papier. Skala mit deutschem und lateinischem Text und vermutlich von der »36er-Skala« abgeleitet (englische inch-Skala, in Zwölftel geteilt). Aufschrift: »Magnum Barometrum« und »Nach den Observationen vom (?) Pariser Societät verfertigt«.
Tendenzzeiger: einfacher Schieber.
Glasbehälter.
Privatsammlung.
Photo: Bert Bolle.

149 Österreichisches Stockbarometer, um 1860 bis 1890.
Signatur: »I. Prosser«.
Gehäuse: furniert mit Nußbaum, Behälterkappe massiv.
Skalaplatte: versilbertes Messing; »Wiener Zoll«.
Zubehör: Auf das Gehäuse montiertes Quecksilberthermometer mit Réaumurskala.
Bei 0 steht »EP« (Eispunkt[8] Gefrierpunkt), bei 80° steht »SP« (Siedepunkt).
Nonius, der die 12 Linien der Wiener Zoll wiederum in je 12 Teile aufteilt.
Glasbehälter.
Privatsammlung.
Photo: J.J. Kok.

150 Österreichisches Stockbarometer, um 1870 bis 1900.
Signatur: »Anton Bettolo, Optiker aus Trient«.
Gehäuse: massiv Nußbaum.
Skalablatt: bedruckte Pappe; »Wiener Zoll« und mm.
Tendenzzeiger: einfacher Schieber.
Glasbehälter.
Privatsammlung.
Photo: J.J. Kok.

Siehe ferner Teil I, S. 41ff. (Entwicklung) und Teil III, S. 207ff. (Technik).

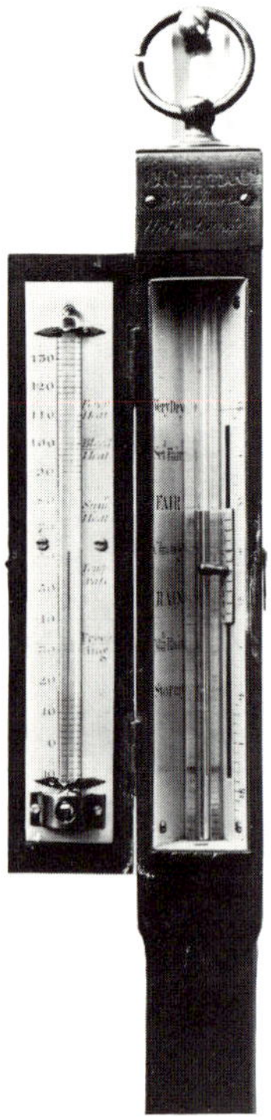

151/152 Englisches Schiffsbarometer, um 1810 bis 1820.
Signatur: »J. Cetti & Co., 25 Red Lion St., Holbn London«.
Gehäuse: massiv Mahagoni; Skalaplattenteil geschützt durch hölzerne Tür mit einem Thermometer an der Innenseite; Behälter in Holzgehäuse. Oben Messingkappe mit Signatur und Öse.
Aufhängung: sowohl kardanisch als auch mit Öse.
Skalaplatten: Elfenbein, zweiteilig, schräggewinkelt.
Zubehör: Quecksilberthermometer mit Fahrenheitskala; Nonius.
Behälter: Holz mit Lederboden, von innen verstellbar.
Sammlung: Hunwick.
Photos: Bert Bolle.

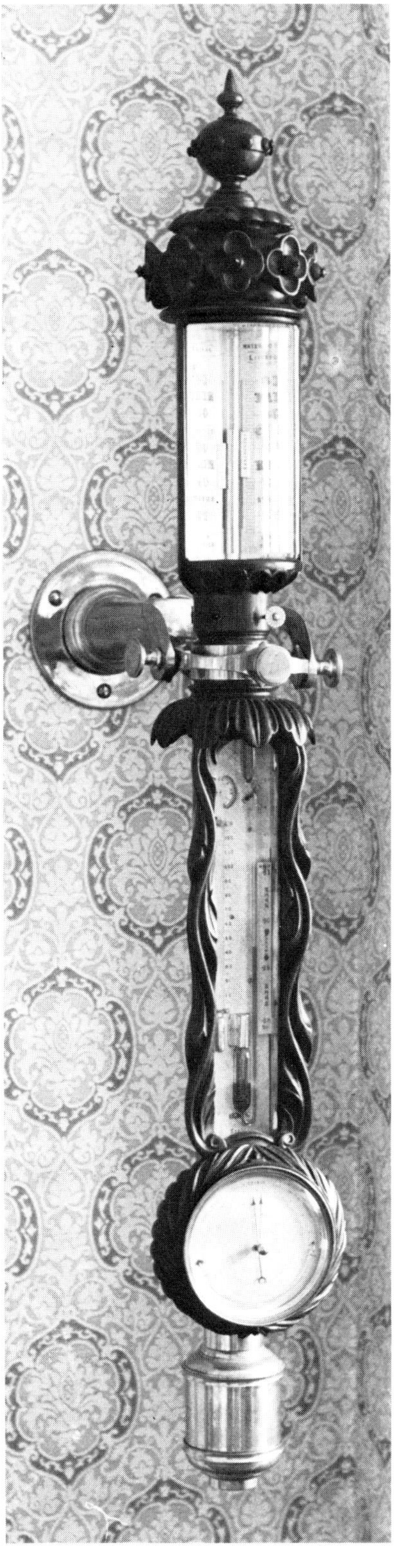

153 Englisches Schiffsbarometer, um 1860–1870.
Signatur: »Cairns, Waterloo Road, Liverpool«.
Dieses Exemplar enthält drei Barometer in einem: ein Quecksilberbarometer (oben), ein Sympiesometer (Mitte) und ein Aneroidbarometer (unten).
Gehäuse: massiv Nußbaum, mit Kerbschnitzerei am ganzen Gehäuse, Endstück aus Messing; Quecksilberbarometerteil ringsum geschützt durch Glas. Schwere kardanische Aufhängung.
Skalaplatten des Quecksilberbarometers aus Elfenbein, schräg eingewinkelt; zwei Nonien, Bedienung mit abnehmbaren Knöpfen vermittels Zahnstangensystem.
Skalaplatten des Sympiesometers: Elfenbein; Quecksilberbarometer mit Fahrenheitskala.
Zeigerplatte des Aneroidbarometers: versilbertes Messing; mit halbrundem Quecksilberthermometer mit Fahrenheitskala.
Behälter: Holz mit Lederboden, nicht regulierbar.
Privatsammlung.
Photo: H. Hill.

154 Englisches Schiffsbarometer, um 1850–1860.
Signatur: »Abraham & Co, 20 Lord St. Liverpool«. (Abraham & Co: 1817 bis 1860. Adressen der Betriebe: 9–10 Lord Street von 1817 bis 1837; 84 Lord Street von 1837 bis 1849; 20 Lord Street von 1841 bis 1860).
Gehäuse: Messing, rund; Aufhängung sowohl kardanisch als auch mit drehbarer Öse.
Skalaplatte: Elfenbein, zweiteilig, schräg eingewinkelt.
»Corrected for capacity«.
Zubehör: Quecksilberthermometer mit Fahrenheit- und Celsiusskala.
Nonius aus Elfenbein, Bedienung mit festem Knopf rechts vermittels Zahnstangensystem.
Behälter: Holz mit Lederboden und Regulierschraube mit festem Knopf.
Die Röhre hat unten eine Verengung, um dem »Pumpen« entgegenzuwirken.
Sammlung: Bert Bolle.
Photo: J.J. Kok.

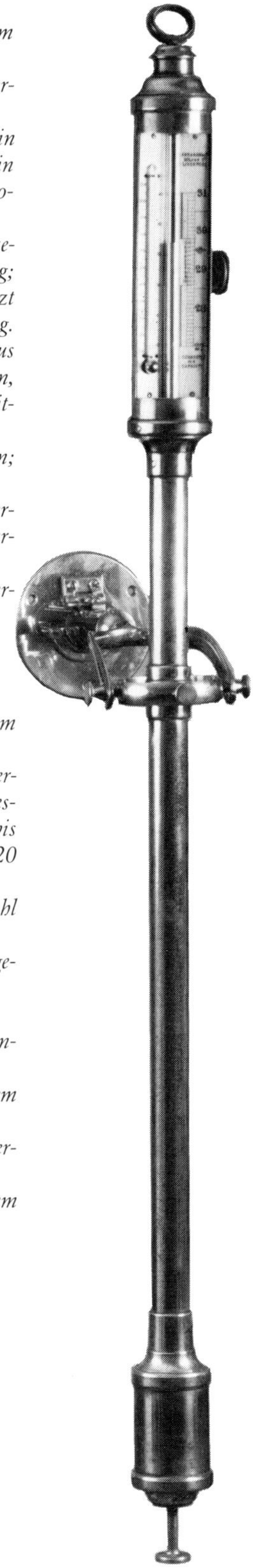

155 *Englisches »Cottage Barometer«, um 1860.*
»L. Casella fecit, London« (Louis Casella, 23 Hatton Garden, London).
Gehäuse: massiv Mahagoni; Glas vor dem Skalablatt; sehr schmal (Kopf 5 cm breit).
Skalablatt: bedrucktes Papier: »Agricultural Barometer« und »Compensating«. Der Rückseite sind die Originalgebrauchsanweisungen aufgeklebt (s. Abb. 156).
Tendenzzeiger: Messing, verschiebbar auf die Röhre montiert.
Behälter: loses Glas mit eingelassener Röhre (s. Abb. 157).
Privatsammlung.
Photo: J.J. Kok.

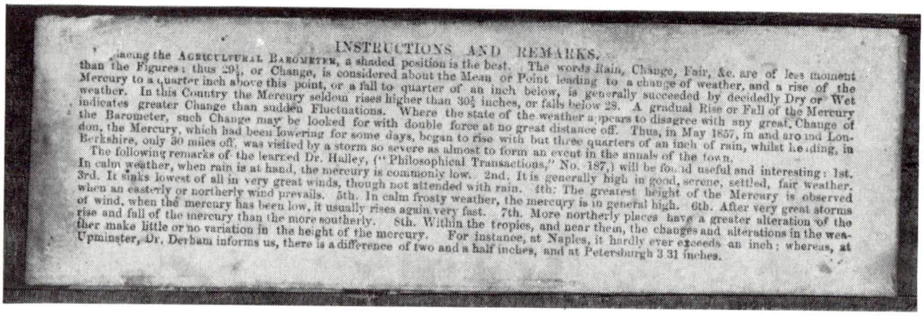

INSTRUCTIONS AND REMARKS.

...acing the AGRICULTURAL BAROMETER, a shaded position is the best. The words Rain, Change, Fair, &c. are of less moment
than the Figures: thus 29¾, or Change, is considered about the Mean or Point leading to a change of weather, and a rise of the
Mercury to a quarter inch above this point, or a fall to quarter of an inch below, is generally succeeded by decidedly Dry or Wet
weather. In this Country the Mercury seldom rises higher than 30½ inches, or falls below 28. A gradual Rise or Fall of the Mercury
indicates greater Change than sudden Fluctuations. Where the state of the weather appears to disagree with any great Change of
the Barometer, such Change may be looked for with double force at no great distance off. Thus, in May 1857, in and around Lon-
don, the Mercury, which had been lowering for some days, began to rise with but three quarters of an inch of rain, whilst Reading, in
Berkshire, only 30 miles off, was visited by a storm so severe as almost to form an event in the annals of the town.

The following remarks of the learned Dr. Halley, ("Philosophical Transactions," No. 187,) will be found useful and interesting: 1st.
In calm weather, when rain is at hand, the mercury is commonly low. 2nd. It is generally high in good, serene, settled, fair weather.
3rd. It sinks lowest of all in very great winds, though not attended with rain. 4th: The greatest height of the Mercury is observed
when an easterly or northerly wind prevails. 5th. In calm frosty weather, the mercury is in general high. 6th. After very great storms
of wind, when the mercury has been low, it usually rises again very fast. 7th. More northerly places have a greater alteration of the
rise and fall of the mercury than the more southerly. 8th. Within the tropics, and near them, the changes and alterations in the wea-
ther make little or no variation in the height of the mercury. For instance, at Naples, it hardly ever exceeds an inch; whereas, at
Upminster, Dr. Derham informs us, there is a difference of two and a half inches, and at Petersburgh 3.31 inches.

156 *»Instructions and Remarks«, auf die Rückseite von Casellas »Cottage Barometer« geklebt.*

157 *Der lose Originalbehälter aus Glas mit der Röhre darin.*

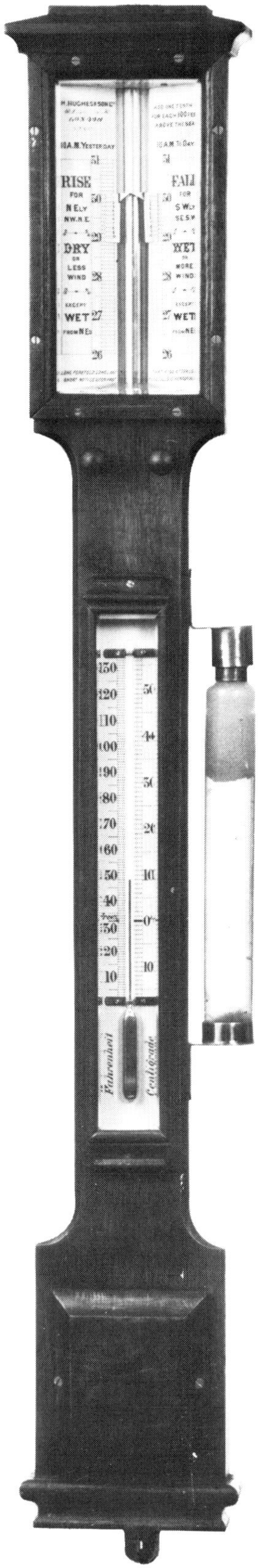

158 Englisches »Sea Coast Barometer«, zweite Hälfte 19. Jahrhundert.
Signatur: »H. Hughes & Son Ltd., 59 Fenchurch St. London.« (Hughes machte 1835 einen Laden für Schiffsbedarf auf. Sein Geschäft wurde ein bekannter Treffpunkt für Seeleute).
Gehäuse: massiv Eiche, sehr schwere und straffe Ausführung, profilierte Haube. Glas mit Facettenschliff vor den Skalaplatten.
Skalaplatten: Opalinglas. Barometerteil schräg eingewinkelt. Texte: »Add one tenth for each 100 feet above the sea« und »Long foretold long last, short notice soon past« zusammen mit »First rise after low foretells a stronger blow«.
Zubehör: Auf das Gehäuse montiertes Quecksilberthermometer mit Fahrenheit- und Celsiusskala »Centigrade«. Sturmglas rechts. Zwei Nonien aus Opalinglas, Bedienung mit abnehmbaren Holzknöpfen vermittels Zahnstangensystem.
Behälter: Holz mit Lederboden und Regulierschraube, Bedienung mit einem der Noniusknöpfe.
Privatsammlung.
Photo: J.J. Kok.

159 Englisches »Farmers Barometer«. Hergestellt zwischen 1860 und 1867.
Signatur: »Negretti & Zambra, Opticians to Her Majesty, 1 Hatton Garden E.C., 122 Regent Street W. & 59 Cornhill E.C. London.« (Die Datierung ist ziemlich genau festzulegen, da die Adresse »59 Cornhill« von 1860 ab hieß und die Adresse »1 Hatton Garden« ab Juni 1867 nicht mehr galt).
Gehäuse: massiv Eiche; Modell kennzeichnend für Barometer aus der zweiten Hälfte des 19. Jahrhunderts.
Skalaplatten: Porzellan, zweiteilig, mit Fitzroys Wetterbezeichnungen.
Zubehör: Psychrometer. Links das »trockene« Quecksilberthermometer mit Fahrenheitskala. Rechts das »nasse« Thermometer, versehen mit Docht und Wasserbehälter. Nonius aus Elfenbein (original).
Behälter: Holz mit Lederboden und Regulierschraube mit festem Knopf.
Privatsammlung.
Photo: J.J. Kok.

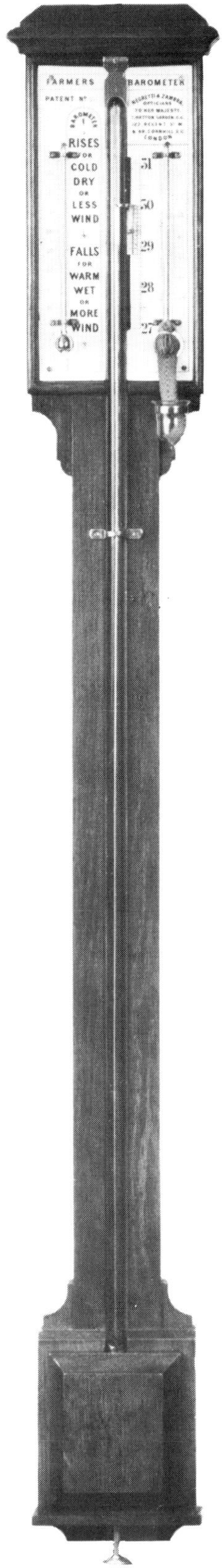

160/161/162 Drei englische »Miner's Barometers« (»Pit Barometers«).
Signaturen: links »E.C. Theedam, Dudley«, in der Mitte »J. White, Glasgow«, rechts »T.B. Winter & Son, Newcastle on Tyne«.
Gehäuse: massiv Eiche. Glas vor den Skalaplatten, umrahmt von Metallrändern, und zwar links Zink, in der Mitte und rechts Messing.
Skalaplatten: links versilbertes Messing, in der Mitte Knochen, rechts imitiertes Elfenbein. Alle drei zweiteilig und schräg eingewinkelt.
Zubehör: Quecksilberthermometer mit Fahrenheitskala Behälter: links Glas, in der Mitte Holz mit Lederboden, jedoch ohne Regulierschraube (original), rechts Holz mit Lederboden und Regulierschraube mit festem Knopf.
Wie üblich bei Barometern für den Bergbau sind diese Exemplare mit einer höher reichenden Barometerskala als normalerweise versehen. Diese Skalen reichen bis 33 inches, aber es gibt auch Bergwerksbarometer mit einer noch höher hinaufreichenden Skala.
Sammlung: Bert Bolle.
Photo: J.J. Kok.

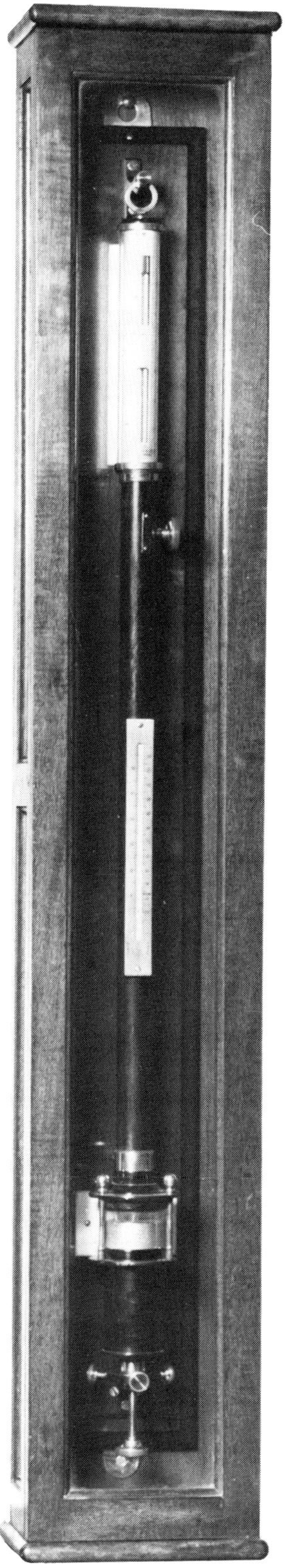

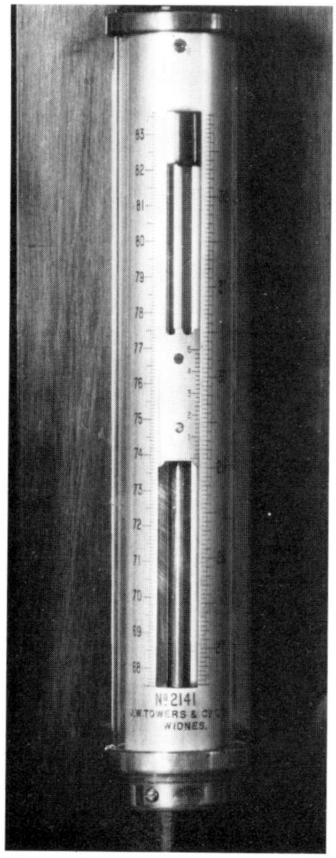

163/164 Englisches Präzisions-Barometer mit Fortinbehälter. Letztes Viertel 19. Jahrhundert.
Signatur: »J. W. Towers & Co. Ltd., Widnes«.
Gehäuse: Messing, schwarz lackiert, Skalaplatten durch rundes Glas geschützt; Aufhängung an einer Öse; mit Vorrichtung, die das Gerät genau vertikal hält; Holz- und Glasverkleidung.
Skalaplatten: versilbertes Messing. Barometerskala läuft im Kreis; mit inches- und mm-Skala.
Zubehör: Auf das Gehäuse montiertes Quecksilberthermometer mit Fahrenheit- und Celsiusskala (»Cente«), Behälter ins Gehäuse eingelassen. Sehr genauer Nonius, Bedienung durch Knopf rechts mittels Zahnstangensystem. Dieser Nonius schiebt sich vor und hinter der Röhre entlang, während ein Spalt hinter der Röhre in der Höhe des Ablesebereiches einen Einblick ermöglicht, so daß der Nonius sehr genau eingestellt werden kann. Die Detailabbildung läßt die Skalaeinteilung des Nonius erkennen. Bei den inches ist die Noniusskala »25 auf 24« und bei den mm »20 auf 19«. Auf diese Weise kann von der inches-Skala bis auf 1/500 inch genau abgelesen werden und von der mm-Skala bis auf 1/20 mm. Mit der Regulierschraube unten wird das Quecksilberniveau im Behälter, dessen Wände aus Glas sind, so eingestellt, daß der Stift gerade das Quecksilber berührt.
Behälter: Fortin (mit Glaswand und Lederboden), versehen mit Regulierschraube mit festem Knopf.
Privatsammlung.
Photo: J.J. Kok.

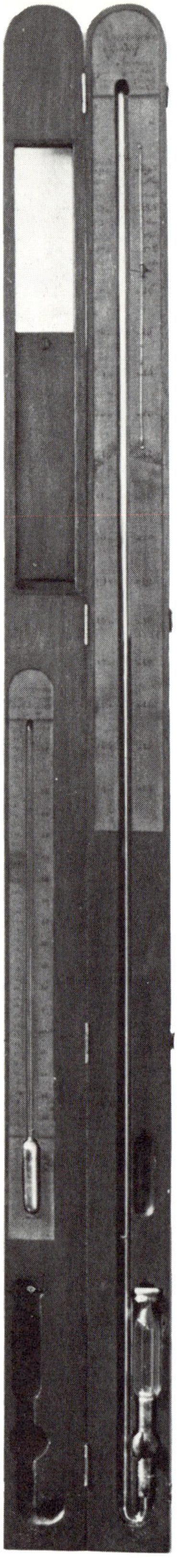

165 Französisches Reisebarometer, erste Hälfte 19. Jahrhundert.
»Baromètre Portatif par Jardin, Opticien, Quai de l'Horloge, Paris, N° 281.«
Gehäuse: massiv Mahagoni; abgerundeter Kopf, im übrigen von straffer Linienführung; versehen mit Tür über die ganze Länge mit einer Öffnung zum Ablesen des Barometerstandes; auf der Innenseite der Tür ist ein Thermometer montiert.
Material der Platten: Obstbaumholz, mit schwarzer Tinte beschriftet.
Barometerteil: französische Zoll, von 14 bis 28 Zoll reichend.
Thermometerteil: Quecksilberthermometer mit Réaumur-und Fahrenheitskala.
Glasbehälter; Röhre versehen mit kleinem Absperrhahn (festsitzend unter dem Behälter), um das Barometer transportabel zu machen.
Sammlung: B. Binnenweg.
Photo: H. Hill.

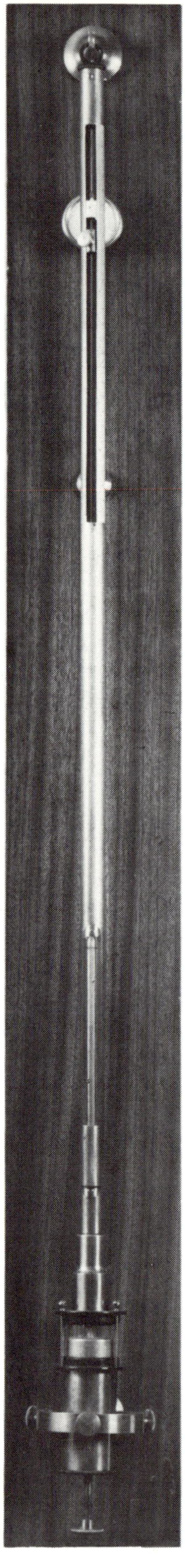

166 Französisches Präzisionsbarometer mit Fortinbehälter, letztes Viertel 19. Jahrhundert.
Signatur: »Maison de l'Ingénieur Chevalier. Opt.en, Place du Pont Neuf 15, Paris«.
Gehäuse: Messing; Aufhängung: Öse mit regulierbarem Ring, um das Instrument in genau vertikaler Lage hängen zu lassen; auf Mahagonibrett montiert.
Skalaplatte: versilbert; Skala in mm, rechts von der Röhre.
Zubehör: Auf das Gehäuse montiertes Quecksilberthermometer mit Celsiusskala, in die Thermometerröhre eingraviert; in das Gehäuse eingelassener Behälter; Nonius zum Ablesen in Zehntel mm; Nonius schiebt sich vor und hinter der Röhre entlang, während ein Spalt hinter der Röhre in Höhe des Ablesebereichs einen Einblick ermöglicht, so daß genaues Einstellen erfolgen kann.
Behälter: Fortin (mit Glaswand und Lederboden), versehen mit Regulierschraube mit festem Knopf.
Privatsammlung.
Photo: J.J. Kok.

Siehe ferner Teil I, S. 51ff. (Entwicklung) und Teil III, S. 212ff. (Technik).

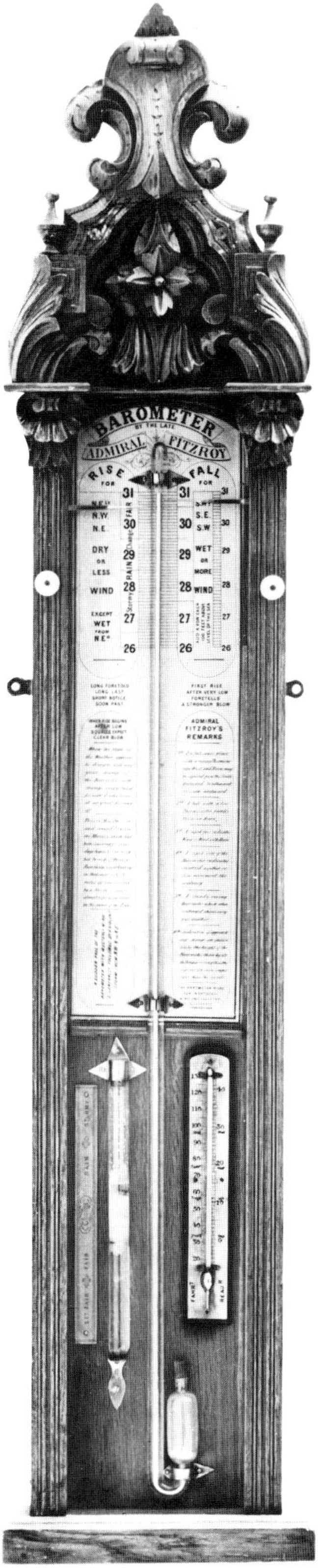

167 Fitzroy-Barometer, um 1870 bis 1880.
Keine Signatur. Aufschrift oben: »Barometer of the late Admiral Fitzroy«. (Diese Aufschrift kommt nicht so häufig vor. Im Hinblick auf »the late Admiral Fitzroy« und sein Sterbejahr, 1865, kann gefolgert werden, daß dieses Barometer zu den älteren Typen gehört).
Gehäuse: Eiche, zum Teil massiv, zum Teil furniert. Reich gekerbte Haube.
Skalablatt: bedrucktes Papier.
Zubehör: Quecksilberthermometer mit Fahrenheit- und Réaumurskala, Platte aus Knochen.
Sturmglas mit Wetterangaben auf besonderem Brett.
Tendenzzeiger, Bedienung mit abnehmbaren Knöpfen mittels Zahnstangensystem.
Behälter von außen nicht verschließbar.
Sammlung: Langeveld.
Photo: J.J. Kok.

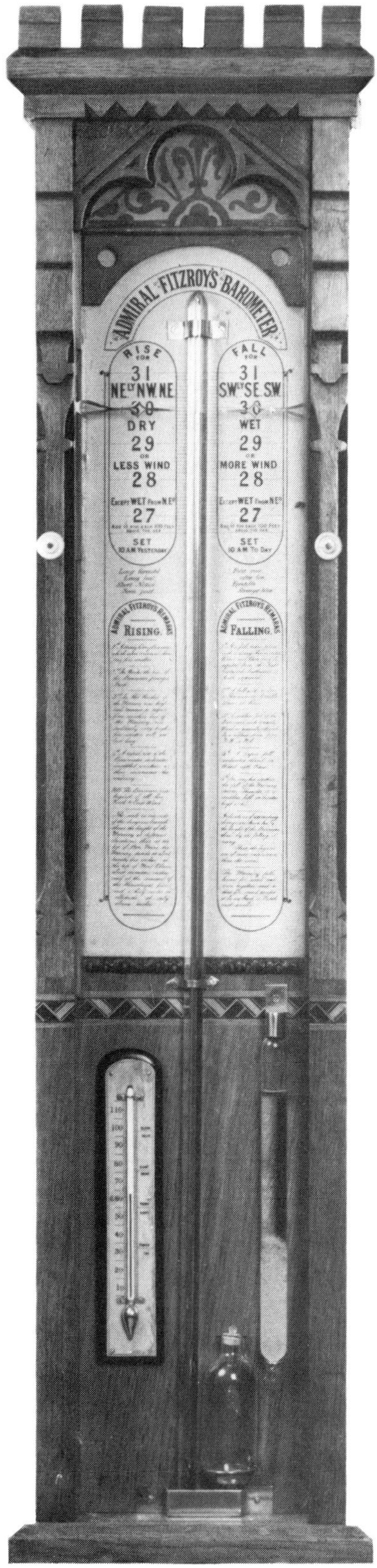

168 Fitzroy-Barometer, um 1870 bis 1890.
Keine Signatur. Aufschrift oben: »Admiral Fitzroy's Barometer«.
Gehäuse: Eiche, teilweise massiv,- teilweise furniert. Zinnen auf dem Kopf. Einlegearbeit aus Ahorn, Mahagoni und Ebenholz.
Skalablatt: bedrucktes Papier.
Zubehör: Quecksilberthermometer mit Fahrenheitskala, Platte aus Knochen. Sturmglas.
Tendenzzeiger, Bedienung mit abnehmbaren Knöpfen mittels Zahnstangensystem.
Behälter von außen nicht verschließbar.
Privatsammlung.
Photo: J.J. Kok.

169 *Fitzroy-Barometer, um 1870 bis 1890. Keine Signatur. Aufschrift oben: »Admiral Fitzroy's Barometer«.*
Gehäuse: Eiche, teilweise massiv, teilweise furniert. Gekerbte Haube.
Skalablatt: bedrucktes Papier. Gotische Motive.
Zubehör: Alkohol-Thermometer mit Fahrenheitskala, Skalaplatte aus Holz. Sturmglas.
Tendenzzeiger, Bedienung mit abnehmbaren Knöpfen mittels Zahnstangensystem.
Behälter auf der Rückseite des Gehäuses mittels Schiebesystem verschließbar.
Privatsammlung.
Photo: J.J. Kok.

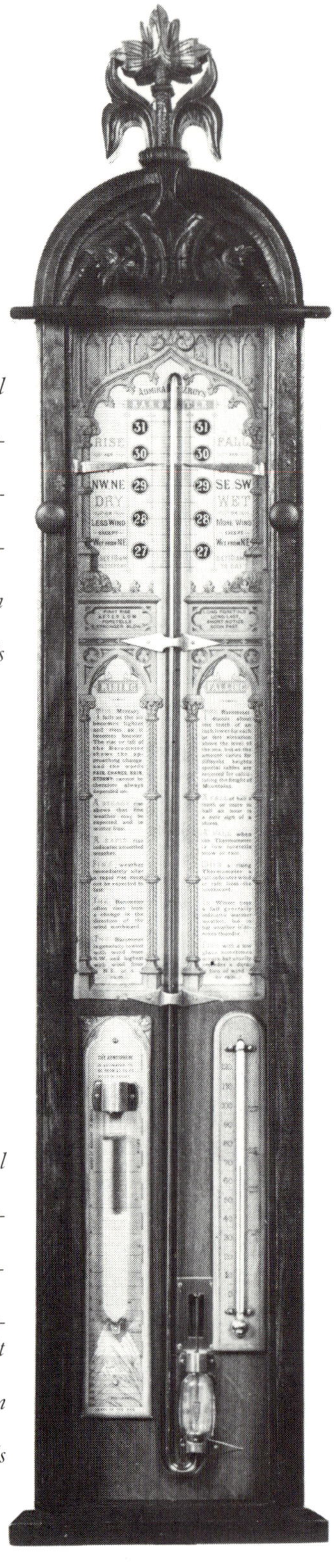

170 *Fitzroy-Barometer, um 1870 bis 1890. Keine Signatur. Aufschrift oben: »Admiral Fitzroy's Barometer«.*
Gehäuse: Eiche, teilweise massiv, teilweise furniert. Gekerbte Haube.
Skalablatt: bedrucktes Papier. Gotische Motive.
Zubehör: Alkoholthermometer mit Fahrenheitskala, Skalaplatte aus Holz. Sturmglas mit »Mountain-Scale« darunter.
Tendenzzeiger, Bedienung mit abnehmbaren Knöpfen mittels Zahnstangensystem.
Behälter auf der Rückseite des Gehäuses mittels Schiebesystem verschließbar.
Sammlung: H. Knook.
Photo: J.J. Kok.

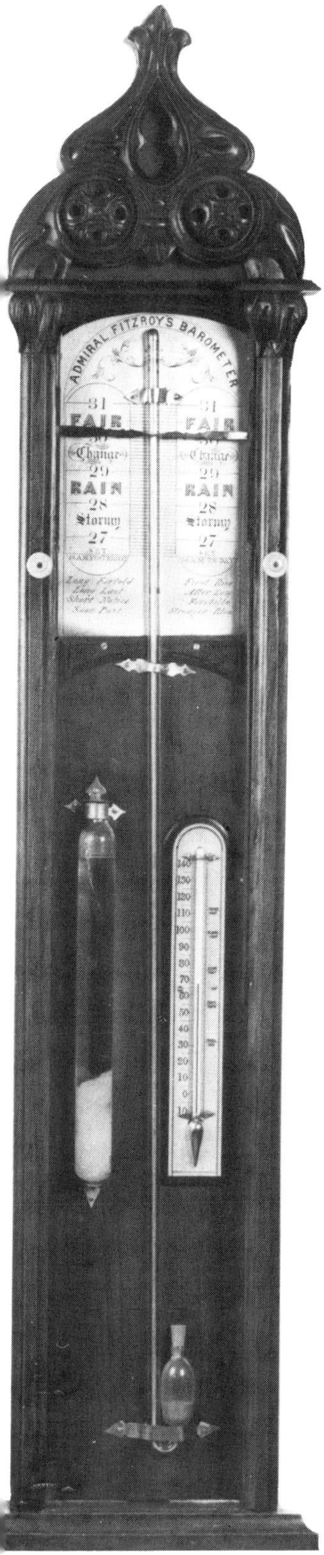

171 Fitzroy-Barometer, um 1870 bis 1890.
Keine Signatur. Gravierung oben: »Admiral Fitzroy's Barometer«.
Gehäuse: massiv Mahagoni, gekerbter Kopf.
Skalaplatte: versilbertes Messing (kommt selten vor).
Zubehör: Quecksilberthermometer mit Fahrenheitskala; Skalaplatte aus Knochen; Sturmglas.
Tendenzzeiger, Bedienung mit abnehmbaren Knöpfen mittels Zahnstangensystem.
Behälter von außen nicht verschließbar.
Privatsammlung.
Photo: J.J. Kok.

172 Fitzroy-Barometer, um 1870 bis 1890.
Keine Signatur. Aufschrift oben: »Admiral Fitzroy's Barometer«.
Gehäuse: Eiche, großenteils massiv. Tür mit Glas über die ganze Höhe. Kerbschnitzerei am Kopf.
Skalablatt: bedrucktes Papier, gotische Motive.
Zubehör: Alkoholthermometer mit Fahrenheitskala, Skalaplatte aus Holz. Sturmglas, montiert auf »Mountain Scale«.
Tendenzzeiger, Bedienung mit abnehmbarem Knopf, der besonders aufbewahrt werden muß, da die Tür die Stifte des Zahnstangensystems abdeckt. Zur Bedienung des Tendenzzeigers muß die Tür erst geöffnet werden.
Behälter: auf der Rückseite des Gehäuses mit Hilfe eines Schiebesystems verschließbar.
Sammlung: Bert Bolle.
Photo: J.J. Kok.

173 Fitzroy-Barometer, um 1881 bis 1900.
Keine Signatur. Aufschrift oben: »Admiral Fitzroy's Barometer«.
Gehäuse: zum großen Teil massiv Eiche. Gekerbte dachförmige Haube.
Skalablatt: bedrucktes Papier mit gotischen Motiven. Versehen mit »Trade mark«: August 1881. Links vor der Marke steht 367, rechts 815. Diese Aufschrift kommt regelmäßig auf »Fitzroys« aus dem Ende des 19. Jahrhunderts vor. Das Muster war wahrscheinlich noch Jahrzehnte in Gebrauch, und das Registrierungsdatum wurde stets mit abgedruckt. Es verschafft uns aber nur wenig Anhaltspunkte. In jedem Fall stammt das Barometer aus der Zeit nach 1881.
Zubehör: Alkoholthermometer mit Fahrenheitskala auf Skalaplatte aus Holz. Sturmglas, auf »Mountain Scale« montiert. Kleine Uhr mit acht Tagen Gangdauer und emailliertem Zifferblatt, im Kopf montiert.
Tendenzzeiger, Bedienung mit Knöpfen an den Seiten mittels einfachen Schiebesystems.
Behälter auf der Rückseite des Gehäuses mittels Schiebesystem verschließbar.
Privatsammlung.
Photo: J.J. Kok.

174 Fitzroy-Barometer, um 1880 bis 1900.
Keine Signatur. Aufdruck oben: »Fitzroy's Barometer«.
Gehäuse: großenteils Ulme. Einfache Ausführung.
Skalablatt: bedrucktes Papier.
Zubehör: Alkoholthermometer mit Fahrenheitskala auf hölzerner Skalaplatte.
Sturmglas, auf »Mountain Scale« montiert.
Tendenzzeiger, Bedienung mit Knöpfen an den Seiten mittels einfachen Schiebesystems.
Behälter auf der Rückseite des Gehäuses mit Hilfe eines Schiebesystems verschließbar.
Sammlung: Bert Bolle.
Photo: J.J. Kok.

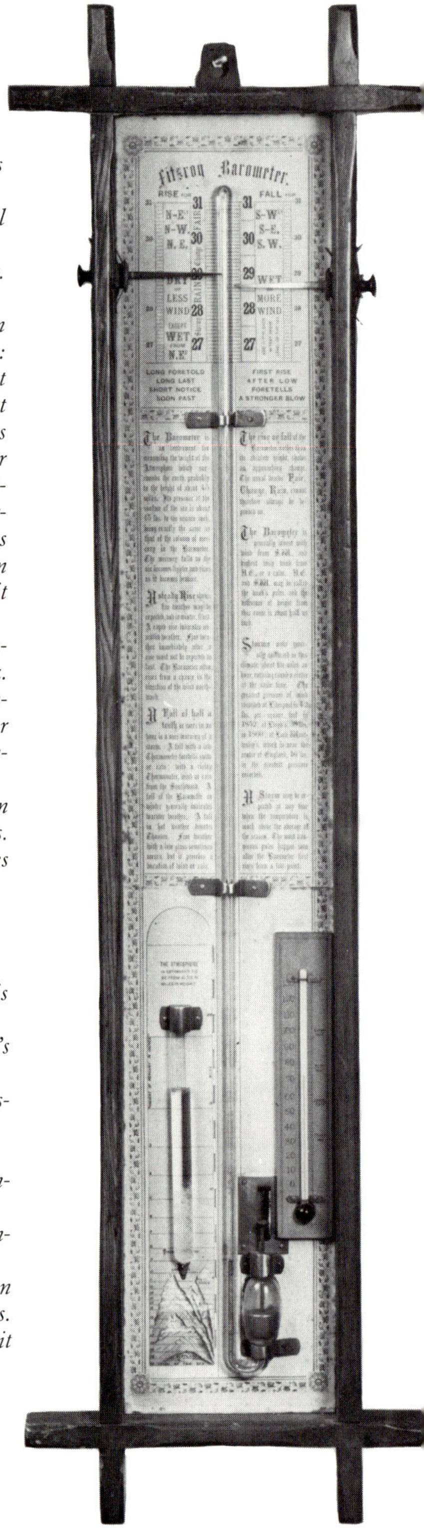

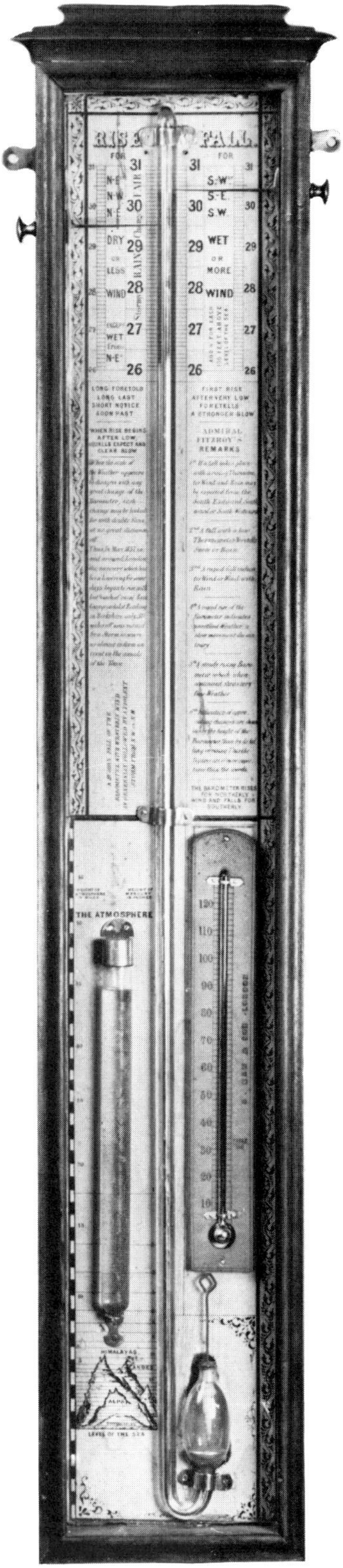

175 *Fitzroy-Barometer, um 1880 bis 1900. Signatur: »S. Maw & Son, London«. Aufschrift oben gibt nur »Rise« und »Fall« an. »Admiral Fitzroy« kommt nur noch im Textteil vor. Gehäuse: großenteils massiv Mahagoni. Skalablatt: bedrucktes Papier, einfache Randverzierung. Zubehör: Quecksilberthermometer mit Fahrenheitskala auf hölzerner Skalaplatte. Sturmglas, auf »Mountain Scale« montiert. Tendenzzeiger, Bedienung mit Knöpfen an den Seiten mittels einfachen Schiebesystems. Behälter von außen nicht verschließbar. Sammlung: Bert Bolle. Photo: J.J. Kok.*

176 *Fitzroy-Barometer, um 1880 bis 1900. Signatur: »Mason, Essex Bridge, Dublin«. Aufschrift oben wie auf Abb. 175. Skalablatt: bedrucktes Papier. Zubehör: Alkoholthermometer mit Fahrenheitskala auf Skalaplatte aus Holz. Nur ein Tendenzzeiger, Bedienung mit Knopf an der Seite mittels einfachen Schiebesystems. Behälter von außen nicht verschließbar. Sammlung: Buitendijk. Photo: J.J. Kok.*

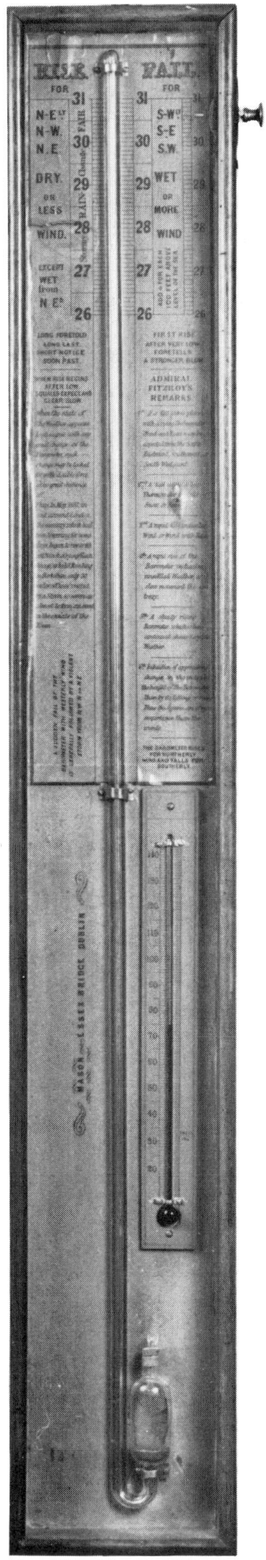

177 »Polytechnic Barometer«, um 1870 bis 1885.
»Joseph Davis & Co, Sole Manufacturers, London«. Aufschrift oben: »Royal Polytechnic Barometer«.
Gehäuse: großenteils massiv Eiche, keine Kerbschnitzerei.
Skala- und Textblätter: bedrucktes Papier.
Zubehör: Alkoholthermometer, links mit Fahrenheit-, rechts mit Celsiusskala (Centigrade), auf Skalaplatten aus Holz.
Tendenzzeiger, Bedienung mit abnehmbaren Knöpfen mittels Zahnstangensystem.
Behälter von außen nicht verschließbar.
Privatsammlung.
Photo: J.J. Kok.

178 »Polytechnic Barometer«, um 1870 bis 1885.
»Joseph Davis & Co, Sole Manufacturers, London«. Aufschrift oben: »Royal Polytechnic Barometer«.
Gehäuse: zum großen Teil massiv Eiche, Spitzhaube mit Kerbschnitzerei.
Skala- und Textblätter, Zubehör, Tendenzzeiger und Behälter wie auf Abb. 177, nur mit dem Unterschied, daß sich das Celsiusthermometer links und das Fahrenheitthermometer rechts befindet.
Sammlung: Bert Bolle.
Photo: J.J. Kok.

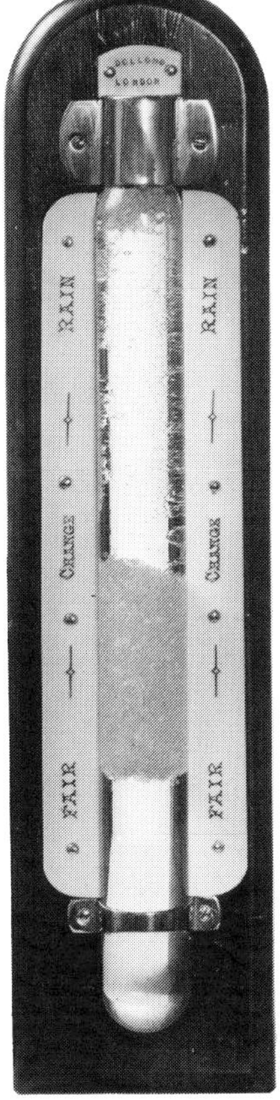

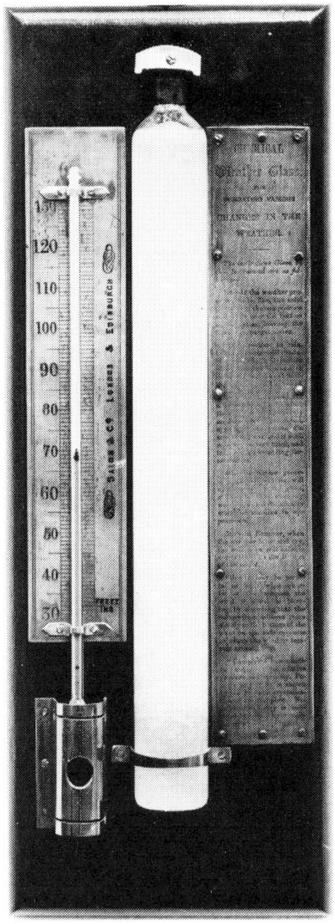

179 »Forecast Barometer«, um 1870 bis 1885.
»Joseph Davis & Co, Sole Manufacturers, 6, Kennington Park Road, London«.
Aufschrift oben: »American Forecast Barometer«.
Gehäuse: großenteils massiv Eiche mit gekerbter Haube und Ajourarbeit, im Unterteil hinter Glas.
Skalablatt: Papier, bedruckt auf silberfarbenem Grund.
Zubehör: Quecksilberthermometer mit Fahrenheitskala auf versilberter Skalaplatte aus Messing.
Tendenzzeiger, Bedienung mit abnehmbaren Knöpfen mittels Zahnstangensystem. Satz von sieben kleinen »Gedächtnisrädern« für den Barometerstand an jedem Wochentag, Bedienung mit einem abnehmbaren Knopf. Ganz unten ein Kompaß.
Behälter von außen nicht verschließbar.
Privatsammlung.
Photo: J.J. Kok.

180/181 Sturmgläser, letztes Viertel 19. Jahrhundert.
Links: Sturmglas von »Dollond, London«. Mahagonibrett mit Elfenbeinplatten.
Privatsammlung.
Photo: J.J. Kok.
Rechts: Sturmglas von »Salom & Co., London & Edinburgh«.
Mahagonibrett. Versehen mit Wetterangaben auf Metallplatte: »Chemical Weather Glass for indicating various Changes of the Weather«.
Links ein Alkoholthermometer mit Fahrenheitskala auf einer Skalaplatte aus Elfenbein.
Sammlung und Photo: W. Habenicht – R. Holland.

Siehe ferner Teil I, S. 59ff. (Entwicklung) und Teil III, S. 214ff. (Technik).

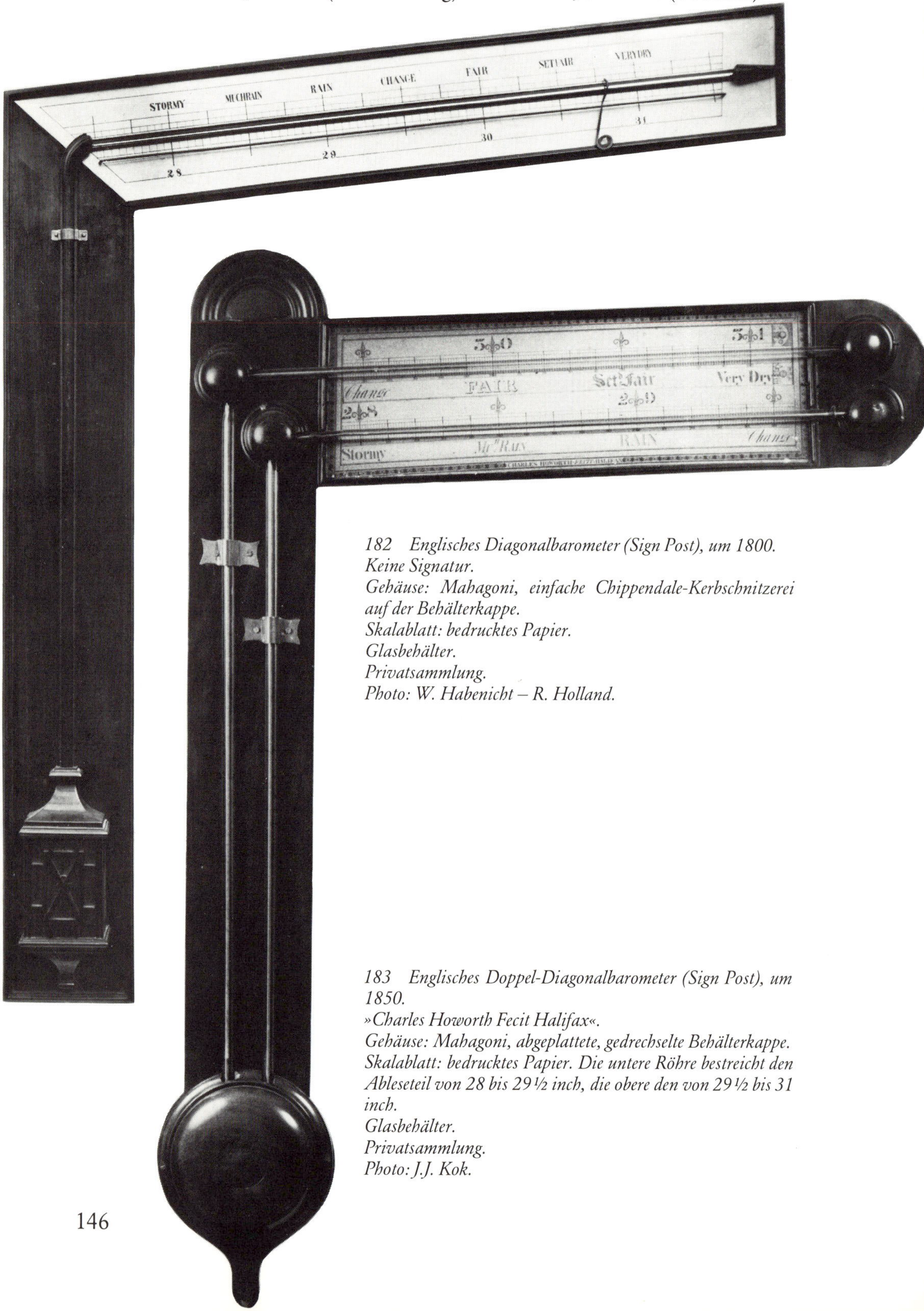

182 Englisches Diagonalbarometer (Sign Post), um 1800.
Keine Signatur.
Gehäuse: Mahagoni, einfache Chippendale-Kerbschnitzerei auf der Behälterkappe.
Skalablatt: bedrucktes Papier.
Glasbehälter.
Privatsammlung.
Photo: W. Habenicht – R. Holland.

183 Englisches Doppel-Diagonalbarometer (Sign Post), um 1850.
»Charles Howorth Fecit Halifax«.
Gehäuse: Mahagoni, abgeplattete, gedrechselte Behälterkappe.
Skalablatt: bedrucktes Papier. Die untere Röhre bestreicht den Ableseteil von 28 bis 29½ inch, die obere den von 29½ bis 31 inch.
Glasbehälter.
Privatsammlung.
Photo: J.J. Kok.

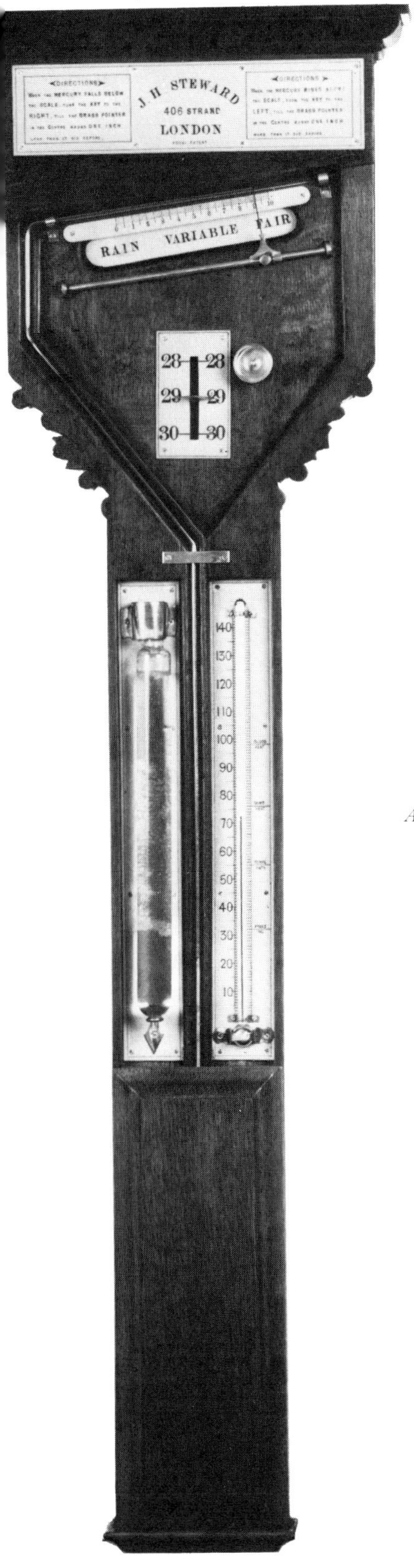

184 Englisches Zickzack-Diagonalbarometer, letztes Viertel 19. Jahrhundert.
Signatur: »J.H. Steward, 406 Strand, London«.
Gehäuse: massiv Eiche, breites, abgeplattetes, gerade verlaufendes Endstück.
Material der Platten: imitiertes Elfenbein.
Barometerskalaplatte mit vergrößerter Skala von 1 inch, eingeteilt in Hundertstel. Die Skalavergrößerung beträgt mehr als das Vierfache. Der Behälter kann mittels des Messingknopfes nach Belieben ein oder zwei inches höher oder tiefer gestellt werden, so daß man die Höhe des Quecksilberpegels im schrägen Teil der Röhre bestimmen kann. Neben dem Knopf sitzt eine kleine Skala mit einem Indikator, der sich mit dem Behälter mitbewegt. Auf der Abbildung steht der Indikator auf 29. In dieser Lage kann im Ablesebereich der Röhre das Quecksilber einen Stand zwischen 29 und 30 inches anzeigen. Stellt sich heraus, daß der Wert des Luftdruckes höher liegt, dann wird das Quecksilber die ganze Skala durchlaufen und möglicherweise sogar die Röhre vollständig füllen. In diesem Falle muß der Indikator auf »30« gestellt werden. Der Behälter sinkt dann um 1 inch, so daß die Quecksilbersäule oben in der Röhre fällt und den richtigen Stand anzeigt. Bei niedrigerem *Stand als 29 inches muß der Indikator auf »28« gestellt werden. Das setzt voraus, daß der Behälter besonders lang ist, um die rund 7 ½ cm großen Quecksilberniveauunterschiede auffangen zu können.*
Zubehör: festes Quecksilberthermometer mit Fahrenheitskala; Sturmglas.
Privatsammlung.
Photo: J.J. Kok.
185 Einzelner Behälterteil. Dieser Behälterstand ist der höchste. Der entsprechende Indikatorstand ist »28«.
186 Dieser Behälterstand ist der niedrigste. Der Stand des Indikators muß jetzt »30« sein. Photos: Bert Bolle.

A.

B.

Siehe ferner Teil I, S. 66ff. (Entwicklung) und Teil III, S. 217ff. (Technik).

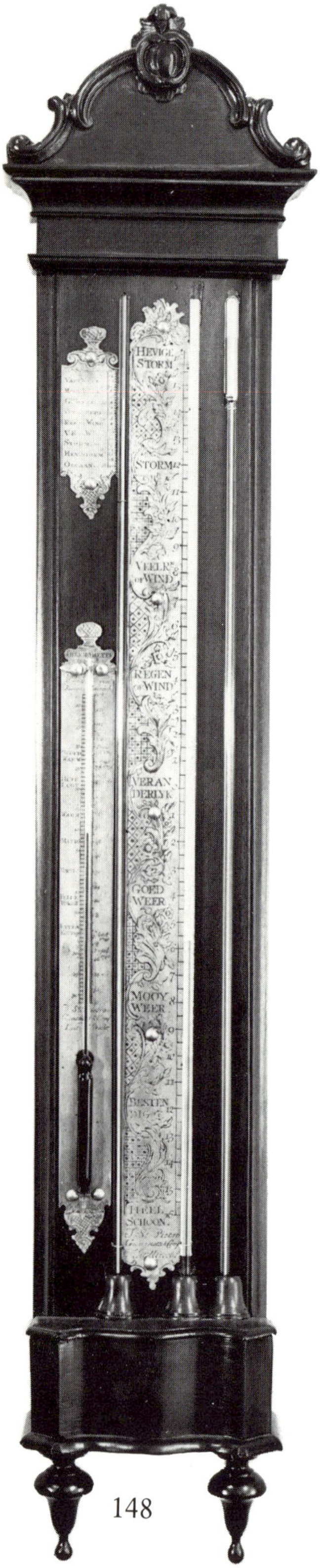

187 Niederländisches »Bakbarometer« mit einzelnen Röhren und Kontraröhren, um 1785.
Signatur: »J. St. Pietro, Giovanetti en Comp. Fecit, Utrecht«. (Hatten 1782 ihren Betrieb auf dem Lange Viesteeg; im Jahre 1792 sind sie verzogen, ihren Betrieb übernahm C. A. Poletta).
Gehäuse: Louis-quinze, furniert mit Mahagoni, Skalaplatten nicht geschützt.
Maße: 125 cm hoch und 25 cm breit.
Material der Platten: Zinn, versehen mit Gravierungen.
Barometerteil: einfache Röhre (links) mit »36er Skala« und englischen Zoll (auf der linken Skalaplatte); Kontraröhre (in der Mitte und rechts) mit »36er Skala«.
Thermometerteil: Alkoholthermometer mit Réaumur- und Fahrenheitskala.
Privatsammlung.
Photo: I. Sekhuis.

188 Niederländisches »Bakbarometer« mit einfacher Röhre und Kontraröhre, um 1780.
Signatur: »Ds. Brenta, 's Bos«. (Dominicus Brenta, aus Varena stammend; 1762 als Stadtbürger von 's-Hertogenbosch registriert; besaß eine Glas- und Spiegelfabrik, die zu Anfang des 19. Jahrhunderts noch einen großen Namen hatte; er starb 1785).
Gehäuse: Louis-seize; furniert mit Nußbaum; Skalaplatten nicht geschützt.
Maße: 122 cm hoch, 24 cm breit.
Material der Skalaplatten: Zinn.
Barometerteil: einfache Röhre (links) mit »36er Skala« und englischen inches; Kontraröhre mit »36er Skala«; Tendenzzeiger auf das Gehäuse montiert.
Thermometerteil: Alkoholthermometer mit Fahrenheitskala.
Privatsammlung.
Photo: J. Verhoeff.

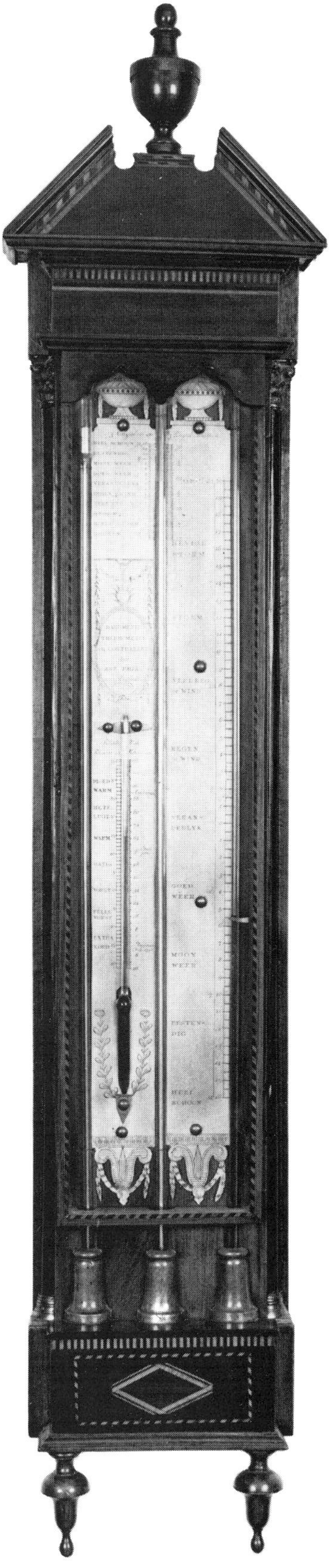

189 Niederländisches »Bakbarometer« mit einfacher Röhre und Kontraröhre, um 1800.
». . . door Ant. Peia te Amsterdam« (von Ant. Peia in Amsterdam. Geb. 1769 in Como, seit 1797 verheiratet i. Amsterdam, damals wohnhaft in der St. Nicolaasstraat; hatte um 1823 seinen Betrieb am Wijdesteeg 4; gest. 1845).
Gehäuse: Übergang Louis-seize zu Empire; furniert mit Mahagoni, versehen mit Einlegearbeit; Skalaplatten durch eine Tür geschützt.
Maße: 130 cm hoch, 27 cm breit.
Material der Platten: Zinn, Gravierung: »Barometer, Thermometer en Contraleur«.
Barometerteil: einfache Röhre (Mitte) mit »36er Skala«, englischen und rheinischen Zoll; Kontraröhre mit »36er Skala« und englischen inches; Tendenzzeiger in die Tür montiert.
Thermometerteil: Alkoholthermometer mit Réaumur- und Fahrenheitskala.
Privatsammlung.
Photo: I. Sekhuis.

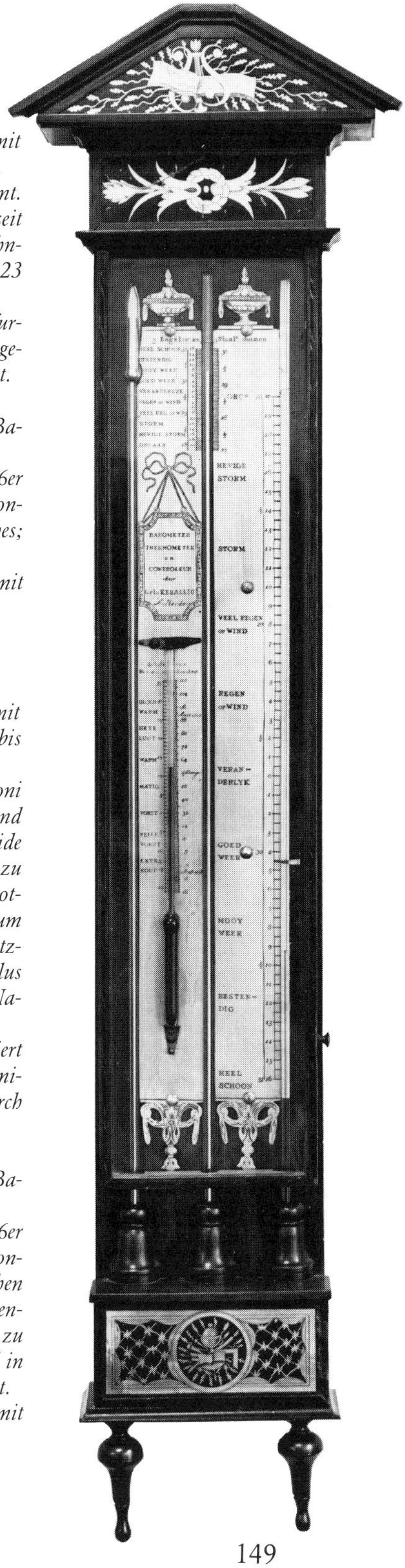

190 Niederländisches »Bakbarometer« mit einfacher Röhre und Kontraröhre, um 1820 bis 1835.
». . . door Gebr. Reballio Rotterdam.« (Antoni Albertus Martinus Reballio, 1790–1851 und Angelo Antoni Reballio, 1790–1838, beide Brüder geb. in Pognano (Italien); arbeiteten zu Anfang des 19. Jahrhunderts zusammen in Rotterdam am Vissersdijk; heirateten beide um 1820; nach dem Tode von Angelo Antoni setzten Albertus Martinus und sein Sohn Angelus Antoni Albertus den Betrieb fort unter dem Namen »A. Reballio en zoon«).
Gehäuse: Nachblüteperiode Empire; furniert mit Mahagoni, versehen mit sog. »Verre églomisée« (Malerei hinter Glas); Skalaplatten durch Tür geschützt.
Maße: 124 cm hoch, 30 cm breit.
Material der Platten: Zinn, Gravierung: »Barometer, Thermometer en Contraleur«.
Barometerteil: einfache Röhre (Mitte) mit »36er Skala«, englischen und rheinischen Zoll; Kontraröhrenteil mit »36er Skala« und englischen inches. (Auf diesem Photo ist der Zusammenhang zwischen diesen beiden Skalen gut zu sehen. Die »36er Skala« unterteilt die Zoll in Zwölftel). Tendenzzeiger in die Tür montiert.
Thermometerteil: Alkoholthermometer mit Réaumur- und Fahrenheitskala.
Privatsammlung.
Photo: I. Sekhuis.

Teil II, Kapitel 8
Siehe ferner Teil I, S. 72ff. (Entwicklung) und Teil III, S. 220ff. (Technik).

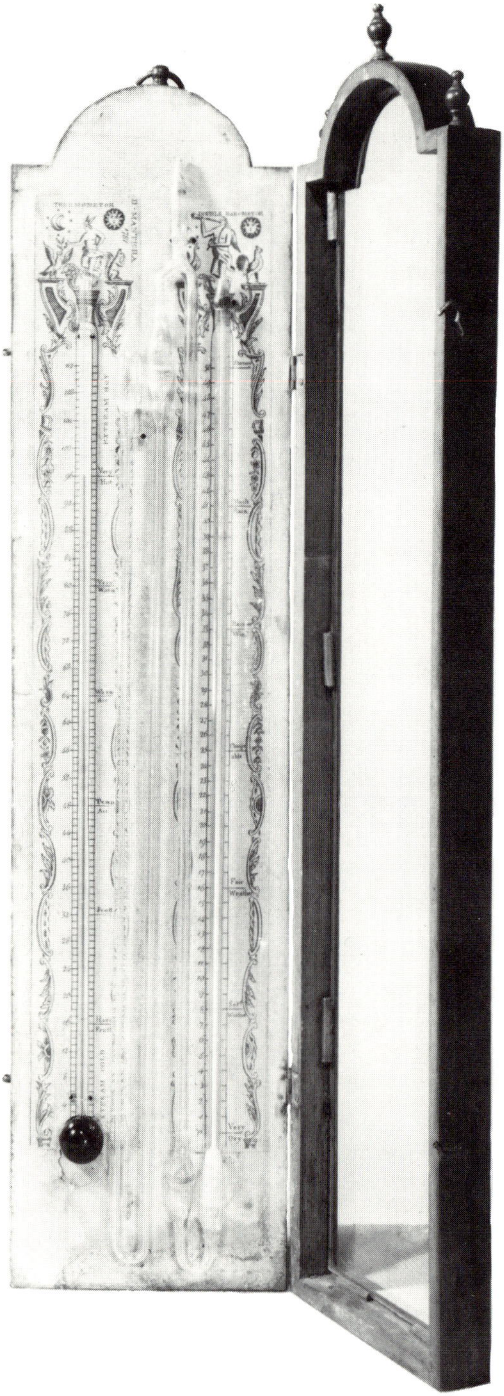

191 Englisches Multipelbarometer (4Röhren-System), mit Datum 1781.
Signatur: »D. Manticha« und »Double Barometer«. (Dominick Manticha, 11 Ely Court, London).
Gehäuse: Mahagoni; Tür mit Glas zum Schutz der Skalablätter.
Kopf mit Rundung, desgleichen die Tür, versehen mit drei Knöpfen.
Skalablätter: bedrucktes Papier, geleimt auf Unterlage aus Palmenholz. Barometerskala (wie beim niederländischen Kontrabarometer umgekehrt*) befindet sich rechts.*
Skala in 50 Abschnitte eingeteilt (50 = »Stormy«, 25 = »Changeable« und 0 = »Very Dry«).
Kein Tendenzzeiger. Alkoholthermometer (links) mit Fahrenheitskala.
Sammlung und Photo: Science Museum, London.
British Crown Copyright.

192 Donnerglas aus den Südniederlanden, Lüttich, Anfang 18. Jahrhundert.
Auch »Hahnenkamm« genannt. Das Photo läßt erkennen, wie die Benennung entstanden ist. Ferner hat eine der Verzierungen die Form eines kleinen Schwanes. Höhe: 32 cm.
Sammlung und Photo: Rijksmuseum Lambert van Meerten, Delft.

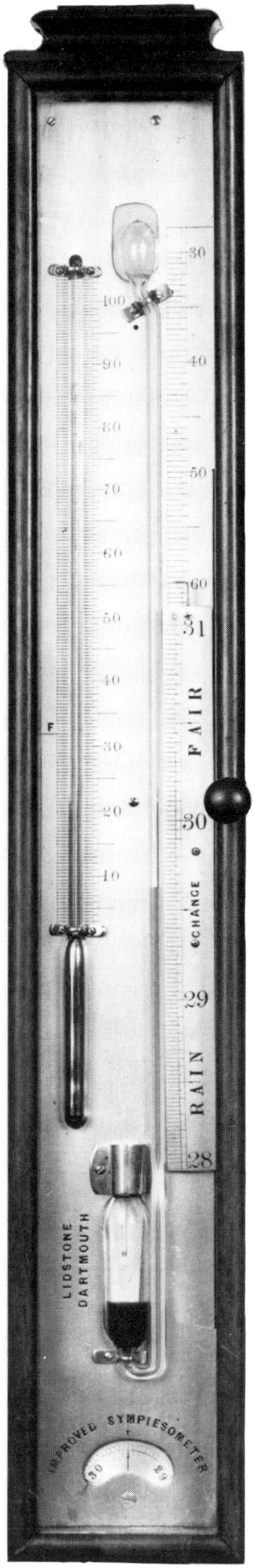

193 Englisches Sympiesometer, um 1850 bis 1880.
Signatur: »Lidstone, Dartmouth«.
Gehäuse: massiv Mahagoni, Skalaplatte mit Glas geschützt.
Skalaplatte: versilbertes Messing; Gravierung: »Improved Sympiesometer«.
Sympiesometerröhre gefüllt mit Mandelöl und Wasserstoff.
Quecksilberbarometer mit Fahrenheitskala.
Bedienung der Barometerskala mit abnehmbarem Knopf an der Vorderseite mittels Zahnstangensystem.
»Gedächtnisrädchen« mit verstellbarem Barometerstand unten.
Maße: 60 × 9 cm.
Privatsammlung.
Photo: J.J. Kok.

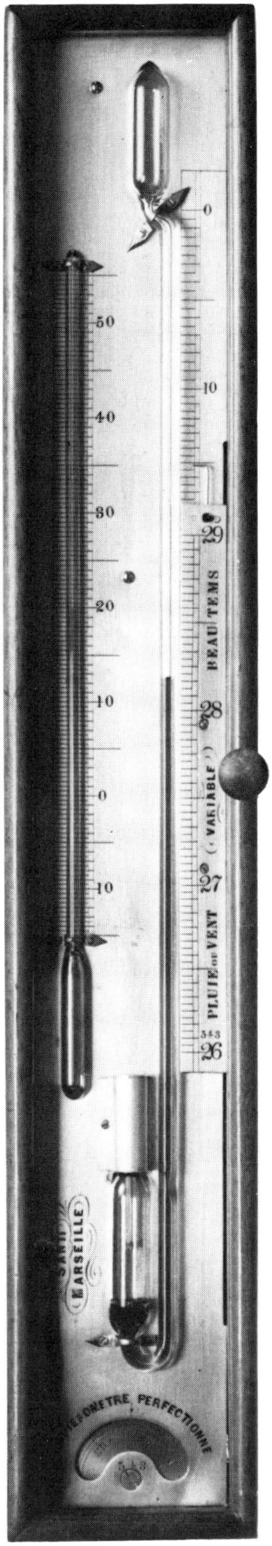

194 Französisches Sympiesometer, um 1850 bis 1880.
Signatur: »Santi, Marseille«.
Gehäuse: massiv Mahagoni, Skalaplatte unter Glas.
Skalaplatte: versilbertes Messing, Pariser Zoll; Gravierung: »Sympiesomètre Perfectionné« und »543«.
Sympiesometerröhre gefüllt mit Mandelöl und Wasserstoff.
Quecksilberthermometer mit Celsiusskala.
Bedienung der Barometerskala mit abnehmbarem Knopf an der Vorderseite mittels Zahnstangensystem.
»Gedächtnisrädchen« mit verstellbarem Barometerstand unten.
Maße: 54 × 9 cm.
Privatsammlung.
Photo: J.J. Kok.

Siehe ferner Teil I, S. 79ff. (Entwicklung) und Teil III, S. 223ff. (Technik).

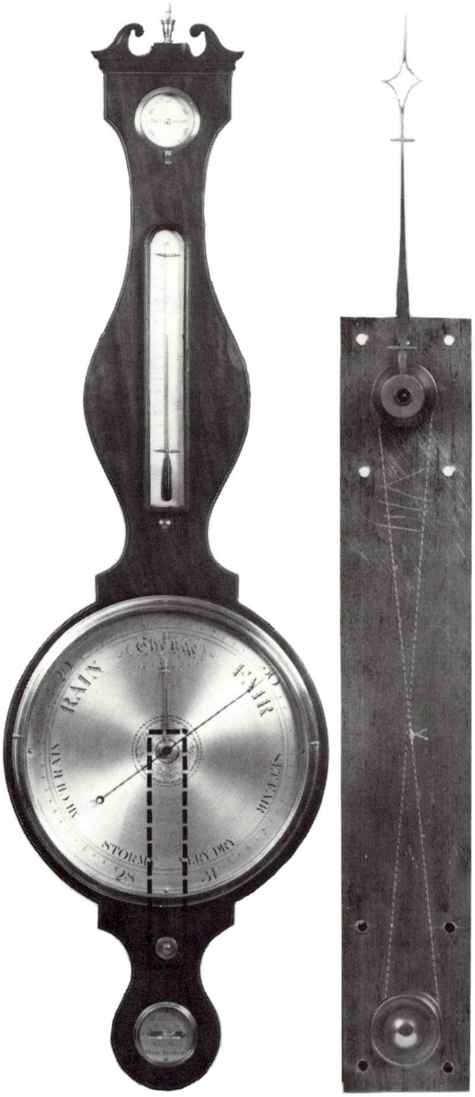

196/197 Viele Banjobarometer sind mit einem Tendenzzeiger ausgestattet, der mittels einer Saitenübertragung bedient wird. Abb. 196 zeigt mit gestrichelter Linie die Stelle, hinter der sich die Saitenübertragung befindet, Abb. 197 das (herausgenommene) Meßwerk, vollständig mit Knopf und Zeiger. Die Saite muß überkreuz gespannt sein.
Photo: J.J. Kok.

195 So sehen viele Banjobarometer von innen aus. Links die lange Quecksilberröhre, die unten mit einer scharfen Biegung wieder nach oben verläuft in der Form eines verbreiterten offenen Schenkels. Darin hängt ein kleines gläsernes Gewicht, das auf dem Quecksilber schwimmt (s. Pfeil A). Darüber das kleine Rad.
Rechts eine kleine Röhre zur Aufnahme des Gegengewichts (s. Pfeil B).
Der Messingstreifen ist deshalb so lang, weil das Saitensystem für den Tendenzzeiger darauf montiert ist (s. Abb. 197). Bei englischen Banjos früheren Datums sitzt der Tendenzzeiger fest auf dem Glas der Zeigerplatte, und man findet nur ein kleines Rad mit einem kleinen Messingstreifen vor. Bei französischen Banjos kommt letzteres auch auf Exemplaren viel späteren Datums vor.
Photo: J.J. Kok.

198 Englisches Banjobarometer, um 1790 bis 1810.
Signatur: »Giobbi & Sala, London.«
Gehäuse: furniert mit Mahagoni und Einlegearbeit unter dem Thermometer und der Zeigerplatte.
Mit feinem Blockrand ausgearbeitet.
Abgerundetes Ober- und Unterteil.
Material der Platten: versilbertes Messing.
Zeigerplatte: 8 inches, flaches Glas und schwerer Rand.
Zubehör: regulierbares Hygrometer, Bedienung mit Tendenzzeigerknopf; festes Alkoholthermometer mit Fahrenheitskala; Tendenzzeiger, Bedienung mit abnehmbarem Knopf mittels Saitensystem.
(Anders als gewöhnlich sitzt der Knopf hier über *der Zeigerplatte).*
Privatsammlung.
Photo: J.J. Kok.

199 Englisches Banjobarometer, mit Datum 1809.
Signatur: »Pensotti & Comoli« (Joseph Pensotti und Peter Comoli, auch bekannt unter dem Namen »Curmoli«, High Street, Dudley).
Gehäuse: furniert mit Mahagoni; mit Einlegearbeit, die Blumenmotive in Kopf und Unterteil aufweist, sowie Muschelmotive zu beiden Seiten des Thermometers. Kurzer Kopf (s. Pfeil), was kennzeichnend für ein Exemplar frühen Datums ist.
Ausgearbeitet mit Rand. Tympanonförmige Haube mit Vasenknopf aus Messing und abgerundetem Unterteil.
Material der Platten: versilbertes Messing.
Zeigerplatte: 8 inches, flaches Glas und schwerer Rand. Gravierung: »Pensotti & Comoli, Warranted, 1809«. (Jahreszahlen kommen auf Barometern sehr selten vor).
Zubehör: Festes Alkoholthermometer mit Fahrenheitskala. Tendenzzeiger wird unmittelbar durch Bedienung des Knopfes in der Mitte des Zeigerplattenglases bewegt.
Privatsammlung.
Photo: J.J. Kok.

200 Englisches Banjobarometer, um 1815 bis 1825.
Signatur: »G. Kalabergo, Bambury« (Giovanni Maria Ferdinando Kalabergo, auch unter dem Namen John Kalabergo bekannt, geb. 1786 in Vallesegna, kam 1806 nach England und ließ sich dort um 1815 in Banbury nieder, handelte dort mit Wanduhren, Taschenuhren, Barometern, Silberwaren usw. und bereiste damit die ganze Umgebung. Im Jahre 1852 wurde er von seinem Vetter ermordet).
Gehäuse: furniert mit Mahagoni; Einlegearbeit mit Blumenmotiven in Kopf und Unterteil sowie Muschelmotiven neben dem Thermometer. Mit Doppelrand ausgearbeitet. Tympanonförmige Haube mit Vasenknopf, abgerundetes Unterteil.
Material der Platten: versilbertes Messing.
Zeigerplatte: 8 inches, flaches Glas und schwerer Rand. Auffällig ist der Fehler in der Gravierung: »Bambury«, was richtig »Banbury« heißen muß.
Zubehör: Festes Alkoholthermometer mit Fahrenheitskala. Tendenzzeiger mit unmittelbarer Bedienung durch Knopf in der Mitte des Zeigerplattenglases.
Privatsammlung.
Photo: J.J. Kok.

201 John Kalabergo

202 Das Geschäft von John Kalabergo in der High Street, Banbury. Die Aufschrift lautet: »Kalabergo from the Market Place«. Kalabergo war auch Juwelier, weshalb die Fenster mit Läden geschützt werden konnten.

203 Originalkonzessionsschild von Kalabergo, etwa aus dem Jahr 1848, wie es an dem Wagen festgenagelt war, von welchem er seine Barometer, Uhren und Silberwaren feilbot (zu jener Zeit so üblich).
Aufschrift: »John Kalabergo, licensed hawker, Market Place, Banbury N° 286 B«.

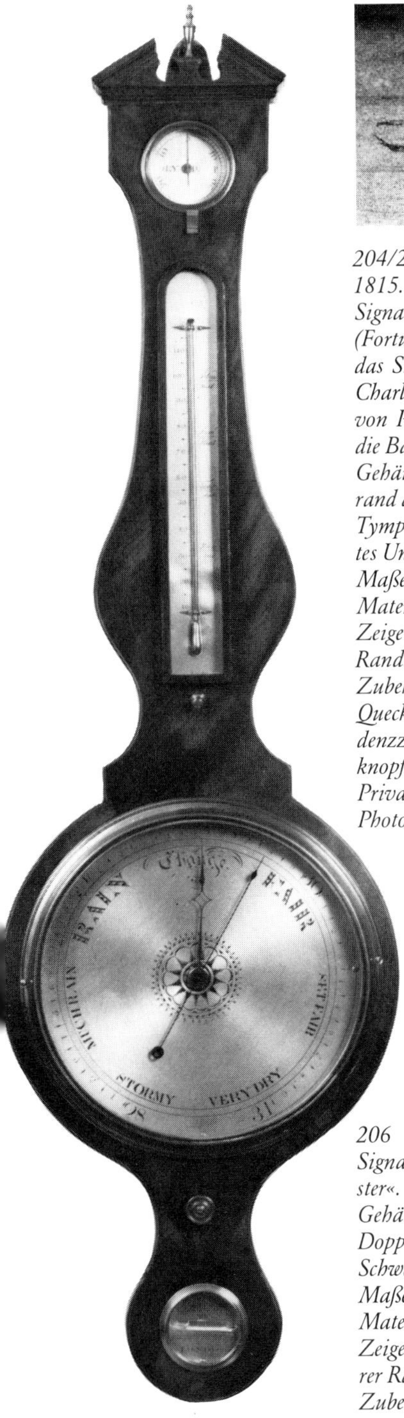

204/205 Englisches Banjobarometer, um 1811 bis 1815.
Signatur: »F. Pastorelli, 156 High Holborn, London«. (Fortunato Pastorelli. Hinter dem Thermometer steht das Signum »Stampa« (s. Abb. 205): möglicherweise Charles Stampa, London, Zeitgenosse und Nachbar von Pastorelli. Höchstwahrscheinlich lieferte Stampa die Banjogehäuse).
Gehäuse: furniert mit Blumenmahagoni, mit Doppelrand ausgearbeitet.
Tympanonförmige Haube mit Vasenknopf; abgerundetes Unterteil.
Maße: 108 cm hoch, 31 cm breit.
Material der Platten: versilbertes Messing.
Zeigerplatte: 10 inches, flaches Glas und schwerer Rand.
Zubehör: Abnehmbares Hygrometer, abnehmbares Quecksilberthermometer mit Fahrenheitskala; Tendenzzeiger, Bedienung mit abnehmbarem Messingknopf mittels Saitensystem; Wasserwaage.
Privatsammlung.
Photo: J.J. Kok.

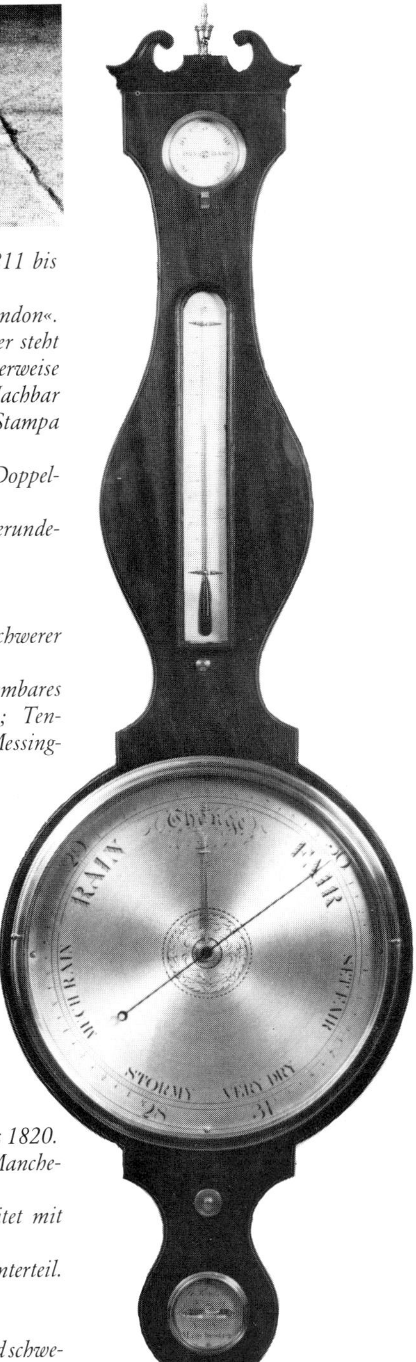

206 Englisches Banjobarometer, um 1810 bis 1820.
Signatur: »B. Ronketti, N° 51, Spear Street, Manchester«.
Gehäuse: furniert mit Mahagoni, ausgearbeitet mit Doppelrand.
Schwanenhalshaube und abgerundetes Unterteil.
Maße: 117 cm hoch und 35 cm breit.
Material der Platten: versilbertes Messing.
Zeigerplatte: 12 inches, leicht gewölbtes Glas und schwerer Rand.
Zubehör: Abnehmbares Hygrometer; abnehmbares Alkoholthermometer mit Fahrenheitskala; Tendenzzeiger, Bedienung mit abnehmbarem Knopf mittels Saitensystem; Wasserwaage.
Privatsammlung.
Photo: J.J. Kok.

207 Englisches Banjobarometer, um 1820 bis 1830.
Signatur: »Vanini & Montini, Peterborough«.
Gehäuse: furniert mit Mahagoni, versehen mit Einlegearbeit mit Blumenmotiven an Kopf und Unterteil sowie Muschelmotiven neben dem Thermometer; mit doppeltem Rand gearbeitet; tympanonförmige Haube mit Vasenknopf; abgerundetes Unterteil.
Material der Platten: versilbertes Messing.
Zeigerplatte: 8 inches, gewölbtes Glas.
Zubehör: festes Alkoholthermometer mit Fahrenheitskala; Tendenzzeiger, Bedienung mit abnehmbarem Knopf mittels Saitensystem, ebenso wie das gewölbte Glas kennzeichnend für »Banjos« dieses Typs aus der Zeitperiode um 1825, als die tympanonförmige Haube der Schwanenhalsbekrönung Platz machte.
Privatsammlung.
Photo: J.J. Kok.

208 Englisches Banjobarometer, um 1810 bis 1830.
Signatur: »Ias. Tognetti, Plymouth«.
Gehäuse: furniert mit Mahagoni, versehen mit doppeltem Rand; tympanonförmige Haube mit Vasenknopf; abgerundetes Unterteil.
Material der Platten: versilbertes Messing.
Zeigerplatte: 8 inches; flaches Glas mit schwerem Rand.
Zubehör: festes Alkoholthermometer mit Fahrenheitskala; Tendenzzeiger, direkte Bedienung mit Knopf auf dem Zeigerplattenglas.
Sammlung: Bert Bolle.
Photo: J.J. Kok.

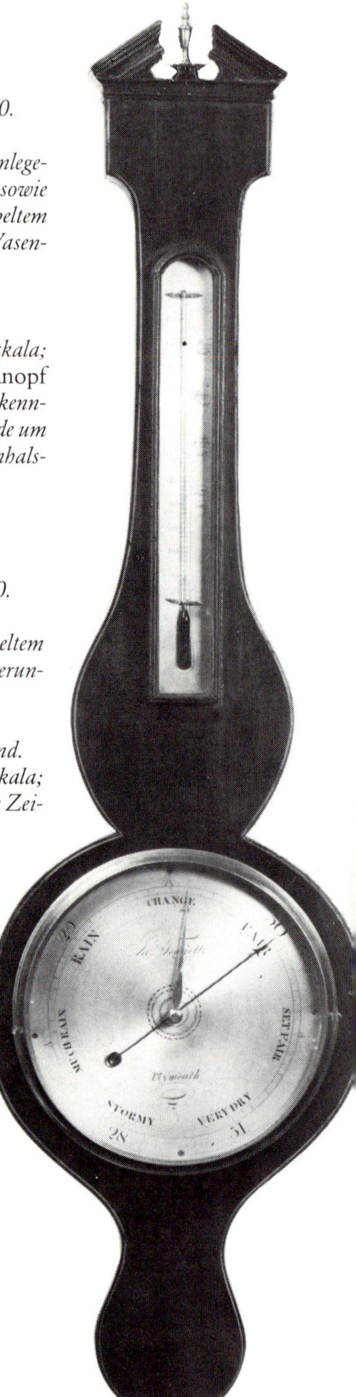

209 Englisches Banjobarometer, um 1817 bis 1830.
Signatur: »Dominic Bolongaro, 2 Old Millgate, Manchester«. (Reiste um 1800–1810 von Italien nach England, wo er zwischen 1810 und 1817 zunächst bei Vincente Zanetti tätig war. Machte 1817 einen eigenen Betrieb auf als Drukker, Bilderhändler sowie Hersteller von Spiegel- und Gemäldeleisten und Barometern mit Agnew Zanetti als Mitgesellschafter. Wechselte einige Male seine Adresse und führte seinen Betrieb weiter bis in die zweite Hälfte des vorigen Jahrhunderts).
Gehäuse: furniert mit Blumenmahagoni; abgerundetes Kopf- und Unterteil.
Tiefes Gehäuse (4,2 cm), 103 cm hoch und 31 cm breit.
Material der Platten: versilbertes Messing.
Zeigerplatte: 10 inches. Gewölbtes Glas.
Zubehör: Abnehmbares Hygrometer, abnehmbares Quecksilberthermometer mit Fahrenheitskala; Tendenzzeiger, Bedienung mit abnehmbarem Knopf mittels Saitensystem.
Sammlung: Bert Bolle.
Photo: J.J. Kok.

210 Englisches Banjobarometer, um 1820 bis 1830.
Signatur: »S. Bregazzi, Derby« (vermutlich Samuel Bregazzi, Queen Street, Derby«).
Gehäuse: furniert mit Blumenmahagoni, abgerundetes Kopf- und Unterteil.
Material der Platten: versilbertes Messing.
Zeigerplatte: 8 inches, gewölbtes Glas.
Zubehör: abnehmbares Hygrometer; abnehmbares Quecksilberthermometer mit Fahrenheitskala; Tendenzzeiger, Bedienung mit abnehmbarem Knopf mittels Saitensystem; Wasserwaage.
Privatsammlung.
Photo: J.J. Kok.

211 Englisches Banjobarometer, um 1835–1845.
Signatur: »S. Pedrone, Carlisle«.
Gehäuse: furniert mit Blumenmahagoni, versehen mit doppeltem Rand. Schwanenhalshaube mit Vasenknopf; abgerundetes Unterteil.
Material der Platten: versilbertes Messing.
Zeigerplatte: 8 inches, gewölbtes Glas.
Zubehör: abnehmbares Hygrometer; abnehmbares Alkoholthermometer mit Fahrenheitskala; kleiner Butlerspiegel in Holzleiste; Tendenzzeiger, Bedienung mit abnehmbarem Knopf mittels Saitensystem; Wasserwaage.
Sammlung: F. Veenstra.
Photo: J.J. Kok.

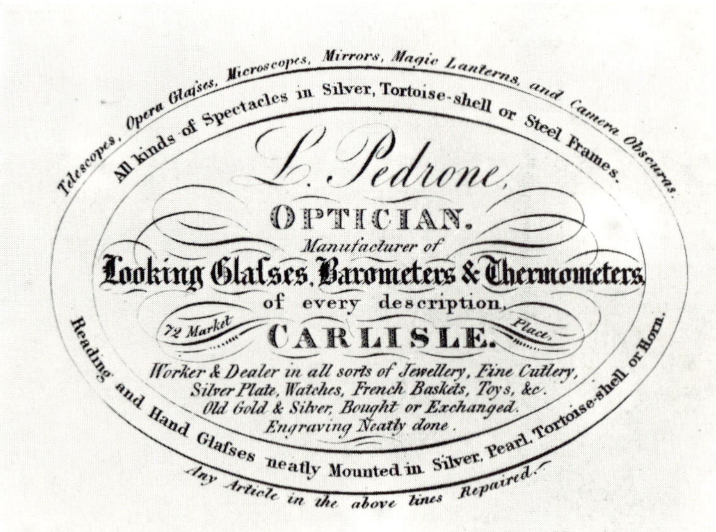

212 Geschäftskarte von L. Pedrone, Carlisle, um 1835 bis 1850.
Mehrere Pedrone arbeiteten im Familienverband in Carlisle, so daß »S. Pedrone« eines der Familienmitglieder sein kann oder doch derselbe unter der Bezeichnung L. Pedrone. Ausländische Namen wurden ja immer öfter anglisiert (so wurde z.B. aus Giovanni John, aus Giuseppe Joseph usw.).
Photo: Pawle, Carlisle.

213 *Englisches Banjobarometer, um 1835 bis 1845.*
Signatur: »A. Adie & Son, Edinburgh«. (Alexander Adie, 1774–1858, eröffnete seinen Betrieb 1804 und arbeitete seit 1835 zusammen mit seinem Sohn John. Wechselte verschiedene Male seine Adresse. Dieses Barometer wurde in ihrem Betrieb in der Princess Street angefertigt).
Gehäuse: furniert mit Blumenmahagoni, abgesetzt mit dunklem Rand.
Schwanenhalshaube; abgerundetes Endstück. Schmales Gehäuse: 21 cm, Höhe normal.
Material der Platten: versilbertes Messing. Kleines silbernes Schild unter dem Thermometer mit Spuren von Gravierung. Wahrscheinlich war das Thermometer seinerzeit ein Geschenk anläßlich einer besonderen Gelegenheit.
Zeigerplatte: 6 inches, *gewölbtes Glas.*
Zubehör: abnehmbares Hygrometer; abnehmbares Quecksilberthermometer mit Fahrenheitskala; Tendenzzeiger, Bedienung mit abnehmbarem Knopf mittels Saitensystem; Wasserwaage.
Sammlung: Bert Bolle.
Photo: J.J. Kok.

214 *Englisches Banjobarometer, um 1835 bis 1850.*
Signatur: »A. Maspoli, Hull«.
Gehäuse: furniert mit Mahagoni, abgesetzt mit doppeltem Rand; Schwanenhalshaube; abgerundetes Unterteil.
Großes Gehäuse: 105 cm hoch, 31 cm breit.
Material der Platten: versilbertes Messing.
Zeigerplatte: 10 inches; gewölbtes Glas.
Zubehör: abnehmbares Hygrometer; abnehmbares Alkoholthermometer mit Fahrenheitskala; kleiner Butlerspiegel in Holzleiste; Tendenzzeiger, Bedienung mit abnehmbarem Knopf mittels Saitensystem; Wasserwaage.
Sammlung: Sheldon.
Photo: J.J. Kok.

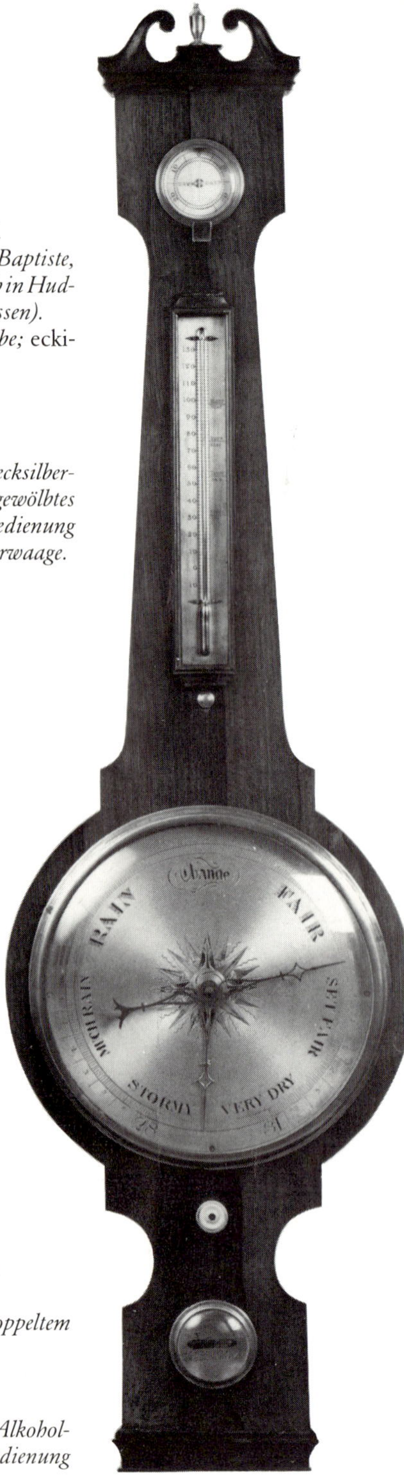

215 *Englisches Banjobarometer, um 1835 bis 1855.*
Signatur: »Lombardini, Huddersfield«. (Iovanno Baptiste, auch bekannt als John Lombardini, hatte seinen Betrieb in Huddersfield um 1820 bis 1855 unter verschiedenen Adressen).
Gehäuse: furniert mit Palisander; Schwanenhalshaube; ecki-ges *Unterteil;*
Großes Gehäuse: 110 cm hoch, 31 cm breit.
Material der Platten: versilbertes Messing.
Zeigerplatte: 10 inches; *gewölbtes Glas.*
Zubehör: abnehmbares Hygrometer; abnehmbares Quecksilberthermometer mit Fahrenheitskala, geschützt durch gewölbtes Glas (meistens ist es flaches Glas); Tendenzzeiger, Bedienung mit abnehmbarem Knopf mittels Saitensystem; Wasserwaage.
Privatsammlung.
Photo: J.J. Kok.

216 *Englisches Banjobarometer, um 1835 bis 1860.*
Signatur: »J. Dee, Skipton«.
Gehäuse: furniert mit Mahagoni, abgesetzt mit doppeltem Rand; Schwanenhalshaube; eckiges *Unterteil.*
Material der Platten: versilbertes Messing.
Zeigerplatte: 8 inches; gewölbtes Glas.
Zubehör: abnehmbares Hygrometer; abnehmbares Alkoholthermometer mit Fahrenheitskala; Tendenzzeiger, Bedienung mit abnehmbarem Knopf mittels Saitensystem; Wasserwaage.
Sammlung: Bert Bolle.
Photo: J.J. Kok.

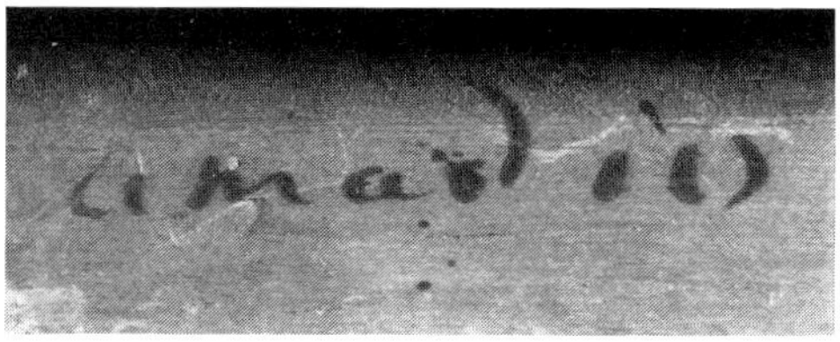

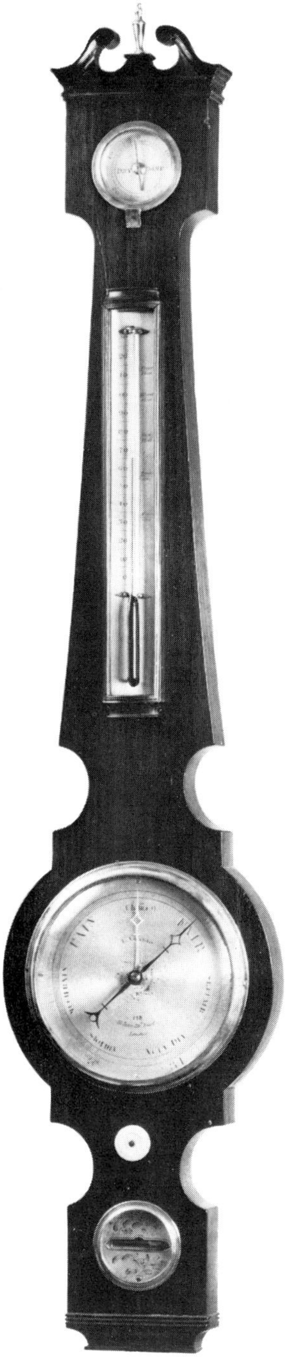

217/218 Englisches Banjobarometer, um 1835 bis 1840.
»F. Amadio, 118 St. John Street Road, London.«
(Francis Amadio eröffnete seinen Betrieb 1820 in der St. John Street Road 20, verzog um 1828/29 in N° 118 und blieb dort bis 1844. Von 1840 ab arbeitete er zusammen mit seinem Sohn Francis und signierte in jenen Jahren »F. Amadio & Son« usw. (s. auch Abb. 219). Er fertigte auch künstliche Blumen an und verlegte sich besonders auf Banjobarometer wie das hier abgebildete. Weiterhin widmete er sich dem Handwerk der Möbeltischlerei, wenn man seine Signatur im Inneren des Gehäuses berücksichtigt (s. Abb. 218). Von Amadio sind auch Banjobarometer bekannt, die auf der Zeigerplatte sowohl seinen eigenen Namen als auch den des Händlers tragen, der das Instrument bei Amadio bestellt hat).
Gehäuse: furniert mit Palisander; Schwanenhalshaube mit Vasenknopf; eckiges Unterteil.
Schmales Gehäuse: 20 cm breit.
Material der Platten: versilbertes Messing.
Zeigerplatte: 6 inches, *gewölbtes Glas.*
Zubehör: abnehmbares Hygrometer, abnehmbares Alkoholthermometer mit Fahrenheitskala, geschützt durch gewölbtes Glas; Tendenzzeiger, Bedienung mit abnehmbarem Knopf mittels Saitensystem; Wasserwaage mit eingravierten kleinen Zweigen.
Sammlung: Bert Bolle.
Photo: J.J. Kok.

219/220 Englisches Banjobarometer, um 1840 bis 1844.
»F. Amadio & Son, 118, St. John Street Road, London.« (Francis Amadio und sein Sohn Francis, s. Beschreibung von Abb. 217/218. Auch dieses Gehäuse ist signiert; s. Abb. 220).
Gehäuse: furniert mit Blumenmahagoni, abgesetzt mit dunklem Rand; Schwanenhalshaube mit Vasenknopf; eckiges Unterteil.
Schmales Gehäuse: 21 cm breit.
Material der Platten, Zeigerplatten, Maße und Zubehör wie bei dem Barometer von Abb. 217.

221 Englisches Banjobarometer, um 1830 bis 1850.
Signatur: »Kirtoni & Rabone, Birmingham«.
Gehäuse: furniert mit Mahagoni, teilweise horizontal; unpolierter Palisanderrand um die Zeigerplatte; Schwanenhalshaube mit Vasenknopf; abgerundetes Unterteil. Ungewöhnliches Modell.
Material der Platten: versilbertes Messing.
Maße: 125 cm hoch, 39 cm breit.
Zeigerplatte: 12 inches, *gewölbtes Glas.*
Zubehör: festes Hygrometer; festes Alkoholthermometer mit Fahrenheitskala; Tendenzzeiger, Bedienung mit abnehmbarem Knopf mittels Saitensystem; Wasserwaage.
Sammlung: Langeveld.
Photo: J.J. Kok.

222 Englisches Banjobarometer, um 1840 bis 1851.
Signatur: »D. Fagioli & Son, 3 Gt. Warner St. Clerkenwell« (London). (Dominic Fagioli arbeitete 1840 mit seinem Sohn zusammen. Die Firma zog 1851 um in die Great Warner Street 10).
Gehäuse: furniert mit Palisander; fledermaus*artiges Profil.*
Material der Skalaplatten: versilbertes Messing.
Zeigerplatte: 8 inches, gewölbtes Glas.
Zubehör: abnehmbares Hygrometer; abnehmbares Alkoholthermometer mit Fahrenheitskala; Tendenzzeiger, Bedienung mit abnehmbarem Knopf mittels Saitensystem; Wasserwaage.
Privatsammlung.
Photo: J.J. Kok.

223 Englisches Banjobarometer, um 1840.
Signatur: »Bregazzi, Nottingham« (in Derby arbeiteten verschiedene Bregazzi, u.a. Innocent und Peter – s. ihre Geschäftskarte auf S. 84 – und Samuel. Dieser kann sehr wohl der Hersteller gewesen sein, denn eines seiner Werke bestand aus einer »mit Barometer und Thermometer kombinierten Uhr in der Form eines Turms im gotischen Stil.« Mit Rücksicht auf das besondere Modell des »Banjos« erscheint Samuel Bregazzi, Queen Street, Derby, als der am ehesten in Frage kommende Hersteller).
Gehäuse: furniert mit Ulmenwurzelholz. Spitzenhaube, eckiges Unterteil.
Zeigerplatte aus versilbertem Messing, 8 inches, gewölbtes Glas.
Nur mit Tendenzzeiger ausgestattet, Bedienung mit abnehmbarem Knopf mittels Saitensystem.
Sammlung: Bert Bolle.
Photo: J.J. Kok.

224 Englisches Banjobarometer, um 1835 bis 1845.
Signatur: »J. Laffrancho – Ludlow«.
Gehäuse: furniert mit Blumenmahagoni; Schwanenhalshaube mit Vasenknopf, eckiges Unterteil; ungewöhnliches Modell mit Zeigerplatte rund 30 cm höher als normalerweise üblich. Unter der Zeigerplatte ein rechteckiger Spiegel.
Material der Platten: versilbertes Messing.
Zubehör: abnehmbares Quecksilberthermometer mit Fahrenheitskala; Tendenzzeiger mit abnehmbarem Knopf mittels Saitensystem; Spiegel in Holzleiste; rechteckige Wasserwaage.
Sammlung: Bert Bolle.
Photo: J.J. Kok.

225 Englisches Banjobarometer um 1840 bis 1860.
Signatur: »C.W. Dixey, Optician to the Queen, 3 New Bond Street, London«. (Charles Wastell Dixey, 1798–1880, hatte zusammen mit seinem Onkel George Dixey ein sehr berühmtes Geschäft für u.a. optische und nautische Instrumente. Auch Barometer wurden dort verkauft, darunter Exemplare sublimer Handwerkskunst, wofür die Abbildung 225 zeugt. Nach dem Tode von Onkel George 1838 führte Charles das Geschäft weiter. Im gleichen Jahr wurde er zum Hoflieferanten von Königin Victoria ernannt.
Kurz nach 1848 trat Charles' Sohn Adolphus in den Betrieb ein, der jetzt den Namen »C.W. Dixey and Son« erhielt. Es sind jedoch »Dixey-Barometer« bekannt, von denen feststeht, daß sie nach 1850 hergestellt worden sind, und die dennoch die Gravierung »C.W. Dixey« tragen, so daß auch dieses Barometer sehr wohl erst nach 1850 angefertigt worden sein kann).
Gehäuse: massiv Nußbaum, furniert mit Nußbaumwurzelansatz und mit Kerbschnitzerei über die ganze Vorderseite hin ausgestattet, die hauptsächlich Blumen- und Zweigmotive aufweist. Das reich profilierte Gehäuse und die sublime Verarbeitung – das Gehäuse ist besonders signiert – sind ein Zeugnis victorianischer Üppigkeit im wohlhabenden England des 19. Jahrhunderts.
Maße: 110 cm hoch und 32 cm breit. Material der Platten: versilbertes Messing.
Zeigerplatte: 8 inches. Flach, Glas mit Facettenschliff.
Zubehör: festes Quecksilberbarometer mit Fahrenheit- und Réaumurskala, geschützt durch flaches Glas mit Facettenschliff. Tendenzzeiger, Bedienung mit abnehmbarem Knopf mittels Saitensystem.
Sammlung: Bert Bolle.
Photo: J.J. Kok.

226 Kopf eines Rechnungsformulars von C.W. Dixey aus der Periode, in der das hier abgebildete Barometer angefertigt worden ist.

227 Das Geschäft in der Bond Street N° 3. Das Gebäude wurde 1927 abgerissen.

229 Englisches Banjobarometer, drittes Viertel 19. Jahrhundert.
Signatur: »H. Gregson, Church«.
Gehäuse: furniert mit Palisander, zwiebelförmiges Kopf-und Unterteil.
Material der Platten: versilbertes Messing.
Zeigerplatte: 8 inches, gewölbtes Glas.
Zubehör: abnehmbares Hygrometer, festes Alkoholthermometer mit Fahrenheitskala; kleiner Butler-Spiegel mit Holzumrandung. (Einige Exemplare, vor allem solche späteren Datums, haben Spiegel, die in einen Messingrand gefaßt sind. Im Gegensatz zu den Holzumrahmungen, die ins Gehäuse eingelassen wurden, sind die Messingränder in der Regel auf *das Gehäuse montiert worden. Meistens sind dann auch Hygrometer und Wasserwaage »Aufbauten«).*
Sammlung: Laman.
Photo: J.J. Kok.

228 Englisches Banjobarometer, um 1850 bis 1860.
Signatur: »W. Harrison, Hexham«.
Gehäuse: furniert mit Mahagoni, *abgesetzt mit doppeltem Rand; zwiebelförmiger Kopf (onion top), desgleichen das Unterteil. (Im allgemeinen sind Zwiebel-Banjos mit Palisander furniert wie das Beispiel Abb. 229.)*
Material der Platten: versilbertes Messing.
Zeigerplatte: 8 inches, gewölbtes Glas.
Zubehör: abnehmbares Hygrometer, abnehmbares Alkoholthermometer mit Fahrenheitskala; kleiner Butler-Spiegel in Holzleiste; Tendenzzeiger, Bedienung mit abnehmbarem Knopf mittels Saitensystem. Wasserwaage.
Privatsammlung.
Photo: J.J. Kok.

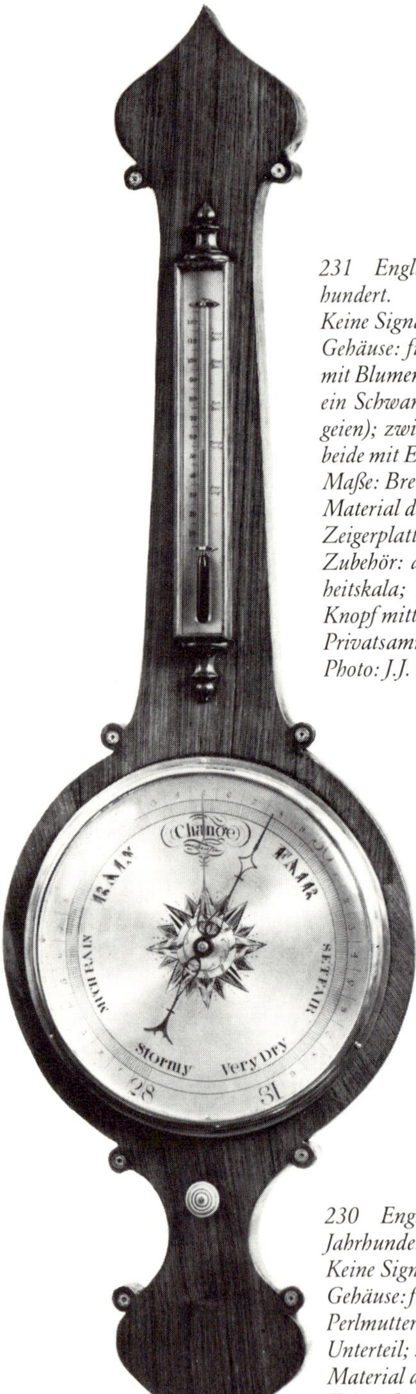

231 Englisches Banjobarometer, drittes Viertel 19. Jahrhundert.
Keine Signatur.
Gehäuse: furniert mit Palisander, Perlmuttereinlegearbeit mit Blumen und Vogelmotiven (über der Zeigertabelle u.a. ein Schwan und zu beiden Seiten der Zeigerplatte Papageien); zwiebelförmiger Kopf und abgerundetes Unterteil, beide mit Einbuchtungen.
Maße: Breite 31 cm, Höhe 98 cm.
Material der Platten: versilbertes Messing.
Zeigerplatte: 10 inches; *gewölbtes Glas.*
Zubehör: abnehmbares Alkoholthermometer mit Fahrenheitskala; Tendenzzeiger, Bedienung mit abnehmbarem Knopf mittels Saitensystem.
Privatsammlung.
Photo: J.J. Kok.

230 Englisches Banjobarometer, drittes Viertel 19. Jahrhundert.
Keine Signatur.
Gehäuse: furniert mit Palisander, einfache, kreisförmige Perlmuttereinlegearbeit, zwiebelförmiges Kopf- und Unterteil; 30 cm breit und 105 cm hoch.
Material der Platten: versilbertes Messing.
Zeigerplatte: 10 inches. *Gewölbtes Glas.*
Zubehör: abnehmbares Alkoholthermometer mit Fahrenheitskala; Tendenzzeiger, Bedienung mit abnehmbarem Knopf mittels Saitensystem.
Privatsammlung.
Photo: J.J. Kok.

232 Englisches Banjobarometer, drittes Viertel 19. Jahrhundert.
Keine Signatur.
Gehäuse: furniert mit Palisander, versehen mit Perlmuttereinlegearbeit in der Form von durchgehenden Zweigmotiven; abgerundeter Kopf; ankerförmiges Unterteil; 98 cm hoch und 32 cm breit.
Material der Platten: versilbertes Messing; Gravierung: »Warranted Correct«.
Zeigerplatte: 10 inches; *gewölbtes Glas.*
Zubehör: abnehmbares Quecksilberthermometer mit Fahrenheitskala; Tendenzzeiger, Bedienung mit abnehmbarem Knopf mittels Saitensystem.
Sammlung: Bert Bolle.
Photo: J.J. Kok.

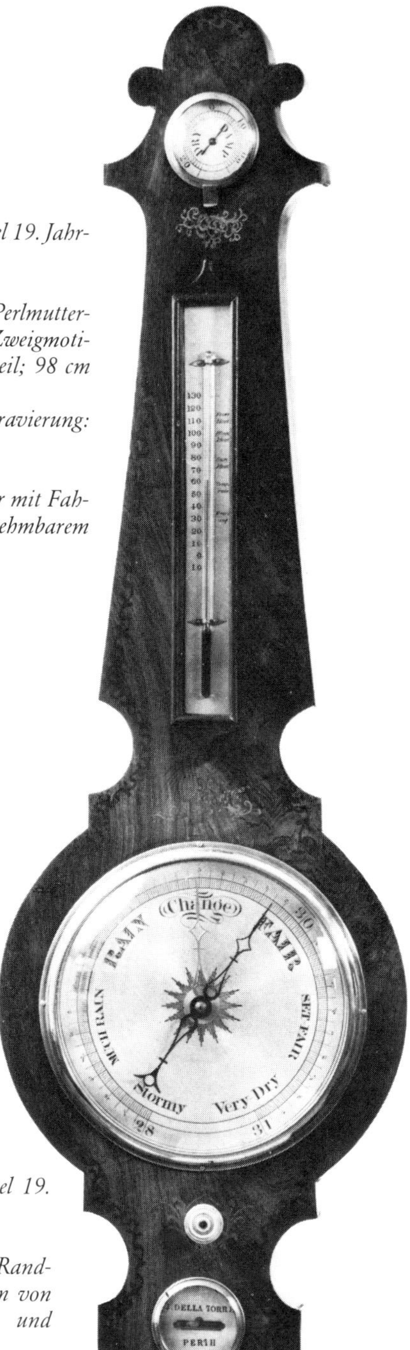

233 Englisches Banjobarometer, drittes Viertel 19. Jahrhundert.
Signatur: »J. Della Torre, Perth«.
Gehäuse: furniert mit Palisander, versehen mit Randbemalung (zum Teil abgeblättert) als Imitation von Perlmuttereinlegearbeit. Abgerundetes Kopf- und Unterteil.
Material der Platten: versilbertes Messing.
Zeigerplatte: 8 inches; *gewölbtes Glas.*
Zubehör: abnehmbares Hygrometer; abnehmbares Alkoholthermometer mit Fahrenheitskala; Tendenzzeiger, Bedienung mit abnehmbarem Knopf mittels Saitensystem; Wasserwaage.
Privatsammlung.
Photo: J.J. Kok.

234 Englisches Banjobarometer, um 1860 bis 1890.
Signatur: »Gibbs, Chester Terrace, Pimlico«.
Gehäuse: furniert mit Blumenmahagoni, abgerundetes Kopf- und Unterteil.
Material der Platten: versilbertes Messing.
Zeigerplatte: 8 inches, gewölbtes Glas.
Zubehör: abnehmbares Quecksilberthermometer mit Fahrenheitskala, geschützt durch gewölbtes Glas; Tendenzzeiger, Bedienung mit abnehmbarem Knopf mittels Saitensystem.
Privatsammlung.
Photo: J.J. Kok.

235 Englisches Banjobarometer, um 1860 bis 1890.
Keine Signatur.
Gehäuse: furniert mit Nußbaum; ausgearbeitet mit biedermeierartigen Locken; abgerundeter Kopf und ankerförmiges Unterteil.
Material der Platten: bemaltes Opalinglas.
Zeigerpaltte: 8 inches, gewölbtes Glas.
Zubehör: festes Quecksilberthermometer mit Réaumur- und Fahrenheitskala; Tendenzzeiger, Bedienung mit abnehmbarem Knopf mittels Saitensystem.
Privatsammlung.
Photo: J.J. Kok.

236 Englisches Banjobarometer, um 1890 bis 1910.
Signatur: »Negretti & Zambra, London«. (s. u.a. S. 124 und 135).
Gehäuse: furniert mit Mahagoni, mit Einlegearbeit in Form von u.a. Muscheln und Blumenstengeln versehen; abgesetzt mit hellem Rand; Schwanenhalshaube; abgerundetes Unterteil. Bei beiden auf dieser Seite abgebildeten Barometern empfiehlt es sich, vorsichtig zu sein: obgleich diese Exemplare Radquecksilberbarometer sind, war die Anfertigung identischer Barometer mit einem Aneroidwerk im Inneren sehr häufig (s. S. 178). Bei Aneroidbanjos fehlt auf der Rückseite die bewußte Tür. Stattdessen haben sie nur ein Loch mit einer kleinen Regulierschraube.
Material der Platten: versilbertes Messing.
Zeigerpaltte: 8 inches; flaches Glas mit Facettenschliff.
Zubehör: Festes Quecksilberbarometer mit Fahrenheitskala; Tendenzzeiger mit direkter Bedienung über Knopf in der Mitte des Zeigerplattenglases.
Privatsammlung.
Photo: J.J. Kok.

237 Englisches Banjobarometer, letztes Viertel 19. Jahrhundert.
Signatur: »J. Jerome Large, Birmingham«.
Ghäuse: massiv Eiche, etwas Kerb- und Drechselarbeit, typisch für die spätvictorianische Zeit.
Material der Platten: versilbertes Messing.
Zeigerplatte: 8 inches, flaches Glas mit Facettenschliff.
Zubehör: festes Alkoholthermometer mit Fahrenheitskala, geschützt durch Glas mit Facettenschliff; Tendenzzeiger, Bedienung mit abnehmbarem Knopf mittels Saitensystem.
Privatsammlung.
Photo: J.J. Kok.

238 Niederländisches Banjobarometer, um 1838 bis 1850. Signatur: »Reballio & Son, Rotterdam«. (Antoni Albertus Martinus Reballio, 1778–1851 und sein Sohn Angeli Antoni Albertus, 1822 bis etwa 1905; der Betrieb befand sich zunächst am Vissersdijk, später am Vissteeg in Rotterdam. Die Gravierung auf der Zeigerplatte lautet: »& Son«, was vermuten läßt, daß die Reballios Banjobarometer in England bestellten und sie dort auch mit niederländischem Text versehen ließen. Es ist aber auch möglich, daß ein Mitglied der Familie Reballio einen Betrieb in England hatte, wodurch der Kontakt vereinfacht wurde).
Gehäuse: furniert mit Mahagoni; abgesetzt mit Doppelrand; Schwanenhalshaube und abgerundetes Unterteil.
Material der Platten: versilbertes Messing.
Zeigerplatte: 8 inches, gewölbtes Glas.
Zubehör: abnehmbares Quecksilberthermometer mit Fahrenheit- und Réaumurskala; Tendenzzeiger, Bedienung mit Knopf mittels Saitensystem; Wasserwaage.
Sammlung: de Weger.
Photo: J.J. Kok.

239 Niederländisches Banjobarometer, um 1840 bis 1860. Signatur: »D. Barella, Amsterdam«. (Donatus Barella, 1803–1871; kam 1819 aus Italien nach Amsterdam und ließ sich dort nieder; war verheiratet mit Therese Butti, aus einer Familie von Barometermachern gleich den Barellas. Die Zeigerplatte dieses Barometers weist viel Ähnlichkeit mit der von Reballio, Abb. 238, auf. Es ist sehr gut möglich, daß sowohl Reballio als auch Barella ihre Banjobarometer bei der gleichen Adresse in England anfertigen ließen).
Gehäuse: furniert mit Mahagoni; abgesetzt mit doppeltem Rand; Schwanenhalshaube; abgerundetes Unterteil.
Material der Platten: versilbertes Messing.
Zeigerplatte: 8 inches, gewölbtes Glas.
Zubehör: abnehmbares Hygrometer; abnehmbares Alkoholthermometer mit Fahrenheit- und Réaumurskalen; kleiner Butlerspiegel mit Holzrand; Tendenzzeiger, Bedienung mit abnehmbarem Knopf mittels Saitensystem; Wasserwaage.
Privatsammlung.
Photo: J.J. Kok.

240 Französisches Radquecksilberbarometer, um 1800.
Signatur: »Bodson, opticien, Palais Royal no. 177 à Paris«. (Es gibt einen »Bodson«, bekannt als Spiegelmacher und Optiker, Quai de l'horloge, Paris, um 1800).
Gehäuse: sechsseitiger vergoldeter Rahmen, bekrönt von Louis-seize-Motiven.
Zeigerblatt: weißgemalter Grund; französische Zoll; Bezifferung und Text ebenfalls gemalt; Glas vor dem Zeigerblatt ist möglicherweise einmal ersetzt worden. Es ist nämlich kein Tendenzzeiger vorhanden, und dieser befindet sich gewöhnlich hinter dem Glas, direkt zu bedienen mit einem Knopf durch das Glas hindurch.
Aufschrift: »Barometre Selon Toricelli« (Barometer nach Torricelli).
Privatsammlung.
Photo: J.J. Kok.

241 *Französisches Banjobarometer, um 1775.*
»Par Luisetty et Pusconi«.
Gehäuse: Kirschbaum, reich gekerbt mit Louis-quinze-Motiven, mit Blattgold versehen.
Skalaplatten: weiß bemalter Grund, französische Zoll; Bezifferung und Text ebenfalls gemalt; Glas vor der Zeigerplatte ohne Tendenzzeiger (original).
Zubehör: Quecksilberthermometer mit Fahrenheit- und Réaumurskalen.
Sammlung: Bert Bolle.
Photo: Bert Bolle.

242 *Deutsches Banjobarometer, um 1840 bis 1870.*
Keine Signatur.
Gehäuse: furniert mit Palisander; Schwanenhalshaube mit Messingknopf.
Skalaplatten: versilbertes Messing.
Zeigerplatte: 10 inch Durchmesser; Skala in Pariser Zoll.
Zubehör: abnehmbares Hygrometer; abnehmbares Alkoholthermometer mit Fahrenheit- und Réaumurskalen; kleiner Butlerspiegel in Holzleiste; Tendenzzeiger, Bedienung mit abnehmbarem Knopf mittels Saitensystem; Wasserwaage.
Privatsammlung.
Photo: Bert Bolle.

243 Französisches Banjobarometer, um 1840 bis 1860.
Signatur: »Hazebroucq, Opticien, Rue de la Paix 23«.
Gehäuse: massiv Mahagoni, reich gekerbt.
Material der Platten: bemaltes Opalinglas.
Zeigerplatte: etwa 20 cm Durchmesser; französische Zoll; gekerbter Holzrand.
Zubehör: festes Quecksilberthermometer, Aufschrift: »Thermomètre, Centigrade«; Tendenzzeiger, direkte Bedienung mit Knopf in der Mitte des Zeigerplattenglases.
Sammlung: Bert Bolle.
Photo: J.J. Kok.

244 Französisches Banjobarometer, letztes Viertel 19. Jahrhundert.
Signatur: »L. Chevalier, Opticien. G de rue 8 à Passy, F que rue du G d. Hurleur«.
Gehäuse: furniert mit Mahagoni, versehen mit feinem Rand; abgeplatteter Kopf; abgerundetes Unterteil.
Material der Skalenblätter: Papier. (Barometer: bedruckt; Thermometer: beschrieben).
Zeigerblatt: etwa 20 cm Durchmesser; französische Zoll und mm; gegossener Messingrand.
Zubehör: festes Alkoholthermometer mit Spiralbehälter; Aufschrift: »Thermomètre, Centigrade«; Tendenzzeiger, direkt zu bedienen mit Knopf in der Mitte des Zeigerplattenglases.
Sammlung: Bert Bolle.
Photo: J.J. Kok.

Teil II, Kapitel 10
Siehe ferner Teil I, S. 91ff. (Entwicklung) und Teil III, S. 224ff. (Technik).

246 Einzelheit des Bourdonsystems.
Nach Entfernung des Zeigerblattes wird die platte Bourdonröhre sichtbar. (Wie sie funktioniert, wurde auf S. 93 beschrieben). Unten zwei kleine Hebelarme, die mittels einer feinen Zahnradübertragung den Zeiger bewegen.

245 Niederländisches Aneroidbarometer, System Bourdon, um 1860 bis 1900.
Französische Machart; Marke: »H. Marque de Fabrique«.
Gehäuse: Messing; mit Öse versehen; Werk im Inneren teilweise feuervergoldet; Maße: Durchmesser 13 ½ cm, 5 ½ cm tief.
Zeigerblatt: bedrucktes Papier; Aufschrift: »Metaleke Barometer«.
System: Bourdonröhre.
Tendenzzeiger in der Mitte des Glases.
Mit Etui und Sperrstift für Transport (Bourdonbarometer sind empfindlich und deshalb nur in beschränkter Anzahl angefertigt worden).
Sammlung: Bert Bolle.
Photo: J.J. Kok.

247 *Englisches Taschen-Aneroidbarometer, um 1865 bis 1900.*
Keine Signatur.
System: Vidi-Dose.
Gehäuse: feuervergoldetes Messing;
Maße: 4,9 cm Durchmesser, 1,9 cm tief.
Zeigerplatte: emailliert.
Tendenzzeiger-Höhenmeßstift, Bedienung durch Drehung des Außenrandes.
Sammlung: Bert Bolle.
Photo: J.J. Kok.

248 *Englisches Taschen-Aneroidbarometer, um 1865 bis 1900.*
Signatur: »I.H. Steward, 54 Cornhill, London«.
System: Vidi-Dose.
Gehäuse: Messing, mit Deckel und Kette;
Maße: 4,4 cm Durchmesser, 1,2 cm tief.
Zeigerplatte: versilbertes Messing; Gravierung: »Compensated« (Temperaturkompensierung).
Keine Tendenzzeiger oder Höheneinstellung.
Sammlung: Bert Bolle.
Photo: J.J. Kok.

249 *Englisches Taschen-Aneroidbarometer, um 1865 bis 1900.*
Signatur: »Negretti & Zambra, London«.
System: Vidi-Dose.
Gehäuse: feuervergoldetes Messing;
Maße: 5,1 cm Durchmesser, 1,7 cm tief.
Zeigerplatte: versilbertes Messing; Gravierung: »Compensated« und »5081«. Skala reicht zurück bis 15 inches (für Höhen bis rund 6 km!).
Tendenzzeiger-Höhenmeßstift, Bedienung durch Drehen des Außenrandes.
Privatsammlung.
Photo: J.J. Kok.

250 Englisches Reise-Aneroidbarometer, um 1865 bis 1900.
Keine Signatur.
System: Vidi-Dose.
Gehäuse: Messing, mit kleiner Lupe zum besseren Ablesen; Maße: 7,5 cm Durchmesser, 3 cm tief.
Zeigerplatte: versilbertes Messing, Skala reicht zurück bis 21 inches.
Tendenzzeiger-Höhenmeßstift, Bedienung durch Drehen des Außenrandes.
Sammlung: Bert Bolle.
Photo: J.J. Kok.

251 Englisches Reise-Aneroidbarometer, um 1900.
Signatur: »J. Hicks, 8, 9, 10 Hatton Garden, London.«
System: Vidi-Dose.
Gehäuse: feuervergoldetes Messing (mit Etui), Maße: 8 cm Durchmesser, 3,8 cm tief.
Zeigerplatte: versilbertes Messing; Skala geht zurück bis 21 inches.
Das Besondere dieses kleinen Instruments ist, daß die Skala von 31 bis 21 inches verteilt ist über drei Kreise. Der Zeiger muß insgesamt drei Umdrehungen machen, um den Verlauf von 10 inches anzugeben. Der Außenkreis läuft von 31 bis etwa 27,3 inches, darauf muß der mittlere Kreis abgelesen werden, bis ungefähr 24,3 inches erreicht sind. Alsdann gibt der Innenkreis die letzten inches an. Ein eingebauter Indikator zeigt je nachdem mit I, II oder III an, welcher Kreis abgelesen werden muß.
Gravierung: »Watkin Patent«, »Compensated« und »no. 167«.
Tendenzzeiger-Höhenmeßstift, Bedienung durch Drehen des Außenrandes.
Sammlung: Bert Bolle.
Photo: J.J. Kok.

252 Englisches Reise-Aneroidbarometer, um 1865 bis 1900.
Keine Signatur.
System: Vidi-Dose.
Gehäuse: zum Teil Messing und Nickel; in aufklappbaren Lederständer einmontiert, der gleichzeitig als Reiseetui dient.
Maße: 7 cm Durchmesser, 1,7 cm tief.
Zeigerplatte: Emaille; kein Tendenzzeiger.
Sammlung: Bert Bolle.
Photo: J.J. Kok.

253 Englisches Aneroidbarometer, um 1865 bis 1900.
Keine Signatur.
System: Vidi-Dose.
Gehäuse: Messing;
Maße: 12,3 cm Durchmesser, 5 cm tief.
Zeigerplatte: versilbertes Messing; Gravierung: »Holosteric Barometer« und »23389«.
Zubehör: Quecksilberthermometer mit Fahrenheitskala, im Halbrund verlaufend; Tendenzzeiger in der Mitte des Glases.
Privatsammlung.
Photo: J.J. Kok.

254 Englisches Aneroidbarometer, um 1865 bis 1900.
Keine Signatur.
System: Vidi-Dose.
Gehäuse: Messing;
Maße: 13 cm Durchmesser, 5 cm tief.
Zeigerplatte: versilbertes Messing; Öffnung in Zeigerplatte gewährt einen Blick ins Innere.
Tendenzzeiger in der Mitte des Glases.
Privatsammlung.
Photo: J.J. Kok.

255 Niederländisches Aneroidbarometer, Ende 19. Jahrhundert.
Keine Signatur; vermutlich niederländische Machart.
System: Vidi-Dose.
In gegossenen Messingständer einmontiert;
Maße: Höhe des Ständers 33 cm, Breite 23 cm.
Durchmesser des Zifferblattes 10 cm.
Zeigerblatt: bedrucktes Papier; mm-Skala; Aufschrift: »Holosteric Barometer«.
Tendenzzeiger in der Mitte des Glases.
Privatsammlung.
Photo: J.J. Kok.

256 Englisches Banjo-Aneroidbarometer, letztes Viertel 19. Jahrhundert.
Signatur: »W. Reeves, 146 Minories, London«.
System: Vidi-Dose.
Gehäuse: Mahagoni, teilweise furniert, ausgestattet mit Einlegearbeit im Kopf- und Unterteil sowie an beiden Seiten des Thermometers; schräggemusterter Rand; tympanonförmige Haube mit Vasenknopf; abgerundetes Unterteil. Wie schon früher erwähnt, muß man bei diesen Barometern vorsichtig sein. Das hier abgebildete Exemplar hat im Inneren ein Aneroidwerk und somit keine Quecksilberröhre! Ein »echtes« Radquecksilberbarometer dieses Typs ist beträchtlich älter und teurer.
Material der Platten: versilbertes Messing.
Zeigerplatte: 8 inches; flaches Glas mit Facettenschliff.
Zubehör: festes Alkoholthermometer mit Fahrenheitskala; Tendenzzeiger in der Mitte des Glases.
Privatsammlung.
Photo: J.J. Kok.

257 Englisches Aneroidbarometer, letztes Viertel 19. Jahrhundert.
Keine Signatur.
System: Vidi-Dose.
Gehäuse: massiv Eiche, vollständig gekerbt;
Maße: 90 cm hoch, 32 cm breit.
Material der Platten: Zeigerplatte (Barometer) aus Porzellan, Skalaplatte (Thermometer) aus Opalinglas.
Zeigerplatte: 8 inches; flaches Glas mit Facettenschliff, Text rot und schwarz; Werk im Inneren vollständig sichtbar.
Zubehör: Quecksilberthermometer mit Fahrenheit- und Celsiusskalen (»Centigrade«); Tendenzzeiger in der Mitte des Glases.
Privatsammlung.
Photo: J.J. Kok.

258 Englischer Barograph, um 1900.
Signatur: »Chadburn's Ltd., 47 Castle Street, Liverpool«.
Kasten: Eiche; Glas mit Facettenschliff; ausgestattet mit Schublade zum Aufbewahren von Barogrammpapier.
Inneres: 3 gekoppelte Vidi-Dosen; Tintenflasche im Halter.
Maße: 21 cm hoch, 37 cm breit, 22 cm tief.
Privatsammlung.
Photo: J.J. Kok.

259 Französischer Barograph, um 1900.
Signatur: »R. F.« (Richard France).
Kasten: Messing; Glas mit Facettenschliff.
Inneres: 8 gekoppelte Vidi-Dosen; Thermometer mit Celsiusskala.
Maße: 15 cm hoch, 30 cm breit, 16 cm tief.
Privatsammlung.
Photo: J.J. Kok.

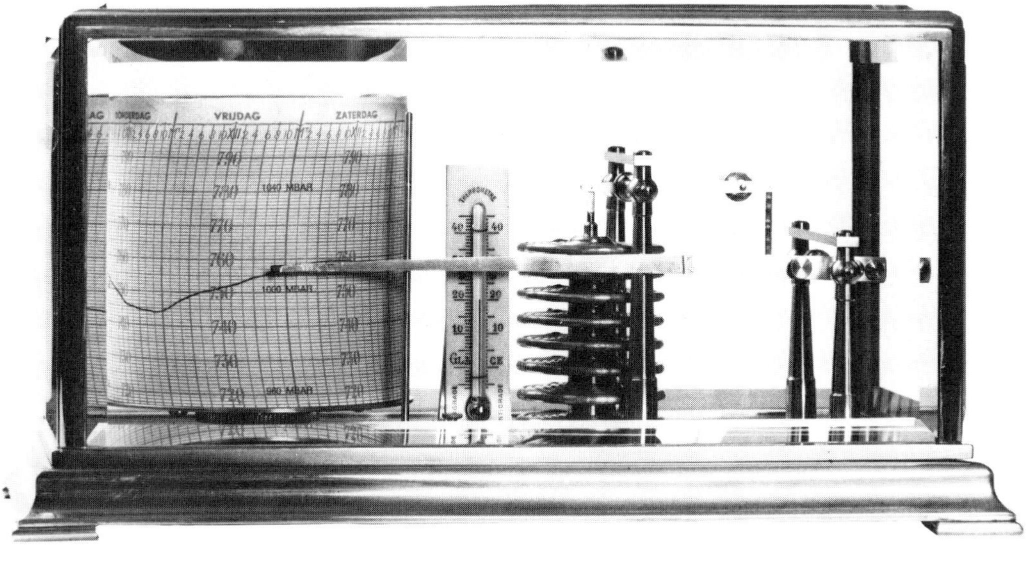

260 Der Glasbläser ist mit der Herstellung einer Quecksilberröhre für ein Radquecksilberbarometer beschäftigt; hier setzt er den noch umzubiegenden Schenkel an.

261 Der kurze offene Schenkel wird in die gewünschte Lage gebogen.

Die Glasbläserwerkstatt

Teil II, Kapitel 11

Siehe ferner Teil I, S. 100ff. (Entwicklung) und Teil III, S. 228ff. (Technik).

262 Die Röhre ist mit Quecksilber gefüllt und wird »ausgekocht«, um die Luftreste daraus zu entfernen.

263 Mit einer Vakuumpumpe werden die letzten Luftreste abgesaugt.

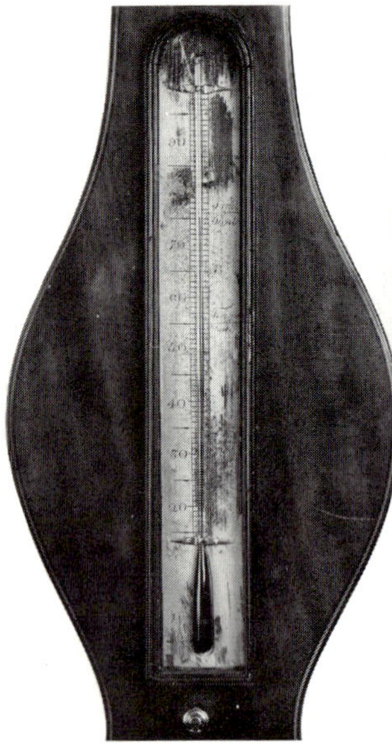

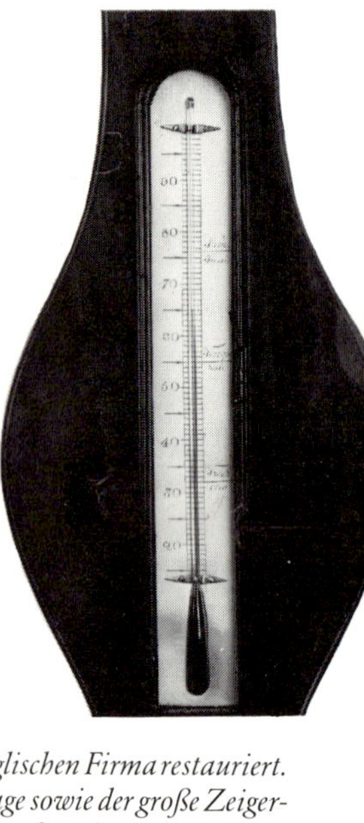

264/265/266 Dieses Barometer wurde vor nicht allzulanger Zeit von einer angesehenen englischen Firma restauriert. Das Gehäuse wurde hübsch poliert, und die Messingrahmen von Hygrometer und Wasserwaage sowie der große Zeigerplattenrand wurden auf Hochglanz gebracht. Die Schwanenhalshaube erhielt einen neuen Knopf, und verschiedene andere kleine Zubehörteile aus Messing wurden ebenfalls erneuert. Leider ließ man bei all diesem Glanz die stark zerfressene Versilberung der Platten außer acht. Vor allem das Thermometer sah schäbig aus.

267/268 Eine Nachbehandlung erweist sich als erfolgreich. Daß die Platten eine hohe Lebensdauer haben, ist hier gut zu sehen. Außerdem wurde der schmächtige Vasenknopf durch einen ersetzt, der ansehnlicher ist (hier nicht abgebildet). Das Barometer ist im ganzen auf S. 155 zu sehen.

»Rettung« eines Zeigerplattenrahmens

269 Vor der Restaurierung. Der Zeigerplattenrahmen hatte ursprünglich 3 Löcher. Diese waren abgenutzt, und ein Bastler hatte seelenruhig noch 6 Löcher dazugebohrt und auf diese Weise den Rahmen ebenso gut befestigt wie verpfuscht. Jetzt hatte der Rahmen glücklich 9 Löcher! Wegwerfen und ersetzen? Erst einmal damit zum Kupferschmied. Das Resultat ist auf der Abbildung 270 zu sehen.

270 Nach der Restaurierung. Der (ursprüngliche) Rahmen (Abb. 269) ist beinahe ohne Spuren wiederhergestellt und damit gerettet.
Photos: J.J. Kok.

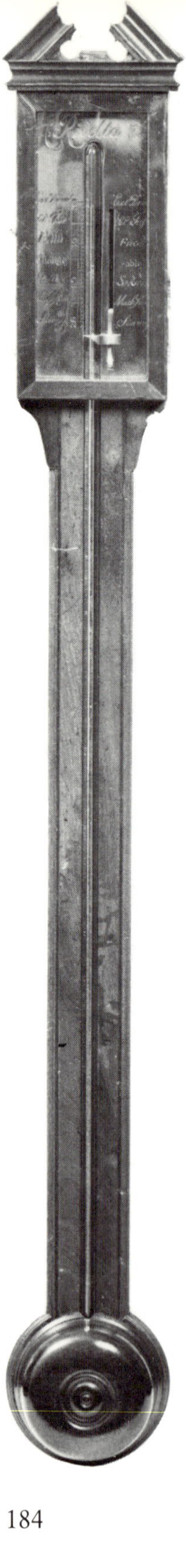

271/272/273 Dieses Stockbarometer ist von Kopf bis Fuß verfälscht. Dieser Typ wird in England serienweise hergestellt und auf unredliche Weise vertrieben. Man hüte sich vor einem Fehlkauf und präge sich die auf dieser und den folgenden Seiten abgebildeten Barometer gut ein. Es gelangen immer mehr dieser Fälschungen auf den Markt.
Kennzeichen: Die Skalaplatte dieses Stockbarometers wird manchmal ohne Versilberung und scheinbar gereinigt in den Handel gebracht. Die Gravierung ist auf den ersten Blick von trügerischer Güte, vor allem die Wetterbezeichnungen, jedoch ist der große Name des Herstellers etwas unlogisch. Außerdem ist die Skalaeinteilung stümperhaft graviert. Auf gefälschten Barometern sieht man eine solche Handgravierung freilich selten. Im Zweifelsfalle die Skalaplatte entfernen. Die funkelnagelneue Rückseite besagt alsdann genug.

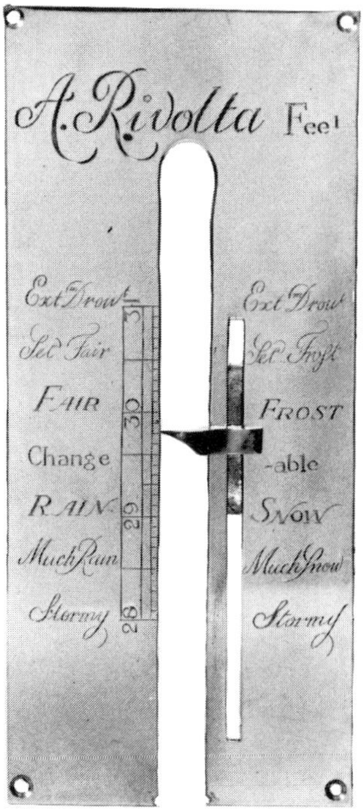

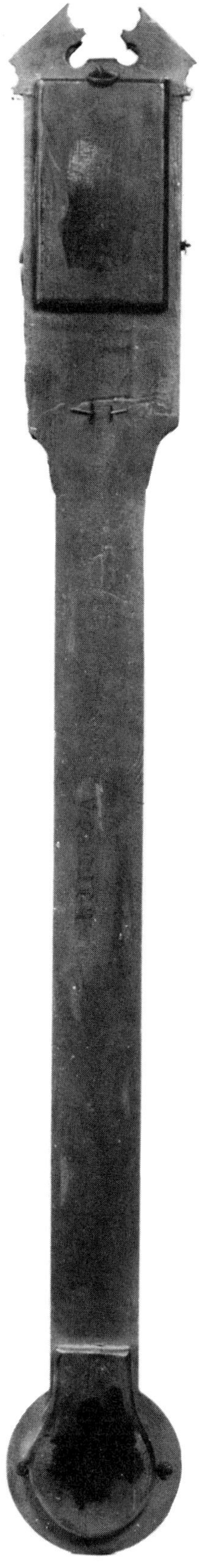

274–277 Das Holz hinter der Skalaplatte weist absolut keine Spuren von Alter auf. Die Schraubenlöcher sind ganz frisch. Der eigenartig geformte Tendenzzeiger muß ebenfalls Mißtrauen erwecken. Die Behälterkappe ist auf dem Unterteil festgeleimt, um das Machwerk darunter so lange wie möglich den Blicken zu entziehen. Beim Abnehmen stellt sich heraus, daß der Behälter in Seegras »eingebettet« ist. Bei der Rückseite hat der Fälscher einfach den Farbpinsel zur Hand genommen und mit einem bißchen unbestimmter Farbe das neue Holz verwischt, eine »Signatur« des »Herstellers« angebracht und hübsch darum herum gemalt. Allein schon die aus schwungvollen großen Buchstaben bestehende »Signatur« ist ein Humbug. Das Erkennen eines falschen Stücks ist oft eine Frage logischen Denkens. Der am häufigsten von Fälschern begangene Fehler ist das Anbringen von zu vielen Abnützungsspuren an unlogischen Stellen.

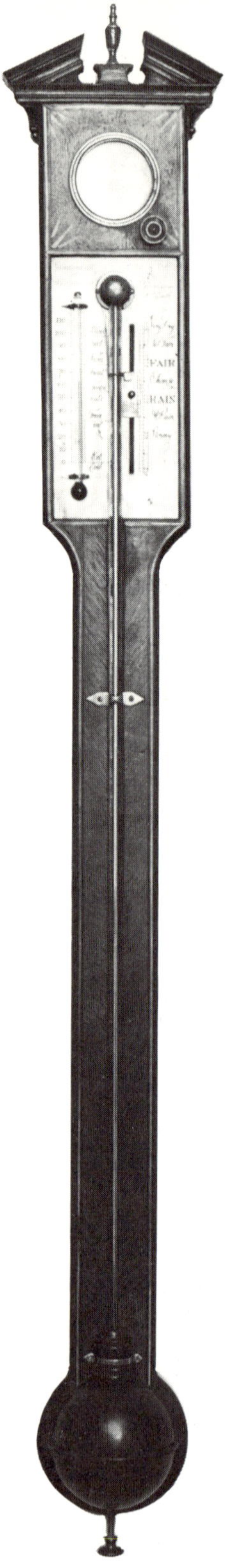

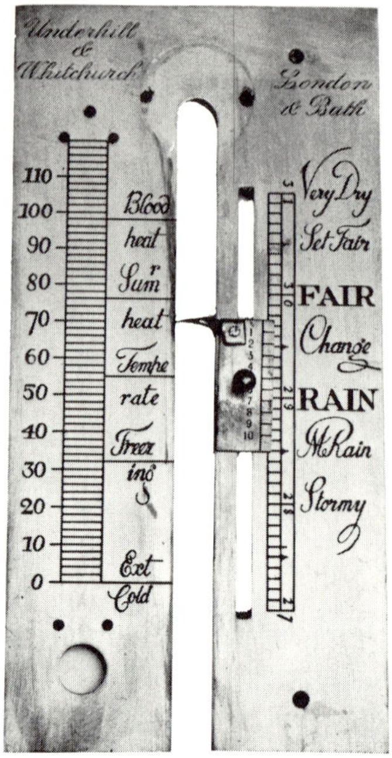

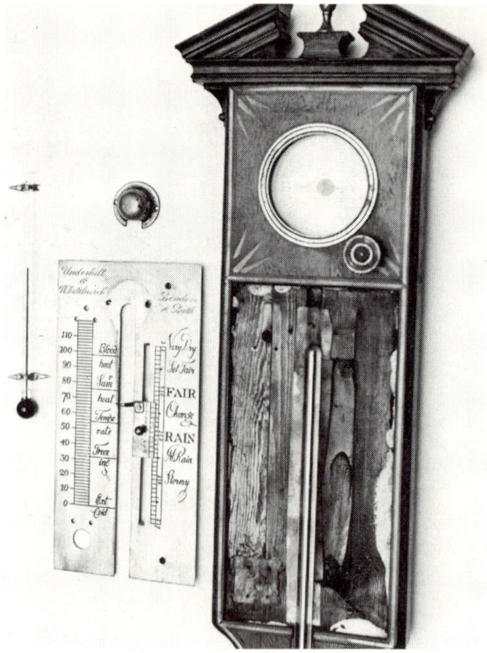

278–280 Dieser »Augenwischer« wird ebenfalls serienweise hergestellt, und zwar in England. Einkaufspreis: 93 Pfund. Er bringt, nachdem man ihn gebührend auf alt frisiert hat, ein Vielfaches an Gewinn ein, wenn ein Kunde in diese Falle tappt. Auch Banjobarometer werden bei diesem Schwindel angeboten; doch ist vor allem bei Stockbarometern höchste Vorsicht geboten. Einen »Stock« für einen lächerlichen Preis muß man mit Argusaugen betrachten. Verdient der Händler selbst guten Glauben, dann wird es dem Käufer nicht schwerfallen, sich beim Ankauf eine Rechnung oder ein Zertifikat ausstellen zu lassen, worin sowohl Alter *als auch* Echtheit *klar angegeben sind. Auch der Preis gehört schwarz auf weiß darauf!*
Dieses Stockbarometer sieht, was das Holz anbetrifft, sehr vertrauenerweckend aus. Daher kommt es, daß man zuweilen hört: »Eine so schöne Einlegearbeit und eine so verblichene Farbe kann man doch nicht für einen lohnenden Betrag serienweise herstellen?« Dem ist doch so. Bei diesem Stockbarometer bleibt die Skalaplatte bald im »Sieb« hängen. Nur die Namen der »Hersteller« mit ihren Niederlassungen sind »richtig« eingraviert, der Rest ist maschinell angebracht. Der Unterschied fällt sofort auf.

281–283 Beim Abnehmen der Skalaplatte fällt auch hier die neue Rückseite auf, desgleichen das darunter befindliche frischgebeizte Holz. Abermals frische Löcher. Nachdem man die Behälterkappe leicht entfernen kann, ist es möglich, auch dem Inneren einige Aufmerksamkeit zu widmen. Beize, Fett und Schmutz verhüllen das weiße Holz. Fährt man mit der Spitze eines Taschenmessers hinein und dreht sie ein wenig, wird das weiße Holz sichtbar! Auch die Rückseite des Stockbarometers verrät viel. So ist ein Übermaß an Abnutzung zu sehen, als ob Tausende von Menschen über das Barometer hinweg geschlurft wären . . . Der Kontakt zwischen Barometer und Wand ist fast immer der gleiche. Höchstens können noch einige parallel verlaufende Kratzer auf dem Gehäuse entstehen, und zwar nur dort, wo das Holz direkt *an der Wand* anliegt.
Eine Nachlässigkeit des Fälschers ist die Einwirkung der Maschine, die unter bestimmten Lichtverhältnissen sichtbar wird. Die rotierenden Messer des Abrichte- und Dickenhobels haben eine Spur paralleler kleiner »Wellen« hinterlassen, die der Fälscher noch hätte glätten können.
Photos: J. Hanegraaf.

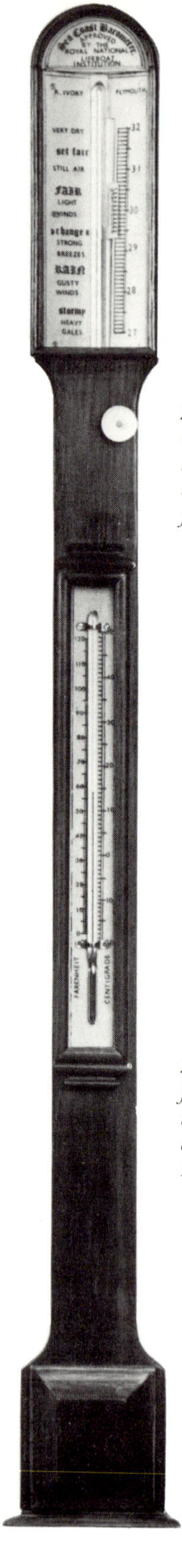

284 *Ein gefälschtes »Sea Coast Barometer«. Gehäuse: furniert mit Palisander. Die Skalaplatten sind aus Kunststoff!! Der Name eines Herstellers, ob er nun ersonnen worden ist oder nicht, fehlt nicht. Material ist ja geduldig . . .*

285 *Ein funkelnagelneues Fitzroy-Barometer, wie sie für ein paar hundert Mark in England angeboten werden. In den Händen eines Fälschers ist so etwas schnell zu einer glaubwürdigen Antiquität umgezaubert.*
Photos: J.J. Kok.

Photo-Verzeichnis von Teil II

Das Auffinden bestimmter Photos erleichtert das folgende Verzeichnis, das die Seiten angibt, auf denen die Barometer abgebildet sind. Sie sind in derselben Reihenfolge angeordnet, in der sie in Teil I und III behandelt wurden. Außerdem erfolgt die Einteilung nach Herkunftsländern. Die Farbtafeln (109 bis 115) sind unter den Seitenzahlen 113 bis 116 angegeben.

	England	**Niederlande**	**Frankreich**
Versuch von Torricelli	104		
Standardbarometer des Königlich-Niederländischen Meteorologischen Instituts		105	
Thermometer		106–108	
Stockbarometer	109/110, 116/118, 121–135, 137/138	141–143	
Einfache Gefäßbarometer		111, 139/140	
Schiffsbarometer	151–154		
Cottage Barometer	155		
Sea Coast Barometer	158		
Farmer's Barometer	159		
Miner's Barometer	160–162		
Fortinbarometer	163/164		166
Reisebarometer			165
Fitzroy-Barometer	167–179		
Sturmgläser	180/181		
Diagonalbarometer	113, 182/183, 184–186		
Niederländische »Bakbarometer« mit Kontraröhre		112, 187–190	
Multipelbarometer	191		
Donnerglas		192	
Sympiesometer	193		194
Radquecksilberbarometer (kein Banjobarometer)			240
Banjobarometer	114/115, 195–237	238/239	241, 243/244
Bourdonbarometer		245/246	
Taschen-Aneroidbarometer	247–249		
Reise-Aneroidbarometer	250–252		
Aneroidbarometer (Messing)	253/254	255	
Aneroidbarometer (Holz)	256/257		
Barograph	258		259
Glasbläser		260–263	
Restaurierung		264–270	
Fälschungen	271–285		

	Dänemark	**Deutschland**	**Österreich**
Stockbarometer	144	145/148	149/150
Banjobarometer		242	

3

Technik

Einleitung

In diesem Teil begegnet man abermals den in Teil I und II behandelten Barometern und ihrem Zubehör. Wer ein prächtiges antikes Barometer an seiner Wand hängen hat, wird bei Lektüre dieses Teils feststellen, daß das kostbare Instrument, wie sorgfältig es auch restauriert sein mag, nicht die genauen Werte eines amtlichen meteorologischen Instituts angibt. Große und kleine Abweichungen werden ständig auftreten, aber man lasse sich dadurch nicht abschrecken! Für den normalen Gebrauch sind fast alle antiken Barometer – sofern sie in gutem Zustand sind – vorzüglich geeignet, und zudem sind sie oft weit zierlicher als die sachlichen, glatten Meßinstrumente aus der zünftigen Barometerwelt. Ob schlichte oder verzierte, genaue oder nur schöne Instrumente, in diesem Teil wird man mehr über die Funktion verschiedener Barometertypen und den Umgang mit ihnen erfahren. Einige physikalische Vorgänge im und um das Barometer werden beleuchtet, und es wird hie und da etwas gründlicher auf verschiedene Systeme eingegangen. Interessant sind die am Schluß abgedruckten Vergleichsskalen für alte und moderne Barometer- und Thermometerskalen. Mit ihrer Hilfe kann der Stand eines antiken Barometers in den gegenwärtig üblichen Einheiten abgelesen werden. Bestimmte Barometertypen wurden jedoch bereits in Teil I ziemlich ausführlich besprochen, und es würde zuviel Raum erfordern, würde all das wiederholt. In diesen Fällen wird auf das betreffende Kapitel und die Seiten in Teil I verwiesen und an das jeweils dort Besprochene angeknüpft. Der Übersichtlichkeit halber wurde in allen drei Teilen die gleiche Kapiteleinteilung befolgt.

Kapitel 1
Das Prinzip des Quecksilberbarometers

Allgemeines

Die Kraft, welche das Gewicht der alles umgebenden Atmosphäre auf eine Fläche ausübt, heißt Luftdruck. Dieser Druck variiert und steht in unmittelbarem Zusammenhang mit dem Verhalten des Wetters. Man denke nur an Tiefdruck und Hochdruckgebiete. Will man den Luftdruck messen und professionelle Wetterkunde betreiben, ist es unentbehrlich, internationale Abreden über Maß- und Gewichtseinheiten zu treffen, um ohne unnötiges Hin- und Herrechnen aus den Daten wechselseitig Nutzen ziehen zu können. Nicht nur die Festlegung der Einheiten ist wichtig; die Art und Weise des Messens ist noch wichtiger. Dem genauen Wert des Quecksilberstandes wird von verschiedensten Seiten aus »aufgelauert«.

So beeinflußt die Temperatur der Umgebung die Länge der Quecksilbersäule, da sich bei steigender Temperatur Quecksilber ausdehnt, wodurch Abweichungen in der Anzeige entstehen können. Ferner spielt die geographische Breite eine Rolle. Auch ist es wichtig, zu wissen, auf welcher Höhe man sich während des Ablesens befindet. Bei gleichen Luftdruckverhältnissen ist der Barometerstand auf einem Turm niedriger als auf Meereshöhe. Auch die Konstruktion des Barometers selbst kann der Grund für Abweichungen sein. Das Modell des Behälters, aber auch der Durchmesser der Röhre können Einfluß ausüben, und so wären noch mehr Ursachen für eine unrichtige Anzeige aufzuzählen.

Luftdruck

Früher genügte es, zu sagen: das Quecksilber steht heute auf soundsoviel mm, inches usw. Man glaubte, um den Luftdruckwert auszudrücken, genüge es, die Höhe der Quecksilbersäule zu messen, die durch das Gewicht der Luft in ihrer Höhe gehalten wird. Diese alte Regel hat sich in der Meteorologie als weit entfernt von der Vollständigkeit erwiesen. Die Quecksilbersäule hat am Äquator ein geringeres Gewicht als am Pol, und zwar wegen des Einflusses, den die Umdrehung der Erdkugel auf die Schwerkraft ausübt. Dazu kommt, daß die Pole abgeplattet sind, so daß der Unterschied noch größer wird. Alles in allem beträgt unter sonst gleichen Umständen der Höhenunterschied zwischen einer Quecksilbersäule am Pol und einer am Äquator etwa 4 mm! Die Schwerkraft ist so unterschiedlich, daß dies in der Meteorologie berücksichtigt werden muß. Man drückt die Schwerkraft mit dem Buchstaben g aus, und es wurde international vereinbart, von g bei durchschnittlicher geographischer Breite (45° nördlich oder südlich) auszugehen. Die

Größe g ist ein wesentlicher Bestandteil bei Angabe des Luftdruckes in Einheiten wie Millibar. Um den Luftdruck in Millibar ausrechnen zu können, wird von der sog. Barometerformel Gebrauch gemacht, wobei man sich der modernen SI-Einheiten bedient (benannt nach dem Système International d'Unités, dem internationalen Einheitensystem). Die SI-Einheiten sind Grundeinheiten, deren Produkte und Quotienten abgeleitete Einheiten bilden.

In der Barometrie macht man von folgenden Grundeinheiten Gebrauch: für die Länge: Meter (m), für die Masse: Kilogramm (kg), für die Zeit: Sekunde (s); und von den daraus abgeleiteten Einheiten: für die Fläche: Quadratmeter (m^2), für die Kraft: Newton (N); $1\ N = 1\ kg \cdot m / s^2$ (Kraft ist das Produkt von Masse und Beschleunigung), für Druck: Pascal (Pa) = N/m^2 (Druck ist der Quotient von Kraft und Fläche). Geht man des weiteren davon aus, daß Masse das Produkt von Volumen und Dichte ist, und nimmt man für den Querschnitt der Quecksilbersäule die Zahl 1, dann ist anzunehmen, daß die Masse des Quecksilbers in der Quecksilbersäule gleich dem Produkt ihrer Länge und ihrer Dichte ist. Natürlich ist Volumen das Produkt von Länge und Fläche. Ferner sind die Begriffe Druck und Kraft auseinanderzuhalten. Druck ist der Quotient von Kraft und Fläche, und Kraft das Produkt von Masse und Beschleunigung. Nimmt man für die Beschleunigung die zuvor besprochene Schwerkraft (das durchschnittliche g), dann ist die Grundlage geschaffen für die Barometerformel im Zusammenhang mit der Angabe in Millibar.

Für den Luftdruck wird der Buchstabe p eingesetzt, für die Höhe der Quecksilbersäule in Metern der Buchstabe h, für die Dichte bei 0°C der Buchstabe d (bei Quecksilber ist das 13595) und für die Beschleunigung das g (wofür 9,81 gilt). Nachdem 1 Millibar (mbar) gleich 100 Pa (1 Pascal = $1\ N/m^2$) ist, ist alles für die Barometerformel beieinander:
$p = (h \cdot d \cdot g) : 100$ mbar (bei 0°C). Mit dieser Formel kann man die auf antiken Barometern vorkommenden Werte in Millibar umrechnen. Mit der Millimeterskala geht es naturgemäß am bequemsten: 1 mm Quecksilbersäule wird gemäß der Formel $(0{,}001 \cdot 13595 \cdot 9{,}81) : 100 = 1{,}333$ mbar.

Will man inches in Millibar umrechnen, dann müssen die inches erst in mm ausgedrückt werden: 1 inch = 25,4 mm. Diese Zahl multipliziert mit der Anzahl der abgelesenen inches ergibt die Größe »h« für die Barometerformel. Zum Beispiel ergibt 1 inch Quecksilbersäule 33,86 mbar. Die Barometerformel lehrt auch eine handliche Faustregel: 1 mbar entspricht 3/4 mm Quecksilbersäule oder: 1000 mbar entsprechen 75 cm Quecksilbersäule. Im internationalen Verkehr ist meteorologisch nur das Millibar (mbar) in Gebrauch, während »privat« auch noch die Einheiten »mm Quecksilbersäule« und »inch Quecksilbersäule« benutzt werden, wobei für alle Begriffe gilt: »gemessen unter Standardbedingungen«. Hier folgen die wichtigsten Umrechnungsfaktoren für alte Luftdruckwerte in mm Quecksilbersäule und mbar:

0.75 mm = 1 mbar

1 Millimeter	= 1,00 mm	= 1,3332 mbar
1 englischer (Londoner) Zoll (inch)	= 25,40 mm	= 33,86 mbar
1 französischer (Pariser) Zoll	= 27,07 mm	= 36,09 mbar
1 rheinischer (preußischer, dänischer) Zoll	= 26,16 mm	= 34,87 mbar
1 astronomischer Zoll	= 27,57 mm	= 36,75 mbar
1 Amsterdamer Zoll	= 23,58 mm	= 31,44 mbar

1 Wiener Zoll	= 26,34 mm	= 35,12	mbar
1 schwedischer Zoll	= 29,69 mm	= 39,58	mbar
1 württembergischer Zoll	= 28,65 mm	= 38,20	mbar
1 bayerischer Zoll	= 29,19 mm	= 38,91	mbar
1 badischer Zoll (Schweiz)	= 30,00 mm	= 40,00	mbar
1 sächsicher Zoll	= 23,60 mm	= 31,46	mbar
1 Leipziger Zoll	= 23,55 mm	= 31,40	mbar

Ein Zoll heißt in Ländern englischer Zunge ein »inch«, in Ländern französischer Zunge ein »pouce« und in denen deutscher Zunge manchmal ein »Daumen«.

»36er Skala«

Die Zahlen auf der »36er Skala« (die bei der Kontraröhre auf niederländischen »Bakbarometern« vorkommt) geben Zwölftel des englischen Zoll (inch) an. Die 0 (veränderlich) steht auf der Höhe von 29 8/12 englische Zoll. Für Teile der »36er Skala«, die sich *über* der 0 auf der Skala befinden, also in Luftdruckwerten, die *unterhalb* von 29 8/12 englische Zoll liegen, gelten folgende Umrechnungsfaktoren: x Teile der »36er Skala« = (753,5 − 2,12 · x) mm oder: (1004,6 − 2,82 · x) mbar. Für Teile der »36er Skala«, die *unterhalb* der 0 auf der Skala liegen, in den Luftdruckwerten, die *oberhalb* von 29 8/12 englische Zoll liegen, muß addiert statt subtrahiert werden: x Teile der »36er Skala« = (753,5 + 2,12 · x) mm oder: (1004,6 + 2,82 · x) mbar.

In den ausführlichen Vergleichsskalen am Schluß des Buches werden die meisten Barometerbesitzer die Skala ihres Instrumentes vorfinden. Falls nötig, kann im Handumdrehen die »alte« Skala in mbar umgerechnet werden und umgekehrt.

Quecksilber

Seit es Barometer gibt, wird Quecksilber benutzt. Es hat sich gezeigt, daß es neben einigen Nachteilen doch so viele Vorteile aufweist, daß man auch heutzutage noch auf dieses wunderliche Metall schwört. Eine günstige Eigenschaft ist, daß es infolge seines hohen spezifischen Gewichts, oder, wenn man will, seiner großen Dichte wegen nur eine kurze Glasröhre benötigt, um die Luftdruckwerte anzuzeigen. Ein auf der Grundlage von Wasser funktionierendes Barometer müßte mindestens etwa 11 m lang sein, was ungefähr dem Vierzehnfachen der Torricellischen Röhre entspricht. Um beim Wasser zu bleiben: der Druck verdampfenden Wassers (Dampfdruck) im Vakuum kann ansteigen und dadurch zu großer Falschanzeige führen. Die Temperatur der Umgebung würde nämlich dann eine sehr große Rolle spielen, denn sie beeinflußt den Dampfdruck sehr. Quecksilber hat auch einen Dampfdruck, aber er kann vernachlässigt werden. Bei 20°C ist der Druck von Wasserdampf beinahe 15000 mal so groß wie der von Quecksilber!

Ein anderer Nachteil einer Flüssigkeit wie Wasser ist, daß es an der Innenwand der Glasröhre hochsteigt, so daß es bei fallendem Barometer (teilweise) an der Glaswand hängen bleibt. Die exakte Höhe des Flüssigkeitsspiegels läßt sich dann nicht bequem ablesen. Quecksilber dagegen verhält sich nicht so und weist anstelle einer hohlen Flüssigkeitsoberfläche wie bei Wasser einen gewölbten Flüssigkeitsspiegel auf. Diese Wölbung wird durch die hohe Oberflächenspannung des Quecksilbers verursacht; sie, der sog. meniscus, ist hervorragend abzulesen. Eine weitere günstige Eigenschaft des Quecksilbers ist, daß es bequem zu reinigen ist. Nachteile sind u.a., daß es kostbar ist und bei unfachmännischem Gebrauch gesundheitsschädlich sein kann.

Quecksilber ist ein Metall, das in der Chemie bekannt ist als Hg, abgeleitet von »Hydrargyrum«, eine lateinische Benennung, die wiederum ihren Ursprung im griechischen ὕδωρ (hýdor = Wasser) und ἄργυρος (árgyros = Silber) hat und demnach »Wassersilber« bedeutet. Im Laufe der Jahrhunderte begegnen wir auch Namen wie »mercurius«, wovon das englische »mercury« abstammt, sowie »argentum vivum« (bewegliches Silber), was schließlich im Englischen zu »quicksilver«, im Deutschen zu »Quecksilber«, im Holländischen zu »Kwikzilver« und schließlich einfach zu »Kwik« wurde. Es ist das einzige Metall, das bei normaler Temperatur flüssig ist. Es wird erst bei −38,9°C fest und kann in diesem Zustand noch mit einem Messer zerschnitten werden. Der Siedepunkt liegt bei 356,7°C. Das spezifische Gewicht von Quecksilber ist bekanntermaßen sehr

hoch: 13,595 bei 0°C. (Übrigens wird gegenwärtig viel Gebrauch gemacht von dem Begriff »Dichte«. Dichte = Masse pro Volumen. Die Dichte von Quecksilber ist 13595 kg/m^3 bei 0°C). Quecksilber hat die Eigenschaft, sog. Amalgame (Legierungen) zu bilden, nicht jedoch mit Eisen und Platin, wohl aber mit Gold und Silber.

Obgleich reines Quecksilber weder durch Luft noch durch Sauerstoff angegriffen wird, kann dennoch eine kleine Oxydschicht auf der silberglänzenden Oberfläche entstehen. Das rührt daher, daß Quecksilber mehr oder weniger stark durch andere Metalle verunreinigt ist. Diese oxydieren, vor allem, wenn Quecksilber der Feuchtigkeit ausgesetzt ist, und es entsteht das bekannt graue Oxydhäubchen.

In der Natur kommt Quecksilber selten in reinem (metallischem) Zustand vor, von weit größerer Bedeutung sind die Vorräte an Zinnober (HgS), einer Schwefelverbindung des Quecksilbers. Spanien und Italien sind die wichtigsten Förderländer. Die bekannteste – und älteste – Art, auf die Quecksilber aus dem Zinnober gewonnen wird, ist die pyro-metallurgische Destillationsmethode. Das Zinnober wird in Öfen »geröstet«. Hierbei verbrennt der Schwefel zu Schwefeldioxyd, die freigesetzten Quecksilberdämpfe fängt man auf und bringt sie zum Kondensieren. Hierauf wird das Quecksilber gefiltert und , wenn nötig, weiter gereinigt.

Obgleich Quecksilber schon im Altertum bekannt war, ist seine Nutzung erst richtig nach Torricellis Entdeckung in Gang gekommen. Heutzutage ist es aus der Technik kaum noch wegzudenken. Es findet u.a. Verwendung in Schaltapparaturen und in der Beleuchtungsindustrie.

286/287/288 Die Gewinnung von Quecksilber, abgebildet in einem Buch aus dem Jahre 1657. Darin werden verschiedene Verfahren behandelt, wovon hier drei zu sehen sind.

Ursachen von Falschanzeigen bei Quecksilberbarometern

Hier folgen einige Fehlerquellen, die zum Abweichen eines Barometers führen können. In den meisten Fällen sind die Abweichungen gering, aber für denjenigen, der aus beruflichen Gründen ein genau funktionierendes Instrument benötigt, sind sie sicher der Erwähnung wert.

»Eingebaute« Fehlerquellen

Zunächst kommen die Fehlerquellen zur Sprache, die in unmittelbarem Zusammenhang mit der Konstruktion stehen, der Beschaffenheit des Instrumentes, der kapillarischen Senkung, der Reibung, dem unvollständigen Vakuum und der Nullpunktverschiebung. Dann folgen die Ursachen fehlerhafter Anzeigen, wie sie von Einfluß auf jeden Typ von Quecksilberbarometern sind, nämlich Temperatur, geographische Breite und Höhenlage.

Bevor man Feststellungen trifft, kontrolliere man zuerst, ob das Barometer vollständig waagerecht hängt. Einige mm »aus dem Lot« verursachen bereits Abweichungen. Ferner muß das Instrument an einem Ort hängen, wo die Temperatur homogen und keinen raschen Veränderungen ausgesetzt ist, so daß das Barometer unten wie oben, innen und außen dieselbe Temperatur hat, also weder von der Sonne beschienen noch von der Heizung beeinflußt wird. Starke Schwankungen können sich auf Präzisionsgeräte verhängnisvoll auswirken.

Kapillarische Senkung (Kapillardepression)

Quecksilber hat eine hohe Oberflächenspannung, wodurch nicht nur die gewölbte Oberfläche (meniscus) entsteht, sondern diese Oberfläche gleichzeitig etwas niedergedrückt wird. Diese Erscheinung nennt man kapillarische Senkung; sie tritt in verstärktem Maße bei Röhren mit geringerem Durchmesser auf. Beträgt der innere Durchmesser 5 mm, dann beläuft sich die kapillarische Senkung auf etwa 1,6 mbar. Bei einem Durchmesser von 10 mm beträgt die Falschanzeige nur noch 0,4 mbar. Diesem Übelstand ist übrigens während der Herstellung des Barometers dadurch beizukommen, daß man die Höhe der Skala entsprechend anpaßt. Bei allfälligen Restaurierungen muß darauf also gebührend Rücksicht genommen werden. Die Verwendung eines Röhrendurchmessers, der dem der ursprünglichen Röhre entspricht, ist zu empfehlen.

Reibung

Zwischen Quecksilber und Röhrenglas besteht immer einige Reibung. Dieser Widerstand – mag er auch noch so gering sein – muß vom Quecksilber überwunden werden. Das eine sowohl als auch das andere steht in engem Zusammenhang mit der kapillarischen Senkung. Beim Steigen oder Fallen des Luftdruckes tritt zunächst einmal eine Formveränderung im Meniscus auf. Nimmt man einen solchen hochaufgewölbten oder abgeplatteten Flüssigkeitsspiegel wahr, ist leichtes Klopfen auf das Instrument ausreichend, um den Meniscus wieder zu seiner normalen Wölbung gelangen zu lassen. Er wird dann richtig anzeigen. Der ideale Winkel der Quecksilberoberfläche am Berührungspunkt mit der Glaswand beträgt 35°. Bleibt der Meniscus auch nach wiederholtem Klopfen flach, dann ist die Barometerröhre innen wahrscheinlich verschmutzt und dagegen muß etwas von einem Restaurator getan werden.

Unvollständiges Vakuum

In einer Quecksilberröhre von Torricelli muß sich oben ein Vakuum (luftleerer Raum) befinden. Unter idealen Verhältnissen sollte darin nur Quecksilberdampf enthalten sein. Der Dampfdruck ist dabei so gering, daß er keine Beachtung verdient. Viel schlimmer ist das Vorhandensein von Luft. Schon eine kleine Menge genügt für eine Falschanzeige. Außerdem wird sich Luft infolge von Wärme ausdehnen, wodurch der Quecksilberpegel weiter herabgedrückt wird. Je mehr Luft in einem solchen »Vakuum« enthalten ist, desto größer ist die Abweichung. Befindet sich gar Wasser(dampf) oben in der Röhre, und sei es eine noch so kleine Menge, dann wird die Abweichung noch deutlicher sein, denn der Einfluß von Wasserdampf ist erheblich größer als der von Luft. Ob das Vakuum noch in Ordnung ist, kann man auf einfache Weise kontrollieren, indem man das Gerät vorsichtig neigt. Es wurde bereits darauf hingewiesen, daß dieses Neigen *äußerst langsam* geschehen muß, da sonst das Quecksilber die Röhre zerstören kann (s. S. 102).

Hört man einen leichten Anschlag, dann ist das Barometer in Ordnung. Klingt der Anschlag jedoch gedämpft, oder erreicht das Quecksilber, was noch schlimmer ist, nicht einmal die »Decke« der Röhre, dann ist irgendetwas mit dem Vakuum nicht in Ordnung. Man ziehe dann einen guten Restaurator zu Rate und unterlasse vor allem jedes Experiment. Auch wenn man eine fremdartige Flüssigkeit oberhalb des Quecksilbers bemerkt, wende man sich an den Restaurator.

Nullpunktverschiebung

Wenn das Quecksilber in einer Barometerröhre fällt, wird der Flüssigkeitsspiegel im Behälter steigen. Beim Steigen des Quecksilbers gilt naturgemäß das Umgekehrte. Je größer der Querschnitt des Behälters im Vergleich mit dem der Röhre ist, desto weniger wird die Niveauänderung im Behälter bemerkbar sein. Das eine wie das andere erzeugt Falschanzeigen. Ist der Innenquerschnitt des Behälters neunmal so groß wie jener der Röhre und steigt das Quecksilber in der Röhre durch eine Erhöhung des Luftdruckes um 45 mm dann wird der Pegel im Behälter 5 mm fallen. Demzufolge hat der Niveauunterschied zwischen den beiden Quecksilberoberflächen um 45 + 5 = 50 mm zugenommen und demnach auch der Luftdruck, denn der Unterschied in der Höhe des Quecksilbers ist maßgebend für den Wert des Luftdruckes. Eine derartige Falschanzeige läßt sich jedoch bei der Anfertigung des Barometers korrigieren, indem die Einteilungen der Ableseskala um 10% verringert werden. Die auf einer solchen Skala vorkommenden Teilstriche geben dann keine wirklichen mm an, sondern nur 9/10 davon; in diesem Fall hat man ein Barometer mit einer Nullpunktkorrektur vor sich. Eine solche Korrektur ist nur dann zu erzielen, wenn der Behälter zylindrisch ist.

Ist der Behälter anders geformt, zum Beispiel rund wie auf Abbildung 289, dann wird die Korrektur viel schwieriger. Das Quecksilber wird in Höhe des Quecksilberpegels auf der Abbildung weniger rasch steigen als darüber oder darunter, wo der Behälter sich verengt. Bei einem zylindrischen Behälter tritt dieses Problem nicht auf, aber das Risiko einer Falschanzeige bleibt dennoch bestehen. Wird das Barometer restauriert oder ist dies bereits geschehen, dann kann es sehr wohl möglich sein, daß der Durchmesser der Röhre oder des Behälters verändert wird oder schon verändert worden ist, wodurch die ursprüngliche – oft experimentell ermittelte – Skala nicht mehr stimmt. Als Besitzer eines derart »lahmenden« Barometers sollte man sich auf experimentellem Weg eine Korrekturtabelle anfertigen, und zwar anhand eines anderen Barometers, das einwandfrei anzeigt.

289 Röhre mit Glasbehälter. Dieser Behälter ist noch ganz hübsch gewölbt, aber die meisten sind von weit unregelmäßigerer Gestalt, so daß die Korrektur noch schwieriger wird.

Fehlerquellen allgemeiner Art
Temperatur (einflüsse)

Hohe Umgebungstemperatur wird erhebliche Falschanzeigen hervorrufen, denn durch Wärme dehnt sich Quecksilber stark aus. Dadurch wird die Länge der Quecksilbersäule größer, ohne daß dafür der Luftdruck verantwortlich ist. Dieser zu hohe Stand muß korrigiert werden. Die Angabe des von amtlichen meteorologischen Instituten festgestellten Barometerstandes geht von der Länge der Quecksilbersäule bei 0°C aus.

Will man eine Temperaturkorrektur anbringen, dann kann man dies mit Hilfe folgender Formel tun: $Po = Pt - 0{,}000181 \cdot Pt \cdot t$. Hier ist Po der Luftdruck in mm, gemessen bei 0°C. Ferner ist Pt der festgestellte Luftdruck in mm, z.B. 750 mm. Die Zahl 0,000181 ist der Ausdehnungskoeffizient von Quecksilber, und t ist die Temperatur während der Ablesung, z.B. 20°C. In diesem Beispiel sagt die Formel folgendes aus: der Luftdruck würde bei 0°C betragen: $750 - (0{,}000181 \cdot 750 \cdot 20)$ mm $= 750 - 2{,}7 = 747{,}3$ mm (bei 0°C Quecksilbertemperatur). Diese Werte kann man in mbar umrechnen. Auch kann Gebrauch von der Tabelle auf Seite 199 gemacht werden. Diese ist nicht vollständig, denn sie geht von einem durchschnittlichen Luftdruck von 1000 mbar aus, aber die dadurch entstandene mögliche Abweichung wird höchstens 1/3 mbar betragen.

Korrekturtabelle für Temperaturfehler

Quecksilber-temp in °C	Korrektur in mbar	Quecksilber-temp. in °C	Korrektur in mbar	Quecksilber-temp. in °C	Korrektur in mbar
0	0,0	9	1,5	18	3,0
1	0,2	10	1,7	19	3,2
2	0,3	11	1,9	20	3,4
3	0,5	12	2,0	21	3,6
4	0,7	13	2,2	22	3,7
5	0,8	14	2,4	23	3,9
6	1,0	15	2,5	24	4,1
7	1,2	16	2,7	25	4,2
8	1,4	17	2,9		

Bei Temperaturen *über* dem Gefrierpunkt muß die abgelesene Korrektur vom festgestellten Barometerstand *abgezogen* werden. (Bei Temperaturen unter dem Gefrierpunkt muß hinzugezählt werden).

Wie aus Formel und Tabelle hervorgeht, beträgt die Abweichung bei normaler Zimmertemperatur 3 bis 4 mbar, und das ist bei genauer Messung nicht wenig. Daher kommt es, daß so gut wie alle Präzisionsbarometer mit einem Thermometer ausgerüstet sind, wobei der Thermometerbehälter zuweilen in das Barometergehäuse eingebettet ist, um die Quecksilbertemperatur so einwandfrei wie möglich zu messen. Temperaturfluktuationen sollten sicherheitshalber vermieden werden.

Breitenkorrektur

Von ihr war bereits bei der Barometerformel die Rede: Einheit von Schwerkraft oder Beschleunigung g, wodurch der Luftdruck etwas variiert, je nach den geographischen Breiten. In der Barometerformel wird vom *durchschnittlichen* g auf einer geographischen Breite von 45° ausgegangen, aber z.B. die Niederlande oder der Norden Deutschlands befinden sich auf einer Breite von 52° bis 53°. Hinsichtlich eines Barometers, das sich auf einer Breite von 45° befindet, führt das zu einer Abweichung von etwa 0,7 mbar. Diese Korrektur ist im vorliegenden Fall positiv, muß also nach der Ablesung addiert werden.

Höhenkorrektur

Bereits mehrere Male ist dieses Problem aufgetaucht. Je höher man in die Atmosphäre gelangt, desto dünner wird die Luft und um so niedriger wird das Barometer anzeigen. Die Druckverminderung verläuft mit zunehmender Höhe immer langsamer. Bei 6 km Höhe beträgt dieser Druck nur noch die Hälfte des Druckes in Höhe des Meeresspiegels. Daher werden hier die Ballon- und Luftfahrt sowie der Bergsport außer Betracht gelassen und es wird nur auf die Barometer in Wetterstationen und in Wohnungen eingegangen. Diese dürften sich in den meisten Fällen über dem Meeresspiegel befinden, und nicht allzu hoch über dem Meeresspiegel gilt als Faustregel: Bei jeweils 8 m über dem Meeresspiegel zeigt das Barometer 1 mbar tiefer an (also bei jeweils 10,5 m 1 mm oder für jeweils 27 m 1/10 inch). Bei Barometeranwendung unterhalb des Meeresspiegels, wie z.B. bei Barometern in trockengelegten Gebieten oder in Bergwerksschächten, gilt diese Regel genau umgekehrt. Jemand, der in einem oberen Stockwerk wohnt oder in höher gelegenem Gebiet, muß auch die niedrigere Anzeige seines Barometers berücksichtigen. Die von amtlichen meteorologischen Instituten veröffentlichten Barometerstände sind – um international Einheitlichkeit zu erzielen – auf Meeresspiegelhöhe umgerechnet. Will man sein Barometer »eichen«, dann muß man gleichermaßen vorgehen, wobei – nochmals – auch der Temperaturunterschied berücksichtigt werden muß.

Zusammenfassend sei über die Fehlerquellen folgendes gesagt: Will man sein Barometer »den Regeln entsprechend« ablesen – oder sich diesen Regeln wenigstens annähern –, dann muß vor allem das Barometer von guter Qualität sein. Befinden sich darin »eingebaute« Abweichungen, dann muß man erst einmal diese korrigieren. Eine solche Korrektur wird Indexkorrektur genannt. Sodann rechnet man eine »alte« Skala in mbar um. Erst hierauf kommen die letzten drei Korrekturen an die Reihe: jene von Temperatur, Breite und Höhe, und zwar in dieser Reihenfolge! Hat man im Hause ein leidlich genaues Barometer, dann kommt man mit einem einzigen Umrechnungsfaktor aus, zumal da die Zimmertemperatur in der Praxis fast konstant ist und sich die geographische Lage nicht verändert. Die vorgesehene Korrektur kann dann bei diesem – meist antiken – Barometer (oder seiner Kopie) auf einmal erfolgen, sei es durch Verschiebung der Skala oder der Röhre. Läßt sich dieser Eingriff nicht durchführen, muß man den Falschanzeigefaktor notieren und beim Ablesen berücksichtigen.

bei 55 m ü. NN – 5 mm [illegible]

»Veränderlich«

Eine Quelle der Verwirrung, die mit den soeben behandelten Fehlerquellen nichts zu tun hat, ist die verschiedenartige Anbringung der Wetterangaben auf antiken und modernen Barometern. So liest man auf dem in England gebräuchlichen Skalatyp »Changeable« (veränderlich) in der Höhe von 29,5 inches, was 750 mm entspricht. Verwunderlich ist, daß auf dem Festland bei Barometern jüngeren Datums »Veränderlich« in der Höhe von 760 mm angebracht ist! Ein beträchtlicher Unterschied, der sich leider nicht ändern läßt. Die Auffassungen hinsichtlich der Position der Wetterangaben in früherer Zeit decken sich nun einmal nicht mit denen in der Gegenwart. Die 29,5 inches als »mittlerer« Stand kommen auch auf den modernen englischen Barometern immer noch vor. Glücklicherweise wirkt sich weder das eine noch das andere auf eine korrekte Anzeige aus. Wie schon Admiral Fitzroy vor mehr als einem Jahrhundert mit Recht bemerkte: Zahlen sind wichter als Worte. Die abgelesenen Werte sind bei Wettervorhersagen von Bedeutung, wobei die Worte cum grano salis zu nehmen sind, denn Wettervorhersagen sind nun einmal von mehr Faktoren abhängig als vom Luftdruck allein. Temperatur, Wind, Luftfeuchtigkeit usw. spielen eine gewichtige Rolle, und ein Barometer ist schließlich nichts weiter als ein Luftdruckmesser.

Kapitel 2
Verwandte Instrumente

Thermometer

Das Wichtigste hierüber ist bereits in Teil I, S. 18ff. gesagt worden. Eine Abhandlung über die Skalen, die man sich in den vergangenen drei Jahrhunderten – vor allem im 18. Jahrhundert – ausgedacht hat, ergäbe, wenn man sie alle nebst Varianten beschreiben wollte, ein ganzes Buch. Spaßeshalber wurden in Teil I 15 Skalen aus dem 18. Jahrhundert in einer Tabelle miteinander verglichen. Außerdem bringt Teil II auf den Seiten 110–111 Beispiele von Thermometern mit mehreren Skalen aus dem 18. Jahrhundert. Das kleinste von ihnen wurde für dieses Kapitel analysiert. Das Thermometer ist mit vier Skalen versehen, links von der Röhre eine Fahrenheitskala, rechts eine Réaumurskala, die eine von de l'Isle und die andere von la Court. Dieses Thermometer wurde von Joseph Molten in Amsterdam angefertigt, und seine Analyse sieht wie folgt aus:

	Niedrigste Temp.	Nullpunkt	Höchste Temp.
Fahrenheit	− 16° F	–	+ 120° F
Réaumur	−21° bei −16° F	0° beim Gefrierpunkt	+39° bei +120° F
de l'Isle	+190½° bei −16° F	0° beim Siedepunkt (extrapoliert)	+77° bei +120° F
la Court	−7½° bei −16° F	0° bei 0° F	+56° bei +120° F

Die Skala von M. la Court, einem Niederländer, kommt vor allem auf niederländischen Thermometern vor. Sie befindet sich auch auf dem weiter oben genannten Thermometer mit 18. Skalen, das im Utrechter Universitätsmuseum hängt. Dieses zu analysieren, würde jedoch zu weit führen. Denjenigen, welche ein größeres Interesse an Thermometern haben – und natürlich auch an Barometern – wird zu einem Besuch in Utrecht, in der Straße Trans 8 geraten. Auch ein Besuch des Museums Boerhaave in Leiden, Steenstraat 1a, ist zu empfehlen. Beide Museen sind reich mit den verschiedenartigsten Instrumenten ausgestattet.

Für die Umrechnung »alter« Temperaturwerte in »neue« findet man weiter unten einige Formeln. Ein Beispiel: Ein Fahrenheitthermometer gibt 95°F an. Will man den entsprechenden Wert in Celsius wissen, dann schaut man zuerst auf x°F (in der linken Spalte) und sucht weiter nach der rechts davon vermerkten Formel, die unter »Celsius« steht, also 5/9 (x°F − 32). Das Ergebnis lautet: 5/9 (95 − 32) = 5/9 · 63 = 5 · 7 = 35°C. Der Vollständigkeit halber muß erwähnt werden, daß nach dem »Système International« nicht mehr von »soundsoviel Grad Kelvin« gesprochen wird, sondern von »soundsoviel Kelvin«. Beispiel: Der Siedepunkt von Wasser liegt bei 373,15 K. Eine Vergleichstabelle befindet sich am Schluß dieses Buches.

	° Celsius	Kelvin	° Fahrenheit	° Réaumur
x° C	x° C	x° C + 273,15	9/5 · x° C + 32	4/5 · x° C
x K	x K − 273,15	x K	9/5 (x K − 273,15) + 32	4/5 (x K − 273,15)
x° F	5/9 (x° F − 32)	5/9 (x° F − 32) + 273,15	x° F	4/9 (x° F − 32)
x° R	5/4 · x° R	5/4 · x° R + 273,15	9/4 · x° R + 32	x° R

Hygrometer und Wasserwaage

In Kapitel 2 von Teil I, S. 25ff., sind der Wasserwaage und dem Hygrometer, das mit Hilfe des Barthaars von wildem Hafer funktioniert, bereits in weitem Umfang Aufmerksamkeit zuteil geworden. Wirklich einwandfrei arbeitende Hygrometer kommen ziemlich selten auf antiken Barometern vor, darum wird hier nicht weiter darauf eingegangen, wohl aber auf eine andere Hygrometerart:

Das Psychrometer

Es wurde auf S. 27ff. beschrieben. Dieses Gerät kann, sofern beide Thermometer einwandfrei anzeigen, die herrschende relative Luftfeuchtigkeit der unmittelbaren Umgebung genau angeben. Es folgen hier Tabellen, mit deren Hilfe die Temperatur der trockenen Behälterwölbung und der Temperaturunterschied zwischen trockener und nasser Behälterwölbung, die relative Feuchtigkeit, abgelesen werden können. Will man die Tabellen benutzen, dann muß das Wasser in dem kleinen Baumwollappen leicht verdampfen können. Besitzt man ein Außenpsychrometer, dann sorgt in der Regel der Wind dafür. Hängt das Instrument im geschlossenen Raum – was bei antiken Barometern wohl stets der Fall sein dürfte – dann muß man, will man exakt mit diesen Tabellen arbeiten, für Luftbewegung sorgen, z.B. mit Hilfe eines Ventilators.

Celsiuspsychrometertabelle	Relative Feuchtigkeit in %									
Temperatur des trockenen Behälters in °C	Unterschied zwischen trockener und nasser Behältertemperatur in °C									
	1	2	3	4	5	6	7	8	9	10
0	82	65	48	31	–	–	–	–	–	–
2	84	68	52	37	22	–	–	–	–	–
4	85	70	56	42	29	–	–	–	–	–
6	86	73	60	47	35	23	–	–	–	–
8	87	75	63	51	40	29	18	–	–	–
10	88	76	65	54	44	34	24	14	–	–
12	89	78	68	57	48	38	29	20	–	–
14	90	79	70	60	51	42	33	25	17	–
16	90	81	71	63	54	46	37	30	22	15
18	91	82	73	65	56	49	41	34	27	20
20	91	83	74	66	59	51	44	37	30	24
22	92	84	76	68	61	54	47	40	34	28
24	92	84	77	70	63	56	49	43	37	31
26	92	85	78	71	64	58	52	46	40	34
28	93	85	78	72	65	59	53	48	42	37
30	93	86	79	73	67	61	55	50	44	39

Beispiel: Auf dem trockenen Thermometer wird eine Temperatur von 20°C abgelesen. Dagegen zeigt der nasse Behälter 16°C an. Um die relative Feuchtigkeit zu ermitteln, rechnet man zunächst den Unterschied der Temperatur zwischen trockenem und nassem Behälter aus. Diese beträgt im vorliegenden Fall 20 − 16 = 4°C. Hierauf sucht man die 20 in der äußersten Spalte links auf und dann die Zahl, die sich rechts davon in der oben mit 4 bezifferten Spalte befindet. Die ermittelte Zahl lautet 66. Die relative Luftfeuchtigkeit beträgt also 66 %.

Für Psychrometer, die mit Fahrenheitthermometer ausgerüstet sind, folgt hier eine Fahrenheitpsychrometertabelle. Das Ablesen geschieht genauso wie bei der Celsiustabelle.

Fahrenheitpsychrometertabelle	Relative Feuchtigkeit in %									
Temperatur des trockenen Behälters in °F	Unterschied zwischen trockener und nasser Behältertemperatur in °F									
	0	2	4	6	8	10	12	14	16	18
30	100	79	59	39	–	–	–	–	–	–
35	100	82	64	47	30	–	–	–	–	–
40	100	84	68	53	38	24	–	–	–	–
45	100	86	71	58	44	31	19	–	–	–
50	100	87	74	62	50	38	27	16	–	–
55	100	88	77	66	55	44	33	24	15	–
60	100	89	79	69	58	48	39	30	22	14
65	100	90	80	71	61	52	44	35	28	20
70	100	90	81	73	64	56	48	40	33	26
75	100	91	82	74	67	59	52	44	37	31
80	100	91	83	76	69	62	55	48	41	35
85	100	92	84	77	70	64	57	51	44	38
90	100	92	85	78	72	65	59	53	47	41
95	100	93	86	79	73	66	60	55	50	44
100	100	93	87	80	74	68	62	57	52	47

Nonius (Vernier)

An vielen Barometern befindet sich ein sog. Nonius, auch Vernier genannt. Es ist dies eine kleine verstellbare »Meßlatte«, mit deren Hilfe man z.B. Zehntel von einem inch oder Hundertstel von einem Zentimeter ablesen kann. Sehr genaue Instrumente gestatten mit ihrer Noniuseinrichtung sogar eine noch feinere Ablesung.

Die Nonien auf »normalen« antiken Barometern machen eine Ablesung in Zehnteln von Skalaeinteilungen möglich und somit bis zu Hundertsteln von inches. Der Nonius ist über die volle Länge der Skala verstellbar. Bei A befindet sich der Anzeigestift, der auf die obere Seite des gewölbten Quecksilberniveaus eingestellt werden muß. Die Länge des abgebildeten Nonius beträgt 1,1 inches, und er ist in 10 gleiche Teile eingeteilt.

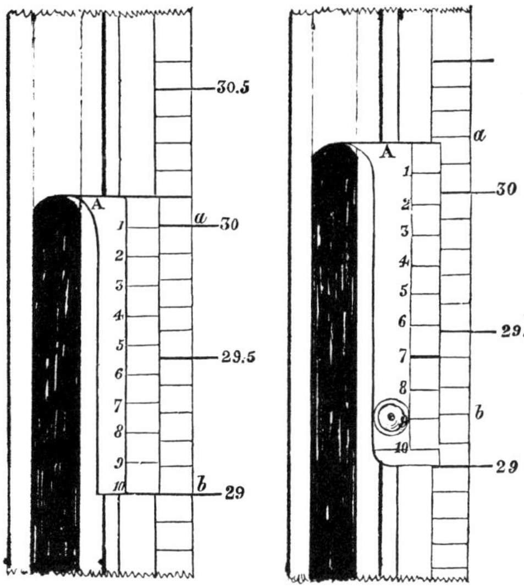

290 Prinzip des »10 auf 11 -Nonius«.

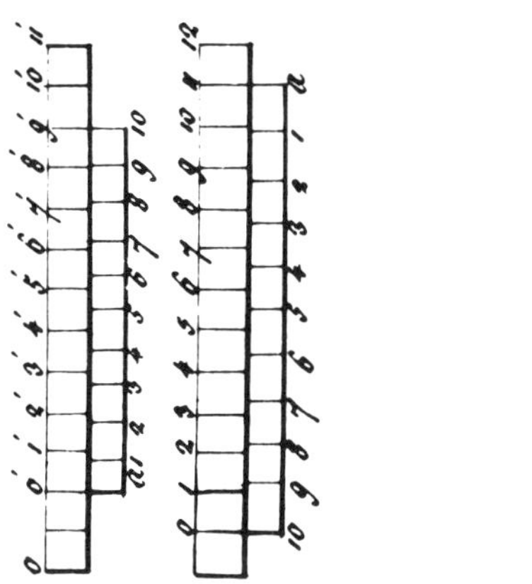

291 Zwei Noniustypen. Links das »10 auf 9 -Modell«. Rechts das »10 auf 11 -Modell«.

Jeder »Nonius-Teil« steht also für 0,11 inches. Die Teilstriche sind numeriert von 1–10, das obere Ende des Nonius ist zugleich Teilstrich 0 (Null). Der Stand des Nonius auf der Abb. 290 zeigt genau 30,1 an, denn von seinen Teilstrichen stehen die 0 und die 10 auf gleicher Höhe mit einem Strich auf der Barometerskala. Angenommen, der wirkliche Stand des Quecksilbers ist einen Bruchteil höher als 30,1 inches, so daß Strich 1 des Nonius gleichsteht mit einem Strich auf der Barometerskala, in diesem Falle also mit 30,0. Das heißt, daß das obere Ende des Nonius (A) 0,11 höher steht als der Noniusstrich 1 und demnach 0,01 inches über 30,1. Der genaue Quecksilberstand ist dann also 30,1 + 0,01 = 30,11 inches.

Auf der Abb. 290 rechts steht der Nonius noch etwas höher. Hier befindet sich der Noniusstrich 7 auf der Höhe eines Strichs auf der Barometerskala. Der Nonius steht also

0,07 inches höher als 30,1 inches, der angezeigte Stand beträgt 30,17 inches. Es gibt auch Nonien, die neun Teilen eines inch auf der Barometerskala entsprechen. Auch dieser Typ ist in 10 gleiche Abschnitte unterteilt, so daß jeder Abschnitt 0.09 inches beträgt. Der Effekt ist der gleiche, mit dem Unterschied, daß bei dieser Anordnung die Zahlen auf der Noniusskala von unten nach oben laufen. Auf Abbildung 291 kann man die zwei Möglichkeiten miteinander vergleichen. Links steht die Lesart »10 auf 9«, rechts die von »10 auf 11«. Letztere ist auf antiken Barometern häufiger anzutreffen. Neben den hier besprochenen Noniustypen gibt es – wenn auch nur vereinzelt – noch einige andere Noniusvarianten.

Kapitel 3
Vom Brett zum Stock

In Kapitel 3 von Teil I sind auf S. 32 ff. einige Behältertypen beschrieben, die bei Stockbarometern vorkommen können. Sie genügen den Bedürfnissen im Haushalt vollständig. Will man jedoch genauere Messungen damit anstellen, dann sind sie zumeist untauglich. Über den gewölbten Glasbehälter und die Ursachen seiner Falschanzeigen wurde schon auf S. 197 gesprochen. Die Holzbehälter sind meistens mit einem Lederboden ausgestattet. Dieser ist elastisch und kann sich im Laufe der Zeit »aufbauchen«, so daß auch auf diese Weise eine Abweichung hervorgerufen werden kann, obgleich die unten befindliche Verstellschraube in der Lage ist, die Quecksilbersäule auf dem richtigen Niveau zu halten. Heute verwendet man, wenn der Holzbehälter nicht wiederhergestellt werden kann und ein Ersatzstück nicht vorhanden ist, Kunststoff.

Kapitel 4
Auf See und an Land

Für die in Kapitel 4 von Teil I (S. 41 ff) bereits ausführlich behandelten Barometer gelten die Korrekturregeln, die auf S. 196ff. zu finden sind. Die Schiffsbarometer, ferner Küsten-und Farmerbarometer sowie Reise-, Berg- und Bergwerkbarometer sind großenteils in einer Zeit angefertigt worden – in der zweiten Hälfte des 19. Jahrhunderts und später – in der man bereits gut über die Ursachen von Falschanzeigen Bescheid wußte. Die genannten Instrumente sind in der Regel auch von solider Bauart, haben durchweg eine nicht zu dünne Röhre sowie beinahe stets einen zylindrischen Behälter und eine korrigierte Skala, so daß redlicherweise von guter Genauigkeit gesprochen werden kann. Gelegentlich sind diese Barometer mit einem Behältersystem ausgestattet, das auch heutzutage noch als fachgerecht bezeichnet wird, nämlich dem Fortin-Behälter, der bereits im 19. Jahrhundert häufig auf Reise- und Bergbarometern sowie auf Standardbarometern für meteorologische Messungen angebracht wurde.

Fortinbarometer

Das System des Franzosen Nicolas Fortin (1750–1831) stammt aus dem Beginn des vorigen Jahrhunderts. Auf Abbildung 292 ist das »Fortin« als Standardbarometer zu sehen. Der Behälter ist aus zylindrischem Glas und hat einen Lederboden. Ganz unten sitzt eine Schraube, mit der das Quecksilberniveau eingestellt werden kann. Auf der Abbildung 293 sieht man einen Stift A (aus Elfenbein), der über dem Quecksilber im Behälter hängt. Die Spitze dieses kleinen Stiftes ist der Nullpunkt des Barometers. Wichtig ist nun, daß vor dem Ablesen erst einmal das Quecksilberniveau im Behälter so weit gehoben oder gesenkt wird, daß der Stift das Quecksilber im Behälter eben berührt. Auf diese Weise erzielt man einen sog. einstellbaren Nullpunkt, der das Problem einer Nullpunktverschiebung aus dem Weg räumt. Andere Korrekturen werden nach dem üblichen Verfahren vorgenommen.

Heberbarometer

Diesen Barometertyp trifft man im Handel nicht so oft an wie das »Fortin«. Das System wird dem Chemiker Louis Joseph Gay-Lussac (1778–1850) zugeschrieben, obwohl die Idee bestimmt älter ist. Das Prinzip ist das folgende: Auf Abbildung 294 sieht man eine Siphonröhre. Der Durchmesser des Röhrenteils oben ist genauso groß wie der des offenen Schenkels rechts, was zur Folge hat, daß bei fallendem Luftdruck das Quecksilber oben in der Röhre im gleichen Abstand absinkt wie es im offenen Schenkel steigt. Außerdem ist der Kapillardruck in beiden Schenkeln ungefähr gleich. Das Ablesen kann auf

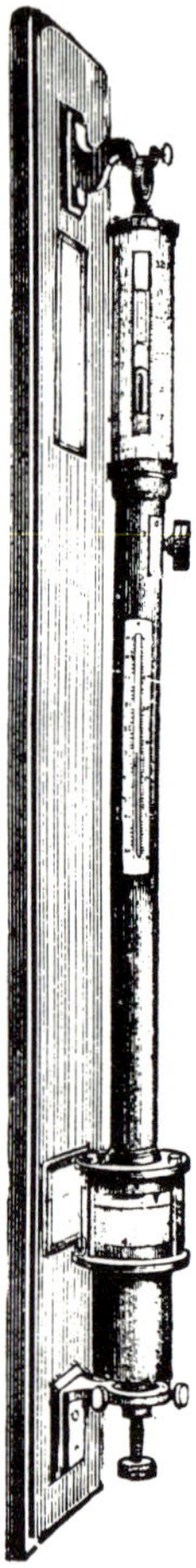

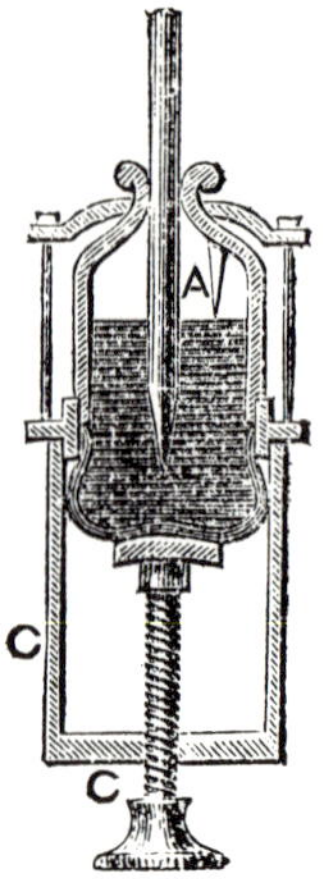

292 Ein Fortin-Barometer. Der Stift über dem Quecksilber ist gerade noch zu sehen.

293 Schema des Fortin-Behälters. Auf der Zeichnung ist der Nullpunkt eingestellt.

verschiedene Art und Weise geschehen. Im vorliegenden Beispiel erfolgt es mit Hilfe von zwei Skalen. Diese sind so eingeteilt, daß sie, wenn die abgelesenen Werte addiert werden, den richtigen Barometerstand ergeben. Bei der zweiten Ablesemethode macht man Gebrauch von einer einzigen Skala oben. Diese Skala ist verstellbar und mit einem langen »Schwanz« versehen, an dessen unterem Ende ein Markierzeiger montiert ist. Dieser Zeiger befindet sich vor dem offenen Schenkel und kann genau auf die Oberfläche des Quecksilberniveaus eingestellt werden. Auf diese Weise kann man den Nullpunkt der Skala einstellen, um hierauf den Barometerstand oben abzulesen. Auf der Schiebeskala sitzt zu diesem Zweck ein verstellbarer Tendenzzeiger und manchmal auch ein Nonius. Mit diesem Heberprinzip ist der Einfluß des Kapillardrucks beseitigt, denn dieser wirkt in beiden Röhren entgegengesetzt. Allerdings muß der Ausdehnungskoeffizient der langen Skala mit »Schwanz« berücksichtigt werden.

Es gibt noch eine Variante der Skala mit »Schwanz«. Bei ihr hängt das untere Ende des »Schwanzes« nicht vor dem offenen Schenkel, sondern darin, wobei der Schwanz in eine feine kleine Spitze ausläuft, die auf das Quecksilberniveau eingestellt werden muß.

Ein anderer Typ Heberbarometer ist das sog. Heberbehälterbarometer, oder, wenn man so will, ein Behälterheberbarometer, Dabei handelt es sich um eine »Kreuzung« zwi-

294 Ein Heberbarometer mit zwei Skalen nach dem Prinzip von Gay-Lussac. Von einem Nullpunkt ist hier keine Rede. Beide Quecksilberniveaus spielen beim Ablesen die gleiche Rolle.

295 Ein Heberbarometer mit einer Skala mit »Schwanz«. Hier ist der Nullpunkt einstellbar.

296 Prinzip eines Heberbehälterbarometers. Auch hier ist der Nullpunkt einstellbar.

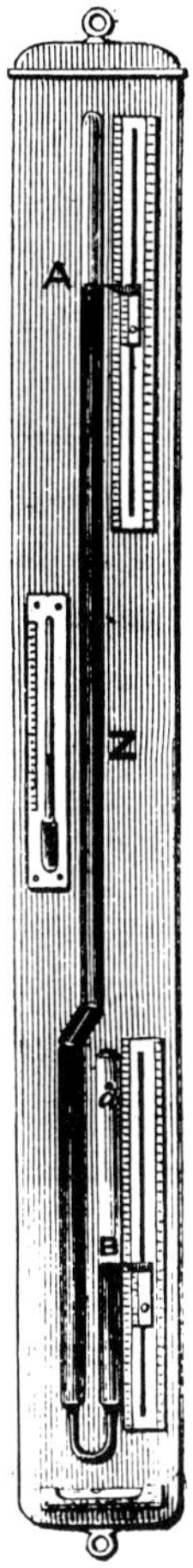

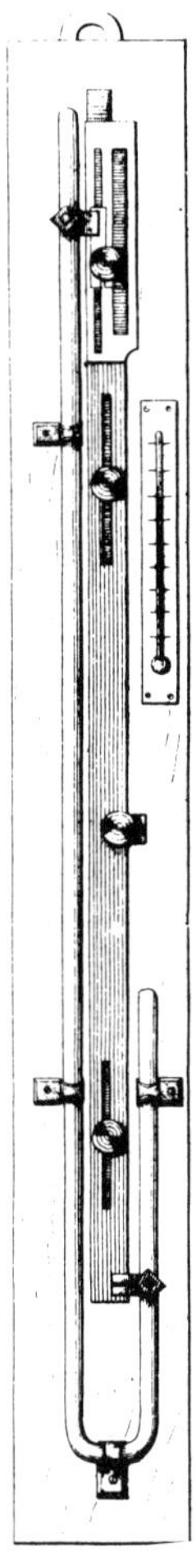

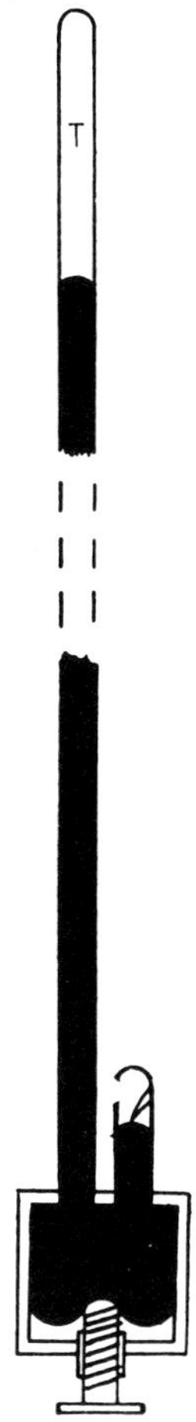

schen einem »normalen« Heberbarometer und einem Fortin-Barometer. Der Behälter hat nämlich einen Lederboden, der ebensowie beim Fortin mit einer Stellschraube nach oben oder unten bewegt werden kann. Charakteristisch ist der offene Schenkel, der ebenso wie die große Röhre in den Behälter mündet. In diesem offenen Schenkel befindet sich ein feiner kleiner Stift. Abbildung 295 läßt das deutlich erkennen. Es gibt auch Typen mit einem eingravierten kleinen Strich auf dem offenen Schenkel; doch die Bedeutung beider »Markierungspunkte« ist dieselbe, nämlich ein fester Nullpunkt. Vor der Ablesung muß man zuerst die Stellschraube so weit drehen, bis das Quecksilber im offenen Schenkel genau auf der Höhe des Markierungspunktes steht.

Nachdem der Nullpunkt eingestellt ist, kann abgelesen werden. Dieses Hebersystem nach der Art von Fortin hat den Vorzug, daß das Problem des Kapillardrucks – ebenso wie bei einem normalen Heberbarometer – weitgehend gelöst ist und daß es keine Skala mit »Schwanz« gibt, die eine Temperaturkorrektur nötig macht. Die Quecksilbermenge ist weder im »Fortin« noch in den Heberbarometertypen so wichtig, denn man kann den Nullpunkt einstellen. Der Vollständigkeit halber sei hier bemerkt, daß noch mehr Systeme existieren, die im großen und ganzen mit den hier besprochenen übereinstimmen.

Stationsbarometer

Für genaue Messungen in den meteorologischen Stationen wird zuweilen auch vom sog. Stationsbarometer Gebrauch gemacht. Die Grundidee des Stationsbarometers kam schon früher, auf S. 197, zur Sprache. Hier wurde nämlich die Nullpunktverschiebung auf die Skala übertragen. Man nennt das Verhältnis zwischen dem Querschnitt der Röhre und dem des Behälters die *Kapazität* des Barometers. Diese Zahl ist maßgebend für den Verkleinerungsfaktor der Ableseskala. Dieses Stationsbarometer ist ein Instrument mit nicht einstellbarem Nullpunkt. Als Maßstab für das Instrument gilt, daß sein Nullpunkt übereinstimmt mit dem Quecksilberniveau im Behälter, sollte der Luftdruck 0 mbar betragen. Zur Berechnung des Verkleinerungsfaktors kann man sich folgender Formel bedienen: Verkleinerungsfaktor = Kapazität : (Kapazität + 1). Ein Beispiel: Im Fall des auf Seite 197 besprochenen Stationsbarometersystems beträgt der Verkleinerungsfaktor 9 : (9+1) = 9 : 10 oder 0,9.

Beim Stationsbarometer ist es unbedingt notwendig, daß man von einer einmal gewählten Quecksilbermenge und damit vom Nullpunkt später nicht mehr abweicht. Im Gegensatz zum »Fortin« und Heberbarometer darf beim Stationsbarometer kein Quecksilber verlorengehen oder hinzugefüllt werden.

Der Idee einer angepaßten Skala begegnet man bei vielen Barometern. Je nach ihrem Zweck wird diese Anpassung mehr oder weniger genau vorgenommen. Zuweilen wird die Anpassung berechnet, oft wird sie aber auch auf experimentellem Weg ermittelt, und zwar durch Vergleiche mit einem einwandfreien »Muttergerät«. Ein Stationsbarometer ist mit seinem nicht einstellbaren Nullpunkt geradezu das »Schulbeispiel« eines Systems mit angepaßter Skala.

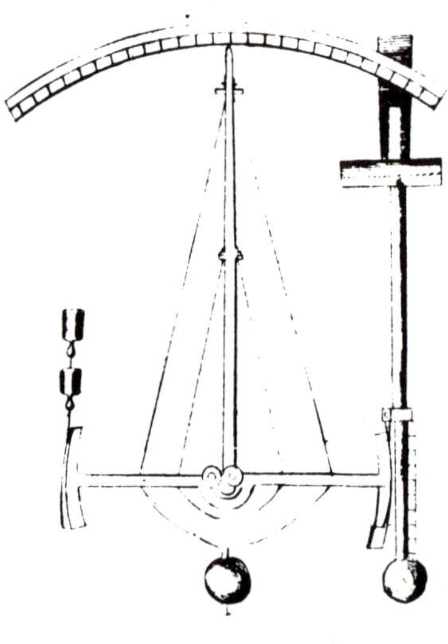

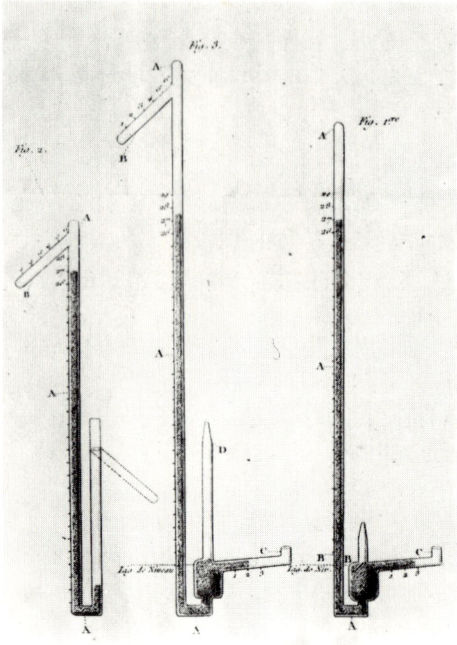

297 Ein Waagebarometer

298 Einige Appendixbarometer

Außenseiter

Obgleich die beiden zuletzt besprochenen Barometerarten nicht häufig im Handel vorkommen, wurden sie hier mit aufgenommen. Es werden jedoch noch weitere Systeme und Behältertypen angewandt, die entweder im experimentellen Stadium stecken geblieben oder nur sehr vereinzelt in den Handel gebracht worden sind. Doch kann auf diese »Außenseiter« aus Mangel an Raum nicht weiter eingegangen werden. Nur kuriositätshalber seien zwei davon genannt: das Waagebarometer von Samuel Morland – u.a. von Magalhães vervollständigt – und das »Appendixbarometer« von Changeux.

Kapitel 5
Admiral Fitzroys Barometer

Dieses weitverbreitete Barometer aus dem Victorianischen England ist auf Veranlassung eines Meteorologen hergestellt worden. Abgesehen von den ellenlangen Wettervorhersageregeln ist das Instrument meistens einfach und solide ausgeführt. Die Röhren sind oft sehr dick und haben einen ansehnlichen Innendurchmesser, was einer genauen Ablesung zugute kommt. Doch ist trotz dieser Eigenschaften das Fitzroy-Gefäßbarometer nicht als wissenschaftliches Gerät zu bezeichnen.

Sturmglas

Das auf vielen »Fitzroys« vorkommende Sturmglas wurde auch häufig für sich allein verkauft. Wie bereits in Kapitel 5 von Teil I ausgeführt wurde (S. 54), glückt es gegenwärtig nicht, ein gut funktionierendes Sturmglas anzufertigen. Die Meinungen über das Wie und Warum der Zusammensetzung und Wirkung der Chemikalien gehen weit auseinander. Hier folgen einige Rezepte, die in der Literatur gefunden wurden.

Um ganz sicher zu gehen, wurden die alten englischen und amerikanischen Hohlmaße und Gewichte wortwörtlich übernommen. Die Begriffe »dram (dr)«, »drachm«, »fluid dram« und »fluid drachm« wurden – und werden – mitunter durcheinandergewürfelt, wie auch »ounce (oz)« und »fluid ounce«. Da die weiter unten angegebenen Zusammenstellungen in einzelnen Punkten auf zweierlei Art ausgelegt werden können, sei das Umrechnen in Gramm und Milliliter den Lesern überlassen, die experimentieren wollen. Hier folgen die Umrechnungstabellen.

Englische Volumeneinheiten	1 fl. drachm	=	3,552 cm³
	1 fl. ounce	=	28,41 cm³
Amerikanische Volumeneinheiten	1 fl. dram	=	3,697 cm³
	1 fl. ounce	=	29,57 cm³
Englische und amerikanische Gewichtseinheiten	1 grain (gr)	=	64,8 mg
	1 dram (dr)	=	1,772 gr
	1 ounce (oz)	=	28,35 gr

Über die Herkunft der unten folgenden Zusammenstellungen: Die erste stammt aus England, von der zweiten ist das nicht sicher, und die dritte kommt aus Amerika.

1)	Kampfer	150	gram
	Alkohol (90 %)	11	drachms
	Kaliumnitrat	33	gram
	Ammoniumchlorid	38	gram
	Destilliertes Wasser	9	drachm
2)	Kampfer	2	drams
	Alkohol (rein)	2	fl. oze
	Kaliumnitrat	0,5	dram
	Ammoniumchlorid	0,5	dram
	Wasser	3	fl. oze
3)	Kampfer	2,5	drachms
	Alkohol	11	drachms
	Kaliumnitrat	38	grains
	Ammoniumchlorid	38	grains
	Wasser	9	drachms

299 Ein Sturmglas

Der Kampfer ist in Alkohol aufzulösen, die Salze in Wasser. Beide Lösungen sind dann zu vermengen und gut zu schütteln. Es empfiehlt sich, das Sturmglas an einem Platz aufzuhängen, wo normale Temperaturen herrschen, und das Glas alle paar Monate zu schütteln , wenn dies möglich ist. Ob man das Glas hermetisch verschließen soll oder nicht, darüber bestehen verschiedene Meinungen.

So stand das zuletzt angeführte Rezept in einer Zeitschrift aus dem Jahre 1916, zu einer Zeit, als solche Gläser noch ohne weiteres im Handel zu haben waren. Darin ist auch die Rede vom Durchbohren des kleinen Korkens, der den Hals des Glases abschließt, weshalb anzunehmen ist, daß es der Luftdruck sein muß, der für die Kristallbildung in der Lösung verantwortlich ist.

Admiral Fitzroy führt jedoch in seinem »Weather Book« aus, daß es die elektrische Ladung der Atmosphäre sei, die das Verhalten der Kampferkristalle großenteils beeinflußt. Auch die Windrichtung spielt dabei seiner Meinung nach eine Rolle. Fitzroy spricht allerdings von einer *hermetisch* geschlossenen Röhre mit etwas Luft über der Lösung. Der Autor des vorliegenden Buches hält immer noch Ausschau nach einem Mittel, um Sturmgläser zum Funktionieren zu bringen, wie es früher der Fall gewesen sein muß, und er ist für eine schlüssige Antwort empfänglich.

Kapitel 6
Barometer mit verlängerter Skala

Winkelbarometer

Anhand einiger Illustrationen wurde die Arbeitsweise des *diagonalen Winkelbarometers* bereits in Kapitel 6 von Teil I auf S. 60ff. beschrieben. Im Rahmen dieses technischen Kapitels kann hier noch angeführt werden, daß, obwohl die Bequemlichkeit einer Skalaausweitung für den Hausgebrauch zweifellos Vorteile mit sich bringt, das Winkelbarometer als wissenschaftliches Gerät nicht genügt. Die schräg nach oben verlaufende Röhre muß auf der Höhe der Ableseskala einer absolut geraden Linie folgen, wenn der Verlauf der Quecksilbersäule konstant sein soll. Bei einer Armlänge von mehr als einem halben Meter kann sich die Röhre bereits durchbiegen. Ein weiterer Punkt ist, daß der Meniscus durch die Schrägstellung – die mehr horizontal als vertikal verläuft – erheblich verformt wird, vor allem bei einem sehr langen Arm, dessen Neigung noch geringer ist. Außerdem ist das Quecksilber starker Reibung ausgesetzt, so daß die Quecksilbersäule Gefahr läuft, unterbrochen zu werden. Bei Doppel- und Dreifach-Diagonalbarometern bestehen obengenannte Nachteile zwar weniger, aber bei diesen Typen kommt es sehr darauf an, daß der Glasbläser die zwei oder drei Röhren unter genau demselben Winkel gebogen hat. Vor allem bei zu restaurierenden Barometern ist dieses Problem von großer Bedeutung, denn dann muß der Glasbläser von einer bereits vorhandenen Skala ausgehen, und das ist für ihn nicht einfach.

Rechtwinklige Barometer

Dieses System ähnelt in vielem dem Diagonalbarometer mit dem Arm unten, aber es bestehen wesentliche Unterschiede. Erstens ist der Arm vollständig waagerecht und zweitens besitzt das rechtwinklige Barometer unten keinen Behälter, wie es beim Diagonalbarometer der Fall ist (s. S. 63). Das rechtwinklige Barometer funktioniert auch auf Grund eines anderen Prinzips als das Diagonalbarometer. Drittens hat das rechtwinklige Barometer normalerweise zwei Skalen, ein Diagonalbarometer dagegen nur eine. Auf Abbildung 300 ist oben ein Behälter zu sehen. Sein innerer Durchmesser ist etliche Male größer als der des waagerechten Unterarmes. In der gezeichneten Lage ist die Quecksilbersäule im Gleichgewicht mit dem herrschenden Luftdruck. Fällt dieser, dann wird das Quecksilber im Behälter oben ebenfalls sinken und am Ende des waagerechten Arms nach rechts fließen. Angenommen, der innere Durchmesser ist zehnmal so groß wie der des waagerechten Armes, so wird sich für jeden Millimeter, den das Quecksilber oben absinkt, die Quecksilbersäule in der waagerechten Röhre um 1 cm nach rechts bewegen.

Die Idee als solche ist gut, aber infolge der großen Reibung, der das Quecksilber dabei ausgesetzt ist, arbeitet das Instrument selten einwandfrei. Es ist sogar höchst unzuverlässig, für den Hausgebrauch kaum tauglich, geschweige denn für die Wissenschaft. Daher kommen diese Geräte im Handel äußerst selten vor. Im Utrechter Universitätsmuseum ist eines zu sehen.

Konische Barometer

Auf Seite 64 im Kapitel 6 von Teil I war die Rede vom konischen Barometer. Dieser eigenartige Typ unter den Quecksilberbarometern hat es zu keinem großen Erfolg gebracht, dafür hatte er zuviele Nachteile. Das konische Barometer wurde im 18. Jahrhundert einige Jahrzehnte lang u.a. als Schiffsbarometer angepriesen, aber man begegnet ihm im Handel, wenn überhaupt, nur selten. Deshalb wird hier auch nicht weiter darauf eingegangen. Es genüge der Hinweis, daß die Skala nicht konstant verläuft, sondern sich

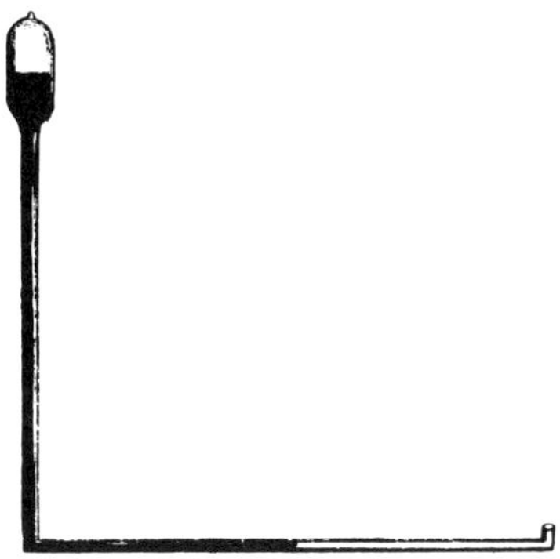

300 Prinzip des rechtwinkligen Barometers

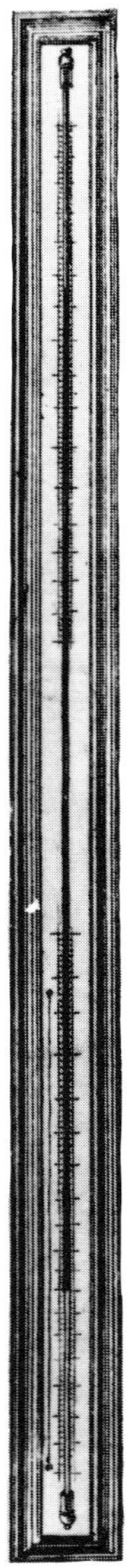

301 Ein konisches Barometer

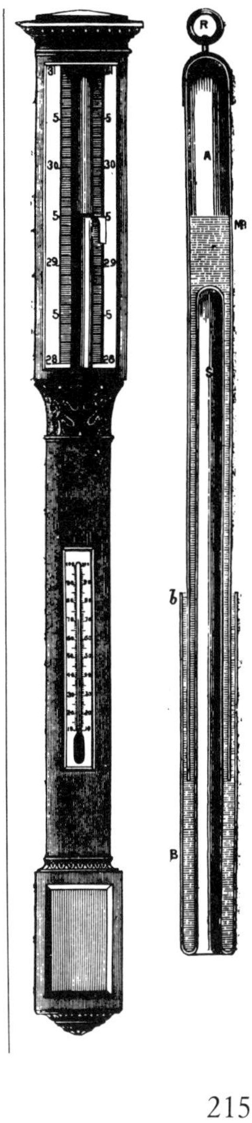

302 Links: Howsons Long Range Barometer; rechts: Schema.

nach unten zu vergrößert, und zwar mehr oder weniger, je nach dem konischen Innendurchmesser der Röhre. Ein wesentlicher Nachteil ist, daß ein kleiner Pfropfen aus Watte oder Wolle unten auf der Röhre sitzen muß, um das Auslaufen des Quecksilbers zu verhindern. Oft bleiben jedoch Quecksilberreste in dem Pfropfen zurück, was zur Folge hat, daß die Skala nicht mehr stimmt. Außerdem muß dieses Barometer stets auf dem Kopf stehend oder liegend transportiert werden und vor jeder Ablesung zurechtgehängt werden, was äußerst vorsichtig zu geschehen hat. Durch die große Reibung kann die Quecksilbersäule – vor allem oben, wo sich die Röhre kapillar verengt – leicht brechen. Kein Wunder, daß das konische Barometer in den Kinderschuhen steckengeblieben ist.

Howsons Long Range-Barometer

Man könnte es das »Barometer mit dem treibenden Behälter« nennen. Dieses System aus dem 19. Jahrhundert funktioniert folgendermaßen: Die Röhre hängt fest oben im Gehäuse. Der innere Durchmesser der Röhre mißt ungefähr 25 mm. Der Behälter ist sehr ungewöhnlich. Er besteht aus einem schmalen, ziemlich hohen Glasgefäß von einigen Dezimetern Länge, worin die Röhre reichlich Platz hat. Mitten im Behälter befindet sich am Boden befestigt ein langer Glasstab oder eine dichtgeschmolzene Glasröhre, die wiederum bequem in die Barometerröhre hineinpaßt. Man stellt die Barometerröhre auf den Kopf und füllt sie mit Quecksilber. Hierauf wird der lange Stab in das Quecksilber hinabgelassen und nach unten gedrückt, bis der Boden des Behälters gegen die Unterseite der Röhre stößt. Auf diesem Boden sitzt eine Einfassung aus Kork, um für eine – provisorische – Abdichtung zu sorgen. Nunmehr wird das Ganze herumgedreht, und man gibt zwischen Behälter und Röhre vorsichtig Raum. Das Quecksilber wird dann langsam in den Behälter laufen, bis eine Gleichgewichtssituation entstanden ist.

Interessant an diesem System ist, daß durch den großen Auftrieb des Glasstabes im Quecksilber dieser Stab mit Behälter und allem anderen »hängen« bleibt! Der Glasstab kann sich in der weiten Quecksilberröhre frei auf und ab bewegen und ist mit kleinen Gleitstiften versehen, um Schiefhängen zu vermeiden. Der skalavergrößernde Effekt wird dadurch erzielt, daß man von der Kombination von Luftdruck und Auftrieb Gebrauch macht. Fällt der Luftdruck, dann wird auch das Quecksilber in der Röhre sinken, und dadurch wird sich der Glasstab im Behälter ebenfalls, wenn auch in geringerem Maß, senken. Da der Behälter an dem Glasstab sitzt, senkt sich der Behälter ebenfalls, so daß auch der Nullpunkt sinkt und das Quecksilber in der Röhre noch weiter absinken wird. Bei steigendem Luftdruck tritt der umgekehrte Vorgang ein. Die damit erzielte Skalavergrößerung entspricht genau der Oberfläche des Quecksilbers oben in der Röhre, geteilt durch den Glasquerschnitt dieser Röhre. In der Praxis erreicht man mit diesem System eine zwei- bis dreifache Skalavergrößerung. Ein Nachteil des Systems besteht darin, daß eine große Menge Quecksilber benötigt wird, und Quecksilber war (und ist) nicht billig. Außerdem werden die Gleitstifte Reibung verursachen und zu Abweichungen in der Anzeige führen. Erheblich ist auch die Empfindlichkeit dieses Systems. Das Barometer von Howson kann nicht ohne weiteres liegend transportiert werden und des vielen Quecksilbers wegen ist ein sehr solider Haken in der Wand kein Luxus . . .

Kapitel 7
Huygens Erfindung, Hollands Ruhm

System Descartes

Oben auf dem Quecksilber im Vakuum treibt Wasser. Durch die Unterschiede der Durchmesser von Röhre und Behälter wird eine Skalavergrößerung erzielt. Die geniale Idee von Descartes (s. S. 66) hatte den großen Nachteil, daß sich der Dampfdruck des Wassers sehr störend auf die Ablesung auswirkt. Wenn die Temperatur steigt, nimmt der Dampfdruck stark zu und drückt somit das Flüssigkeitsniveau herab. Wie bereits ausgeführt wurde, ist bei gleicher Temperatur der Dampfdruck von Wasser viel größer als der von Quecksilber. Der Quecksilberdampfdruck kann praktisch vernachlässigt werden.

System Huygens

Die Kontraröhre, Umkehrröhre oder U-Röhre von Huygens ist ein wesentlich zuverlässigeres System als das von Descartes. Das Torricellische Vakuum wird jetzt nur noch »besetzt« von Quecksilberdampf. Dieses System, so praktisch es auch für den Hausgebrauch sein mag, kann nicht als wissenschaftliches Instrument betrachtet werden. Dafür ist es allzu temperaturabhängig (zwei verschiedene Flüssigkeiten!), außerdem steht die gefärbte Anzeigeflüssigkeit in offener Verbindung mit der Luft ringsum, so daß Verdampfung zu immer größerer Falschanzeige führen kann.

Mit der Barometerformel (s. S. 192) kann berechnet werden, daß für die Kontraröhre gilt:

$p = (hQ \cdot dQ \cdot g) : 100 - (hA \cdot dA \cdot g) : 100$

Dabei sind:

p = Luftdruck bei 0°C in mbar;
hQ = Höhe der Quecksilbersäule zwischen beiden Quecksilberoberflächen;
hA = Höhe der Anzeigeflüssigkeitssäule;
dQ = Quecksilberdichte bei 0°C;
dA = Anzeigeflüssigkeitsdichte bei 0°C.

Wenn man von einer Quecksilberröhre mit gleichen Oberflächen FQ im oberen und unteren Behälter ausgeht, sowie von einer Anzeigeflüssigkeitsröhre, deren Oberfläche im Durchschnitt FA beträgt, dann kann berechnet werden, daß ein Absinken des Drukkes von 1 mm Quecksilbersäule (1,333 mbar) ein Ansteigen des Anzeigeflüssigkeitsniveaus in der Steigröhre ergibt von:

$1 : (dA : dQ + 2\,FA : FQ - FA \cdot dA : FQ \cdot dQ)$

Das ist also zugleich der Vergrößerungsfaktor eines Kontraröhrenbarometers in bezug auf eine »normale« Torricellische Röhre.

Interessant ist hierbei, daß, wenn die Steigröhre der Anzeigeflüssigkeit unendlich dünn, mit anderen Worten, wenn FA : FQ nahe Null wäre, sich der Vergrößerungsfaktor dem Wert

dQ : dA = Quecksilberdichte : Dichte der Anzeigeflüssigkeit 14

nähern würde.

Ein Anzeigevergrößerungsfaktor von mehr als etwa 14 läßt sich also nicht verwirklichen. Will man einen Vergrößerungsfaktor von 7 erzielen und geht von dQ : dA = 14 aus, dann muß FA : FQ = 1 : 27 sein.

Der Querschnitt des Quecksilberbehälters muß also 27 mal so groß sein wie der der Anzeigeflüssigkeitsröhre, oder aber anders ausgedrückt, die Durchmesser von Behälter und Steigröhre verhalten sich dann wie etwa 5 : 1.

Die Temperaturabhängigkeit der Kontraröhrenbarometer ist ziemlich kompliziert. So wird der Vergrößerungsfaktor zum Beispiel auch von den Temperaturveränderungen beeinflußt, da dQ und dA beide mit der Temperatur variieren, und zwar nicht auf gleiche Weise.

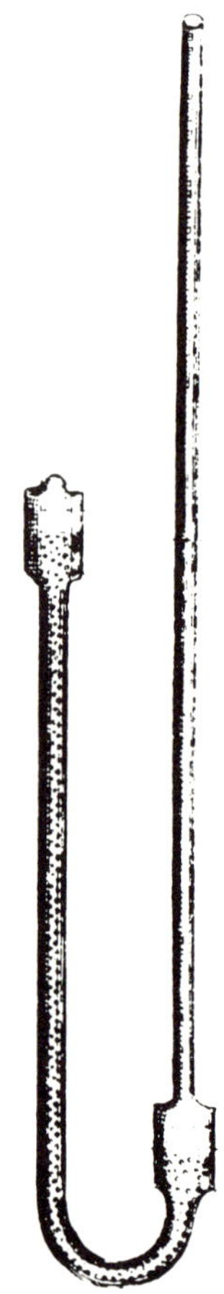

303 Prinzip der Röhre von Descartes

304 Prinzip der Röhre von Huygens

305 Prinzip der Gegenröhre von Hooke (oder de la Hire)

Manchmal wird behauptet, ein Kontraröhrenbarometer sei nicht temperaturabhängig. Das ist nicht der Fall, wohl aber können die Temperaturabweichungen relativ kleiner gehalten werden als die einer »normalen« Torricellischen Röhre. Wegen des starken Vergrößerungsfaktors (z.B. rund 7) darf die absolute Abweichung der Anzeige nämlich auch rund 7mal so groß sein. Die Abweichung kann jedoch kleiner gehalten werden durch eine geschickte Dimensionierung der Röhrendurchmesser. Auf diese Weise ist es möglich, die Ausdehnung der Anzeigeflüssigkeit (die ein scheinbares Absinken des Drucks anzeigt) und die Ausdehnung des Quecksilbers (die ein scheinbares Ansteigen des Drucks angibt) soweit wie möglich sich gegenseitig kompensieren zu lassen.

Eine negative Rolle spielt auch die Reibung in der Kontraröhre. Diese Reibung kann stärker werden durch Verschmutzung, hervorgerufen durch die erwähnte offene Verbindung sowie dadurch, daß sich Farbstoffteilchen auf der Glaswand absetzen. Schließlich zählt das – übrigens ziemlich geringe – Gewicht der Anzeigeflüssigkeit mit. Diese übt auf das Quecksilber unten in der Röhre Druck aus, weshalb die Skala angepaßt sein muß. Bei Restaurierungen hat man darauf Rücksicht zu nehmen. Nimmt man etwa eine Anzeigeflüssigkeit mit einem stark abweichenden spezifischen Gewicht gegenüber dem der ursprünglichen Flüssigkeit, dann treten Falschanzeigen auf.

System Hooke (wird auch de la Hire zugeschrieben)

Dieses System ist bereits auf S. 71 erwähnt worden. Hier ist die Kontraröhre von Huygens mit einer dritten Flüssigkeit versehen. Über der gefärbten Anzeigeflüssigkeit befindet sich eine etwas leichtere, farblose Abdeckflüssigkeit. Der rechte Schenkel mündet in einen Behälter. Beide Flüssigkeiten dürfen sich nicht vermischen. Die Grenzfläche dieser Flüssigkeiten gibt den Wert des Luftdruckes an.

Die Skala muß wiederum angepaßt sein, wenn auch das Ausmaß der Abweichung weniger stark ist, weil es sich um eine ziemlich konstante Flüssigkeitshöhe handelt (wegen des gleichen Behälterdurchmessers unten und oben), wobei lediglich die Unterschiede im spezifischen Gewicht zwischen Anzeige- und Abdeckflüssigkeit eine minimale Druckveränderung hervorrufen können. Diese Unterschiede kann man sehr klein halten. Man nimmt für die untere (Anzeige-) Flüssigkeit ein Gemisch aus gefärbtem Alkohol und Wasser und als Abdeckflüssigkeit Öl. Indem man ein ausgewogenes Mengenverhältnis zwischen Alkohol und Wasser herstellt, wird das spezifische Gewicht gerade etwas höher sein als das des Öls. (Ein Vorteil dieses Systems hinsichtlich der Kontraröhre von Huygens ist, daß der Skalavergrößerungsfaktor jetzt kaum mehr vom Verhältnis dQ : dA abhängig ist. Das rührt von der beinahe konstanten Anzeigeflüssigkeitshöhe her. Jeder gewünschte Vergrößerungsfaktor kann also nunmehr dadurch erreicht werden, daß man auf richtige Weise das Verhältnis FA : FQ = Querschnitt des Behälters : zum Querschnitt der Steigröhre wählt). Weiterhin ist die Reibung geringer, weil die gesamte Röhre gefüllt ist, und die Anzeigeflüssigkeit kann nicht mehr verdampfen, weil das Öl sie abdeckt. Sehr angenehm ist hierbei, daß der Alkohol-Wasserstand unter dem Öl eine schöne, gerade Trennfläche aufweist, so daß sehr genau abgelesen werden kann. Trotz solcher Anpassung ist dieses System ebenso wenig wie die beiden anderen in diesem Kapitel behandelten für genaue Messungen geeignet.

Kapitel 8
Verkürzte Instrumente

Multipel-Barometer

Diese Erfindung von Amontons ist bereits in Kapitel 8 von Teil I auf S. 72 besprochen worden. Der Vorteil jenes Systems liegt darin, daß das Barometer jetzt viel kürzer als normalerweise ist, nämlich nur halb so lang wie die Torricellische Röhre, während trotzdem eine umfangreichere Skalamarkierung erzielt worden ist. Die Nachteile sind indessen viel größer. Herstellung, Füllung und Reinigung dieses Barometers sind sehr schwierig. Aus dem geringsten Anlaß können die Flüssigkeiten durcheinanderlaufen, vor allem beim Dreiröhrensystem. Was die Genauigkeit betrifft, so hat die Temperatur darauf einen allzu großen Einfluß. Vor allem die Ausdehnung der Zwischenflüssigkeit(en) kann eine erhebliche Falschanzeige verursachen. Beim Vierröhrensystem kommt noch hinzu, daß die Anzeigeflüssigkeit verdampfen kann. Also wiederum kein einwandfreies Meßinstrument, doch als Sammelobjekt ein fesselnder Gegenstand.

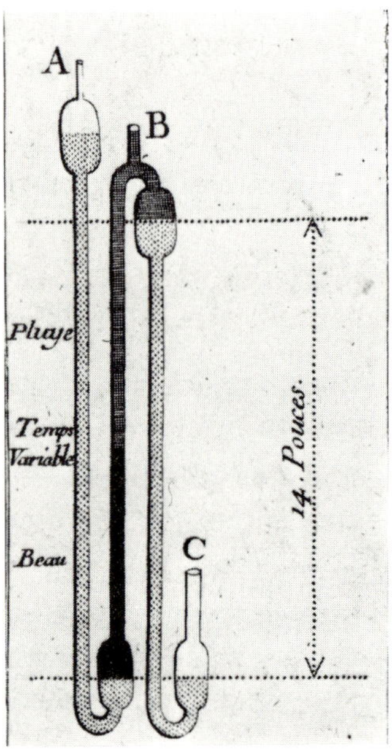

306 Multiples Dreiröhrenprinzip (besprochen in Teil I). Auf dieser französischen Abbildung (erste Hälfte 18. Jahrhundert) ist zu sehen, daß ebenso wie bei der Kontraröhre der Luftdruck umgekehrt angegeben wird.

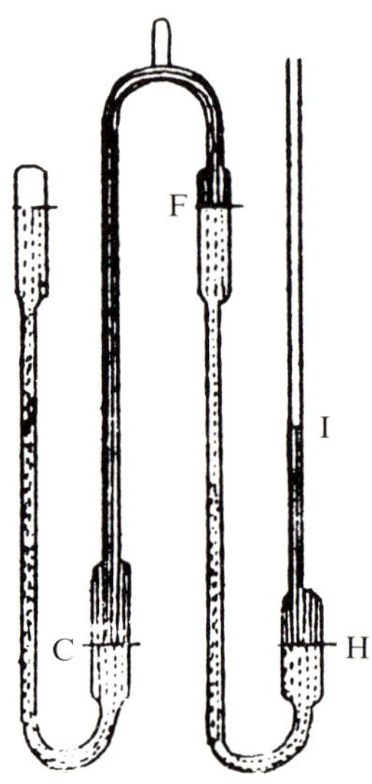

307 Multiples Vierröhrenprinzip. Hier befindet sich nur eine einzige leichte Flüssigkeit (C-F) zwischen den beiden »Quecksilberhälften«. Die andere leichte Flüssigkeit (H-I) ist hier die Anzeigeflüssigkeit.

Donnerglas

Auf Seite 73 ist die Funktionsweise näher erläutert. Aus dem Text dürfte hervorgehen, daß es sich hierbei nur um ein kurioses Anzeigegerät handelt, anziehend in seinen Formen, aber als Barometer alles andere als zuverlässig. Es vereinigt in sich die Eigenschaften eines Barometers mit denen eines Thermometers und besitzt zumeist keine Skala, so daß die Bezeichnung »Wetterglas« hier besser angebracht wäre. Der Temperatureinfluß ist hier im allgemeinen viel zu groß, und nur dann, wenn sich das Donnerglas in einem Raum mit fast konstanter Temperatur befindet, kann man sich allen Niveauschwankungen zum Trotz darauf verlassen. Doch wer hängt schon ein schönes Donnerglas in den Keller oder Kühlschrank?

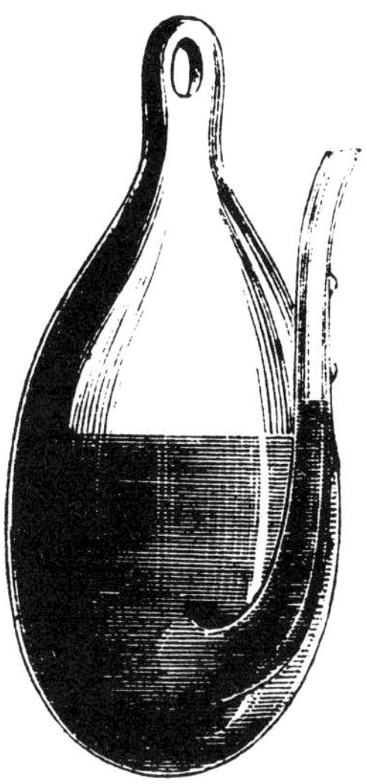

308 Ein Donnerglas

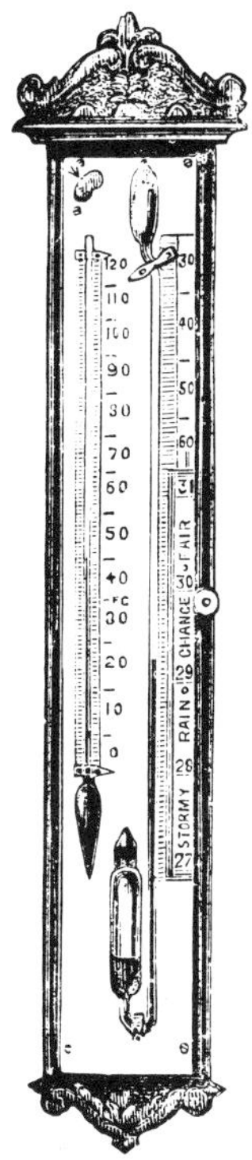

309 »Improved Sympiesometer« von Adie mit Patent von 1818. Ganz oben links sitzt ein mit der Hand zu bedienendes Rädchen, auf welchem die Barometerwerte verzeichnet sind, und zwar als Gedächtnisstütze für eine darauffolgende Ablesung. Zuweilen sind diese Rädchen auch unten angebracht.

Thermo-Barometer

Dieses Instrument (s. S. 77) hat zweierlei gemeinsam mit dem weiter oben besprochenen konischen Barometer. Beide wurden für den Gebrauch auf hoher See angepriesen und beide haben nur kurze Zeit existiert. Wahrscheinlich nur in Museen werden noch einige wiederzufinden sein. Das Thermo-Barometer von Hooke besteht aus einem geschlossenen Alkoholthermometer zusammen mit einem offenen Quecksilberthermometer. Das offene Thermometer reagiert sowohl auf Temperatur als auch auf Luftdruck, das geschlossene dagegen nur auf Temperatur. Bei richtiger Skalaeinteilung ist es möglich, den Luftdruck zu bestimmen anhand der offenen Thermometerskala unter Anwendung einer Temperaturkorrektur. Dieses System ist mehrere Male verbessert worden. Die bekannteste Version ist das Sympiesometer.

Das Sympiesometer (s. S. 78) ist eine Verbesserung des Thermometers von Hooke. Links auf der Skalaplatte befindet sich ein Fahrenheitthermometer. Rechts sitzt die eigentliche Sympiesometerröhre, die oben einen abgeschlossenen Behälter hat und unten einen – gegen Verschmutzung geschützten – offenen Behälter. Im oberen Behälter befindet sich das Wasserstoffgas, von der Außenluft abgeschlossen durch eine gefärbte Mandelölsäule, die in dem offenen Behälter endet. Bei wechselndem Luftdruck steigt oder sinkt der Ölpegel, wobei er flott reagiert, rascher als es bei manchen Quecksilberbarometern der Fall ist. Diese Art der Luftdruckmessung ist – was bereits früher zur Sprache gekommen ist – Temperatureinflüssen gegenüber empfindlich. Immerhin nimmt bei *steigender* Temperatur der Druck des Wasserstoffgases zu und das Öl wird nach unten gedrückt. Zur Beseitigung dieser Fehlanzeige ist eine besondere, rechts von der Sympiesometerröhre befindliche feste Temperaturkorrekturskala angebracht. Die Skala mit den Luftdruckwerten ist mittels eines Knopfes verstellbar. Auf dieser verstellbaren Skala sitzt – meistens oben – ein kleiner Anzeigestift. Das Besondere besteht darin, daß man bei einer Luftdruckmessung zuerst die herrschende Temperatur auf dem Thermometer (links) abliest. Dann stellt man die verstellbare Luftdruckskala so ein, daß der daran festsitzende Stift auf der Temperaturkorrekturskala die Temperatur anzeigt, die man soeben auf dem Thermometer abgelesen hat. Zuletzt liest man den Barometerstand vom Ölniveau ab. Ein ausgezeichnetes System.

Vorteile: Man kann den Apparat kleiner als Quecksilberbarometer gestalten. Überdies ist die Empfindlichkeit eines Sympiesometers ziemlich groß. Nachteile sind: Das Wasserstoffgas hat die Möglichkeit, durch das Öl zu entweichen (Diffusion), so daß die Anzeige nachteilig beeinflußt wird. Auch kann das Öl verdampfen, die Folgen wären dieselben. Im Laufe des vorigen Jahrhunderts hat man zwar eine Verbesserung vorgenommen, indem man den Wasserstoff durch Luft und das Öl durch gefärbte Schwefelsäure ersetzte, aber auch dadurch wurde das Verdampfungsproblem nicht aus der Welt geschafft. Hinzukommt, daß die Skalaeinteilung stets erst nach dem Blasen und Füllen der Sympiesometerröhre mit Hilfe eines geeichten Quecksilberbarometers vorgenommen wird. Wird ein Sympiesometer reparaturbedürftig, so tauchen immer wieder Probleme auf. Es ist nämlich eine schier unlösbare Aufgabe, ein Sympiesometer so zu reparieren, daß es wieder über den gesamten Skalabereich hin einwandfrei funktioniert. Schließlich besteht noch ein Nachteil darin, daß keine Höhenkorrektur am Gerät selbst möglich ist. Da die meisten Sympiesometer auf hoher See benutzt wurden, war dieser Nachteil früher von untergeordneter Bedeutung.

Kapitel 9
Das Radquecksilberbarometer, ein beliebtes Hausinstrument

Das System ist auf S. 79 beschrieben worden. Da in den vorhergehenden Ausführungen dem Banjobarometer sehr viel Aufmerksamkeit zuteil wurde, schien es sinnvoll, an dieser Stelle eine ins einzelne gehende Zeichnung des Meßwerkes eines »Banjos« zu bringen. Der kleine Schwimmer links ist mit Quecksilber gefüllt, um das Volumen bei gleichem Gewicht so gering wie möglich zu halten. Ein massives Gewicht aus Glas ist durch sein größeres Volumen stärkerer Reibung an der Glaswand ausgesetzt, und das kommt der Genauigkeit der Anzeige bestimmt nicht zugute. Das System der Übertragung mittels des Rädchens ist ohnehin nicht frei von Reibung. Dadurch wird manches »Banjo« zur »Trägheit« neigen, d.h. es wird nur träge auf Luftdruckveränderungen reagieren. Durch leichtes Klopfen am Barometer wird der Zeiger – sofern der Apparat im Inneren sauber ist – den richtigen Stand einnehmen. Den Genauigkeitsanforderungen des Hausgebrauchs genügt das Instrument sehr gut, was übrigens bei den meisten antiken Barometern der Fall ist. Für Präzisionsmessungen dagegen eignet sich das Radquecksilberbarometersystem – wenigstens in der allgemein bekannten Ausführung – nicht.

Neben den genannten Reibungsproblemen gibt es auch die in Kapitel 1 dieses Teils erwähnten Fehlerquellen der Temperaturbeeinflussung, und hier außerdem noch den kleinen Faden des Radquecksilberbarometers, der sich unter dem Einfluß von Temperatur, Feuchtigkeit oder Alter ausdehnen oder zusammenziehen kann. Dazu kommt, daß der Faden wenigstens einmal ganz um das Rad gewickelt ist. Wie wird er sich bei Bewegung verhalten? Wird er sich über seine eigene Windung legen oder bleibt er daneben liegen? Deshalb darf der Faden nicht öfter um das Rad gewickelt werden als nötig. Eine andere – immer wieder einmal vorkommende – Quelle von Falschanzeigen beruht daruf, daß das Rad zu groß oder zu klein ist, so daß sich die Übertragung auf den Zeiger »ausleiert«.

Möglich ist weiter, daß die Achse des Rades exzentrisch angebracht ist, so daß das Rad keinen einwandfreien Kreis mehr beschreibt. Wenn bei Restaurierungen eines Radquecksilberbarometers der Ersatz des Rädchens notwendig wird, so muß besonderes Augenmerk darauf gerichtet werden, daß es einwandfrei ist, um unnötig grobe Falschanzeigen zu vermeiden.

Zusammenfassend kann die Behauptung aufgestellt werden, daß man dem Radquecksilberbarometer seinen tatsächlichen Wert zuerkennen sollte: ein antiquarischer Gegenstand von großer Anziehungskraft, der in der Lage ist, die Neugier auf das Wetter von morgen zu befriedigen.

Kapitel 10
Die Metalldose verdrängt das Quecksilber

Obwohl bereits in Teil I auf S. 91 viel über die Arbeitsweise des Aneroidbarometers gesagt wurde, schien es doch angebracht zu sein, noch eine Beschreibung des ersten Modells in England zu liefern, bei welchem man das Vidi-System anwandte. Es wurde bereits 1847 aus Frankreich eingeführt. Entworfen hatte es Lucien Vidi(e), der, nachdem er sich sein Aneroidsystem 1844 hatte patentieren lassen, noch verschiedene Messungen erdacht hatte. Nach einer Periode von Mißerfolgen war das hier abgebildete Modell auf den Markt gekommen. Anfangs wurde es in bescheidenem Maß in Serie gebaut und nach England exportiert, weil man in Frankreich kein Vertrauen dazu hatte . . . In England wurde es rasch zu einem glänzenden Erfolg.

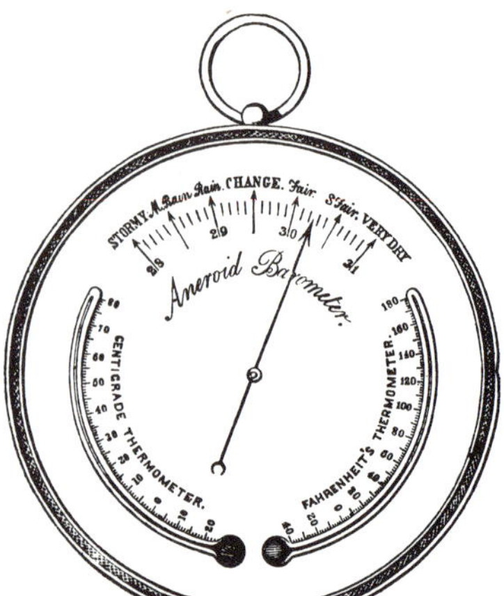

310 Eines der ersten in Serie hergestellten Aneroidbarometer

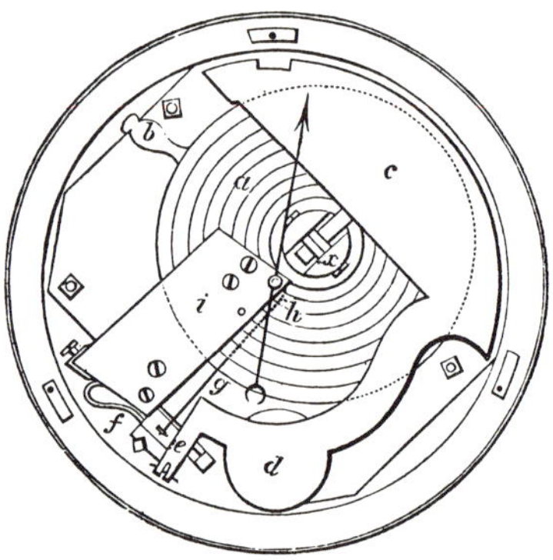

311 Ansicht des Meßwerkes von oben

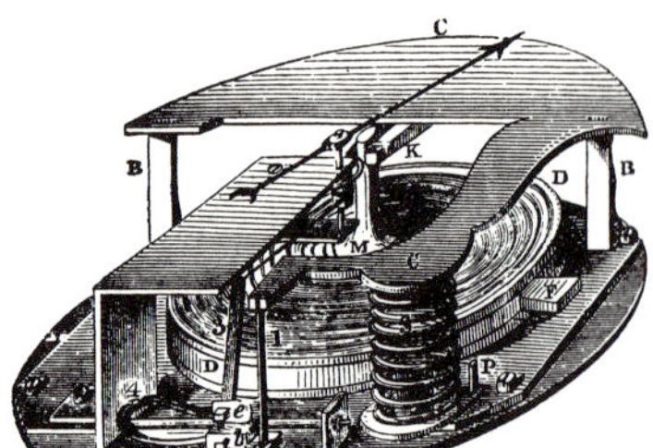

312 Seitenansicht des Meßwerkes

Auf Abb. 310 sieht man, wie die Vorderseite des Barometers ausgesehen haben muß. Auffällig ist der damals noch kleine Skalabereich des Zeigers. Abb. 311 gewährt einen Einblick in das Meßwerk von oben bei abgenommener Skalaplatte. Die Vididose wird durch a gekennzeichnet; b ist ein kleines Röhrchen, durch welches die Luft aus der Dose gepumpt, und das dann zugelötet wurde. Die Dose ist mit einer Schraube auf dem Boden des Gehäuses befestigt. Mitten auf der Dose ist ein kleiner Stab montiert, der oben am Hauptarm c-d-e befestigt ist. Dieser ruht mit Scharnieren auf zwei Stützpunkten, die auf dieser Abbildung nicht zu sehen sind, wohl aber auf Abb. 312, dort mit B bezeichnet. Auf dieser Abbildung ist auch die Druckfeder S zu sehen, die als »Gegengewicht« für den Druck auf die Dose über den Arm c-d-e wirkt.

Bei dieser Abbildung ist zu sehen, daß an der Vorderseite des Hauptarms die kleine Stange 1 sitzt, welche die Bewegung des Hauptarms nach unten vermittelt zu einem – leider nur mit Mühe erkennbaren – Hebelsystem 2. Mit Hilfe der kleinen Stange 3 wird die nunmehr verstärkte Bewegung auf eine hauchdünne kleine Metallkette übertragen, die auf Abb. 311 mit dem Buchstaben g bezeichnet ist. Diese Kette wiederum ist mit einem Ende um die Zeigerwelle gewickelt und wird durch eine winzige Feder in Spannung gehalten. Eine Regulierschraube A (Abb. 312) sitzt unter der großen Feder. Beim Vergleich mit dem Meßwerk eines modernen Aneroidbarometers wird offensichtlich, daß man damals, drei Jahre nach dem ersten Patent, schon recht weit fortgeschritten war.

Genauigkeit

Diese ist in den meisten Fällen gut bis sehr gut zu nennen, auf jeden Fall für den Hausgebrauch, trotz der Tatsache, daß das Aneroidbarometer ziemlich viele bewegliche Teile enthält, so daß Reibung, die an mehreren Stellen stattfindet, Ursache von Falschanzeige sein kann. Auch reagiert ein Aneroidbarometer ziemlich träge auf die meist geringen und gemächlich vonstatten gehenden Luftdruckänderungen. Wie bei Radquecksilberbarometern ist dies auch hier eine Folge der Reibung. Leichtes Klopfen auf das Glas bringt den Zeiger dazu, sich mit einem Sprung an die richtige Stelle zu verfügen. Die Zuverlässigkeit und die Vorteile des handlichen Formates machen das Aneroidbarometer in einigen Fällen für meteorologische Beobachtungen geeignet, sofern das Gerät öfters mit einem geeichten Quecksilberbarometer verglichen wird.

Fehlerquellen
Temperatureinfluß

Wie das Quecksilberbarometer ist auch das Aneroidbarometer temperaturabhängig. Durch Wärme dehnen sich die Metallteile aus. Dem kann durch ein ausgeklügeltes Hebelsystem begegnet werden. Die Feder, die für das Gleichgewicht zwischen Dose und Außenluft zu sorgen hat, bringt jedoch mehr Probleme mit sich. In dem Maß, in dem Federstahl wärmer wird, nimmt die Federkraft nämlich ab. Die Dose wird dann durch den Luftdruck noch weiter zusammengedrückt als es ohnehin schon geschieht, so daß es zur Falschanzeige kommt. Diese Falschanzeige kann man auf verschiedene Weise ausgleichen:

Bimetall

Die Eigenschaft von Bimetall ist folgende: Zwei Streifen aus verschiedenem Metall werden mit ihren flachen Seiten über die gesamte Länge miteinander verlötet. Die Metalle sind so gewählt, daß ihre Ausdehnungskoeffizienten stark differieren, z.B. Eisen und

Messing. Erwärmt man einen solchen »Sandwich«, dann wird sich, weil sich Messing stärker ausdehnt als Eisen, das Bimetall biegen. Diese Eigenschaft kann man beim Aneroidbarometer verwenden. Je nach dem Typ wird ein Stück Bimetall in das Hebelübertragungssystem eingefügt. Die Position wird dabei so gewählt, daß die stärkere Kompression der Vidi-Dose durch die Kraftminderung der Feder bei steigender Temperatur kompensiert wird durch das sich biegende Stück Bimetall. Dieser Temperaturausgleich wirkt sich übrigens nicht völlig einwandfrei über den gesamten Skalabereich hin aus. Es gibt nur einen Temperaturpunkt, an welchem das Bimetallsystem ganz genau kompensiert, doch hat es sich in der Praxis gut bewährt, vor allem dann, wenn dieser Punkt bei einem durchschnittlichen Luftdruck liegt. Außerdem gibt es noch eine zweite Kompensationsmöglichkeit:

Gas in der Vidi-Dose

Wenn man ein wenig Luft in der Vidi-Dose zurückläßt – oder, noch besser, Stickstoff, denn dieser greift Metall nicht an –, dann wird sich das Gas bei zunehmender Wärme ausdehnen und auf diese Weise ein »Gegengewicht« zur abnehmenden Kraft der Feder bilden. Ebenso wie bei der Bimetallkompensation gilt für die Gaskompensation, daß es nur einen einzigen Punkt auf der Skala gibt, an welchem der Ausgleich exakt ist. Nichtsdestoweniger genügt auch das Gaskompensationssystem den Anforderungen.

Ni Span C

Eine ziemlich moderne Abart von Temperaturausgleich hat man unlängst entdeckt durch Anwendung der Legierung Ni Span C. Diese Legierung versetzt den modernen Aneroidbarometerhersteller in die Lage, Vidi-Dosen und Federn aus einem Metall anzufertigen, das eine temperaturunabhängige Federkraft besitzt. Doch bereits im 19. Jahrhundert wandte Vidi(e) in den ersten Jahren nach der Erfindung seines Aneroidverfahrens die ersten beiden besprochenen Temperaturkompensationsmethoden an. So war das zuvor behandelte Modell aus der Zeit um 1847 bereits mit Gas in der Vidi-Dose kompensiert.

Hysteresis

Wenn ein Aneroidbarometer großen Luftdruckveränderungen ausgesetzt ist, dann wird dieses Instrument, sobald sich der ursprüngliche Luftdruckwert wieder eingestellt hat, einen etwas abweichenden Stand haben als denjenigen, welchen es vor dieser Veränderung hatte. Man könnte diese Unzulänglichkeit – Hysteresis genannt – auch »elastische Nachwirkung« oder »Kriechen« nennen. Die Erscheinung ist übrigens nicht von Dauer. Es kommt freilich noch hinzu, daß man es mit Veränderungen in der molekularen Struktur der verwendeten Metalle (u.a. Abnutzung) zu tun hat, wodurch auch die Elastizität beeinflußt wird. Elastizitätsfehler werden durch Temperaturzunahme und große sowie schnelle Luftdruckschwankungen erzeugt. Daraus erklärt sich die Notwendigkeit, ein Aneroidbarometer regelmäßig mit einem Präzisionsbarometer zu vergleichen.

Korrekturen

Bei Beobachtungen mit einem genau arbeitenden Aneroidbarometer müssen einige Korrekturregeln beachtet werden. Wichtig ist, zu wissen, ob das Instrument »eingebaute« Fehlerquellen besitzt wie z.B. Nachgehen während des Temperaturausgleichs, und die Größe von Elastizitätsfehlern zu kennen. Wie bei Quecksilberbarometern nennt man eine Korrektur der eben erwähnten Art Indexkorrektur. Doch hat das Aneroidbarometer weniger Korrekturen nötig als das Quecksilberbarometer. Immer ist ein gutes Aneroidbarometer im Hinblick auf Temperaturunterschiede kompensiert. Ist das nicht der Fall, dann ist eine solche Korrektur nicht zu berechnen. Eine Breitenkorrektur ist ebensowenig notwendig, weil die unterschiedliche Erdanziehungskraft keinen Einfluß auf die Anzeige hat. Wohl aber muß eine Höhenkorrektur vorgenommen werden (s. S. 199). In der Meteorologie werden auch Aneroidbarometer angewandt, sowohl mit Zeigerwerk (analoge Anzeige) als auch mit Zählwerk (digitale Anzeige).

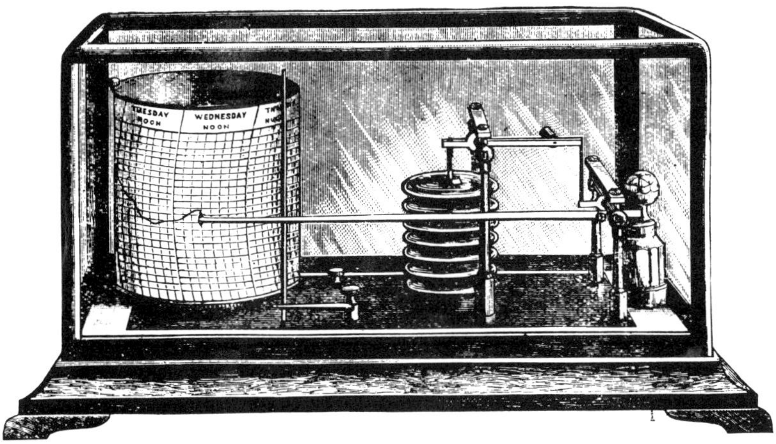

313 Ein Barograph, abgebildet in einem Katalog von 1895.

Barograph

Bei Barographen bestehen dieselben Fehlerquellen wie bei analogen Aneroidbarometern, wobei noch hinzukommt, daß – je nachdem, ob der Druck der Feder auf die Papierrolle größer oder kleiner ist – die Reibung so zunehmen kann, daß die Falschanzeige beträchtliches Ausmaß annimmt. Das tritt zumeist deutlich bei der Registrierung zutage: erfolgt diese nicht fließend, sondern »stoßweise«, dann ist entweder der »Federdruck« auf dem Papier zu groß, oder die Reibung in den Scharnierpunkten ist zu stark. Es ist also angezeigt, den Druck der Tintenfeder auf ein Minimum zu reduzieren sowie hin und wieder zu kontrollieren, ob die Drehpunkte des Hebelmechanismus auch sauber sind. Reinigen mit einem in Alkohol getauchten Pinsel und anschließendes Abschmieren mit feinem Öl empfiehlt sich, wozu man eine (Stopf)nadel mit der Spitze in das Öl taucht. Das winzige Tröpfchen, das dabei an ihr hängen bleibt, ist mehr als ausreichend für eine Schmierstelle.

Kapitel 11
Nützliche Winke

Über den Transport verschiedener Barometermodelle

In diesem letzten Kapitel sei auf den Transport verschiedener Barometermodelle eingegangen. Bereits im 11. Kapitel von Teil I (S. 100ff.) wurde das eine und andere über Vorsichtsmaßregeln allgemeiner Art mitgeteilt, die getroffen werden müssen, wenn man ein Barometer transportieren will.

Wiederholt sei hier: Alle Barometer – es sei denn, sie haben einen *offenen* Behälter, was sehr selten der Fall ist – müssen in fast horizontaler Lage transportiert werden. Hierbei muß die Haube 10 bis 20 cm höher liegen als das Unterteil. Das Umlegen des Geräts muß äußerst langsam erfolgen. Erst nachdem das Quecksilber »angeschlagen« hat, ist das Barometer weniger verwundbar. Geschieht das Neigen zu rasch, kann die Röhre brechen. Man gebe also Obacht. Quecksilber ist schädlich, sowohl für die Gesundheit als auch für Schmuck. Es muß sofort entfernt werden.

Selbstverständlich ist der Transport in beinahe horizontaler Lage nur dann möglich, wenn kein Quecksilber entweichen kann. Da es verschiedene Arten von Behältern gibt mit jeweils unterschiedlicher Behandlungsweise, so sei im folgenden auf die verschiedenen Möglichkeiten eingegangen.

Stockbarometer

Handelt es sich um ein Stockbarometer, dann gibt es zwei Möglichkeiten. Der Behälter ist aus Holz und an der Röhre festgekittet. Diese Behälter sind in der Regel geschlossen. Oft sind sie mit einem Boden aus Schafsleder versehen. Ist dies der Fall, dann muß unten am Ende ein Stift oder Knopf aus Kupfer sitzen, der drehbar ist und mit dem der Lederboden nach oben gedrückt werden kann. Zweck dieses Systems ist, daß man – sobald das Barometer sich in beinahe horizontaler Lage befindet – den Knopf so weit nach oben dreht, daß der Boden des Behälters gegen die Unterseite der Röhre drückt und damit den Kanal der Röhre abschließt. Auf diese Weise müßte es möglich sein, das Barometer ungeachtet seiner Lage zu transportieren. Doch so schön sich das »Transportsystem« auch ausnehmen mag, es sind Gefahren damit verbunden. Ein Barometer kann hundert, ja zweihundert Jahre alt sein, möglicherweise noch älter. Der Lederboden hat, so zäh und elastisch er auch gewesen sein mag, kein ewiges Leben. Er kann im Lauf der Jahre spröde geworden sein, ohne daß man das gleich sieht. Vorsicht ist daher bei alten Holzbehältern geboten. Man lasse den kleinen Drehmechanismus ruhig auf seinem Stand, auf welchem er sich befindet und tue dem Boden keine Gewalt an. In beinahe horizontaler Lage kann nur wenig passieren. Man setze den Drehknopf nur dann in Bewegung – es sei denn, der Lieferant hat etwas anderes vorgeschrieben –, wenn es sich als notwendig erweist, den Stand des Quecksilbers dadurch zu regulieren, falls man beim Ablesen eine Abweichung entdecken sollte.

Stockbarometer können auch Glasbehälter haben. Bei den ältesten sitzt ein loses kleines Gefäß unter der Röhre. Diese Barometer sind im Transportfall große Sorgenkinder. Sie tauchen aber praktisch im Handel nicht auf, im Gegensatz zum häufig vorkommenden festen Glasbehälter. Dieser Typ steht in offener Verbindung mit seiner Umgebung. Folglich befindet sich stets irgendwo eine Öffnung darin, und das Risiko des Ausfließens von Quecksilber ist vorhanden. Ein kleiner Pfropfen in der Behälteröffnung beseitigt dieses Risiko großenteils. Ist dieser Pfropfen mit einem hauchdünnen Kanal versehen, kann er sogar ständig sitzenbleiben. Manche Restauratoren versehen ihre Behälter jedoch mit einem Pfropfen mit einem kleinen hindurchgesteckten Stahlstift, dessen Spitze mit etwas Baumwolle umwickelt ist. Der Pfropfen wird in die Behälteröffnung gedrückt, bis das mit Baumwolle umwickelte Ende den Kanal der Röhre abschließt. Diese Blockiereinrichtung ist vorzüglich, sofern man sie nur dann anbringt oder wieder entfernt, wenn sich das Barometer in beinahe horizontaler Lage befindet oder sich stark neigt. Man muß dabei aufpassen, daß kein Quecksilber ausläuft, und den Stift beim Entfernen am Behälter »abklopfen«, damit kein Quecksilber daran hängen bleibt. Dieser Stift- und Pfropfenverschluß ist zwar nützlich, wenn das Barometer versandt oder jemandem mitgegeben werden muß, von dem man nicht sicher weiß, ob er mit Barometern umzugehen versteht. Nimmt man dagegen den Transport selbst vor, so ist ein gewöhnlicher Pfropfen ausreichend.

Bakbarometer

Niederländische »Bakbarometer« mit der gebogenen Röhre von Huygens verdienen besondere Aufmerksamkeit. Bei ihnen muß die Neigung zur Seite besonders langsam geschehen, um der Flüssigkeit Zeit zum Absinken zu lassen. Sie sind in beinahe horizontaler Lage zu transportieren, am besten so, daß die Seite, auf der sich die Flüssigkeit befindet, etwas höher als die andere Seite liegt.

Radquecksilberbarometer

Bei Radquecksilberbarometern können durch Stöße während des Transportes Probleme auftauchen, weil die um das Rad gewickelten Fäden leicht aus ihrer Ordnung geraten. Die Fäden müssen sich jedoch höchst ungewöhnlich ineinander verfitzt haben, wenn es nicht gelingt, sie wieder in Ordnung zu bringen. Zuweilen hilft dabei eine Pinzette. Radquecksilberbarometer – meistens sind es »Banjos« – haben einen offenen Schenkel als Behälter. Darin hängt ein kleines gläsernes Gewicht, das auf dem Quecksilber schwimmt. Neigt man das Barometer, dann ist zu sehen, wie das Gewicht absinkt. Nachdem der »Anschlag« zu hören war, muß man nachsehen, ob sich noch Quecksilber in dem offenen Schenkel befindet oder ob das gesamte Quecksilber aus dem Schenkel ausgeflossen ist und sich in dem Kanal der Röhre befindet. Ist dies der Fall, dann kann man ohne weitere Umstände das Barometer in der bekannten, also beinahe horizontalen Lage transportieren. Sitzt jedoch so viel Quecksilber in dem offenen Schenkel, daß sogar nach dem »Anschlag« noch nicht das gesamte Quecksilber sich in die Röhre ergossen hat, so heißt es aufpassen. Legt man das Barometer dann beinahe in die Horizontale, besteht die Gefahr, daß das Quecksilber entlang des gläsernen Gewichts nach oben läuft und entweicht. Um dem zuvorzukommen, transportiert man ein solches Barometer besser unter einem Winkel von etwa 45°, am besten so, daß man es während der Fahrt festhält. Geht das nicht, dann muß die Röhre mit einem Korken verstopft werden. Das Quecksilber kann dann keinesfalls entweichen, aber man muß dennoch dafür sorgen, daß bei Ingebrauchnahme des Instruments keine Quecksilbertropfen an der Innenseite des Schenkels oder an dem Gewicht hängen bleiben. Ein sauberes Wattestäbchen kann hierbei gute Dienste leisten.

Wie bei Stockbarometern liefern einige Restauratoren auch Radquecksilberbarometer mit dem weiter oben beschriebenen »Blockierstift« ab, so daß sowohl der Kanal der Röhre als auch die Schenkelöffnung verschlossen sind. Selbstverständlich muß dann erst einmal das kleine Glasgewicht entfernt sein. Ein Radquecksilberbarometer, das mit einem Blockierstift versehen ist, ist natürlich am besten gegen unfachmännischen oder unvorsichtigen Transport zu sichern, obwohl das Anbringen und Entfernen des Stiftes wiederum Risiken für den Laien mit sich bringen kann. Man darf nur mit geringer Kraft beim Anbringen oder Entfernen zu Werke gehen. Beim Herausnehmen des Stiftes muß man ihn abklopfen und dafür sorgen, daß das gesamte Quecksilber sich unten im Schenkel befindet. Am praktischsten ist freilich eine Röhre mit einem Behälter, der nicht mehr Quecksilber als unbedingt nötig enthält. Dann kann man die ganze Sache auf sich beruhen lassen und das Barometer beinahe horizontal in den Wagen legen.

Ein allgemeiner Hinweis: Man gebe vor allem auf lose angebrachte Unterteile acht. Einige Stockbarometer, die meisten niederländischen »Bakbarometer« und sämtliche »Banjos« haben eine kleinere oder größere Tür, und es ist besonders gefährlich, wenn diese aufspringt. Ein paar darum gewickelte Gummibänder halten alles beieinander. Den Tendenzzeigerknopf, der sich auf den meisten Banjos befindet, nimmt man ab und führt in getrennt bei sich. Dasselbe gilt für ein leicht abnehmbares Thermometer oder Hygrometer.

Ausnahmen

Es gibt Barometer, die in einer anderen Lage als der beinahe horizontalen transportiert werden müssen. Das *Sympiesometer* zum Beispiel muß in aufrechter Stellung transportiert werden, um die Bildung von Gasbläschen in der Flüssigkeitssäule zu verhindern. Mit einer Reihe von *Präzisionsbarometern* verhält es sich wieder anders. Da gelten bisweilen Regeln, wonach man den Behälter höher halten muß als den Rest des Barometers. Es erscheint allerdings gewagt, hierauf noch weiter einzugehen, da man sich gerade bei antiken Instrumenten nicht immer auf einen ganz heilen Behälter verlassen kann.

Eine beinahe horizontale Lage, wobei der untere Teil tiefer ruht als der Rest, ist in fast allen Fällen am sichersten. Bei Präzisionsinstrumenten jüngeren Datums wird allerdings in den meisten Fällen noch eine Gebrauchsanweisung vorhanden sein oder ein besonderes Behältnis für den Transport. Beim geringsten Zweifel frage man den Lieferanten bzw. Antiquitätenhändler oder den Gerätehersteller!

Schlußwort

Natürlich könnte man über das antike Barometer noch viel mehr erzählen, aber der Zweck dieses Buches ist es, dem Laien, Liebhaber aber auch dem Fachmann den Weg durch das Gebiet des antiken Barometers zu weisen, ein Gebiet, auf dem noch viele interessante Entdeckungen gemacht werden können. In diesem Sinne hofft der Autor, daß sein Buch dem Leser von Nutzen sein wird und einen bleibenden Platz auf dem Bücherbord bekommt. Sollte der Leser wertvolle Anmerkungen zu machen haben, dann bittet der Autor, sie ihm nicht vorzuenthalten.

Quellenangaben zu den Abbildungen in Teil I und III

Es folgt eine Liste der Abbildungen im Text von Teil I und III. Die Quellen, wie Bücher, Zeitschriften usw., sind *numeriert* und auf S. 237ff. aufgezählt. Die Herkunft der Werke ist in *abgekürzter* Form wiedergegeben; im einzelnen sind sie auf S. 239 verzeichnet. Auf S. 240 findet man eine Liste mit moderner Literatur über Barometer.

Nr. der Abb.	Gegenstand	Quelle (Buch, Zeitschrift, Sammlung)	Herkunft des Werkes (Museum, Bibliothek)	Herkunft des Photos
Teil I: ENTWICKLUNG				
1	Galilei	Einzelbild	UMU	J. Stolp
2	Torricelli	Einzelbild	MB	Mus. Boerhaave
3	Wasserbarometer von Guericke	13	UBU	T.J. Oliekan
4	Versuch von Torricelli	3	UBU	T.J. Oliekan
5	Boyle	8	UBU	T.J. Oliekan
6	Siphonröhre von Boyle	7	BL	Brit. Library
7	Deutsche Barometerskala	17	UBU	T.J. Oliekan
8	Behältertypen	16	UTU	J.J. Kok
9	Systeme mit vergrößerter Skala	16	UTU	J.J. Kok
10	Beschreibung des Wetterglases von 1631	5	MB	J.J. Kok
11	Mittelalterliche Abbildung eines offenen Thermometers	27	N & Z	J. Kyte
12	Sanctorius	Einzelbild	RP	Rijksmuseum
13	Drebbel	Einzelbild	RP	Rijksmuseum
14	Prinzip des offenen Thermometers	3	UBU	T.J. Oliekan
15	J-förmiges offenes Thermometer	3	UBU	T.J. Oliekan
16	Florentiner Thermometer	1	UBU	T.J. Oliekan
17	Thermometer aus dem 17. Jahrhundert	3	UBU	T.J. Oliekan
18	Thermometervergleichsskala aus dem 18. Jh.	10	UBU	T.J. Oliekan
19	Réaumur	Einzelbild	RP	Rijksmuseum
20	Celsius	Einzelbild	RP	Rijksmuseum
21	Fahrenheitthermometer	22	BL	Brit. Library

22	Réaumurthermometer	10	UBU	T.J. Oliekan
23	Kelvin	Einzelbild	UMU	J. Stolp
24	Hygrometer von Hooke	14	IGEW	J.J. Kok
25	Psychrometer	23	MB	J.J. Kok
26	Nonius auf einer Barometerzeigerplatte	22	BL	Brit. Library
27	Inserat von Patrick	29	BL	Brit. Library
28	Inserat von Scarlett	Einzelbild	BOX	Bodleian Libr.
29	Tompion	Einzelbild	RP	Rijksmuseum
30	Holzbehälter u. Barometer	11	UBU	T.J. Oliekan
31	Inserat von Patrick, etwa 1710 (Ausschnitt)	Einzelbild	BM	J.R. Freeman
32	Behältertypen	Photos	BB	B. Bolle
33	Bajonettröhre	Photos	BB	B. Bolle
34	Inserat von Gilbert	Einzelbild	BM	J.R. Freeman
35	Die Herstellung von Glasröhren	12	UBU	T.J. Oliekan
36	»Auskochen« von Quecksilber	20	UBU	T.J. Oliekan
37	Schriftbeispiele auf Skalen	Photos	BB	J.J. Kok
38	Stockbarometer aus Katalog von 1859	23	MB	J.J. Kok
39	Stockbarometer aus Katalog von 1879	25	N & Z	J. Kyle
40	Stockbarometer aus Katalog von 1895	28	P & R	K. Prater
41	Kontinentale Stockbarometer	4	HB	J.J. Kok
42	Hooke	Einzelbild	BB	–
43	Thermo-Barometer	11	UBU	T.J. Oliekan
44	Hölzerne Schiffsbarometer	25	N & Z	J. Kyle
45	Hölzerne Schiffsbarometer mit Sympiesometer	28	P & R	K. Prater
46	»Kew Marine Barometer« u. Prinzip	15	HB	J.J. Kok
47	»Fitzroy Marine Barometer«	28	P & R	K. Prater
48	»Sea Coast Barometer«	25	N & Z	J. Kyle
49	»Farmers Barometer«	25	N & Z	J. Kyle
50	Drei Niederlassungen von Negretti & Zambra	24	BL	Brit. Library
51	Reisebarometer	28	P & R	K. Prater
52	Barometer für hochgelegene Gebiete	4	MB	J.J. Kok
53	»Miner's Barometer«	28	P & R	K. Prater
54	Fitzroy	26	N & Z	J.J. Kok
55	Fitzroy-Barometer	28	P & R	K. Prater

56	Sturmgläser	28	P & R	K. Prater
57	»Mountain Scale«	Photo	BB	J.J. Kok
58	Fitzroy-Barometer	28	P & R	K. Prater
59	Morland	5	MB	J.J. Kok
60	Prinzip des Diagonalbarometers	11	UBU	T.J. Oliekan
61	Annonce von Patrick, Winkelbarometer	Einzelbild	BM	J.R. Freeman
62	Zickzack-Diagonalbarometer	17	UBU	T.J. Oliekan
63	Schema des Dreifach-Diagonalbarometers	20	UBU	T.J. Oliekan
64	Prinzip des rechtwinkligen Barometers	17	UBU	T.J. Oliekan
65	Annonce von Patrick, konisches Barometer	Einzelbild	BM	J.R. Freeman
66	Howsons Long Range Barometer	23	MB	J.J. Kok
67	Descartes	Einzelbild	UMU	J. Stolp
68	Descartes'sche Röhre	3	UBU	T.J. Oliekan
69	Huygens	Einzelbild	UMU	J. Stolp
70	Kontraröhre von Huygens	3	UBU	T.J. Oliekan
71	Niederländisches »Bakbarometer«	18	MB	Mus. Boerhaave
72	Prinzip des Multipelbarometers	17	UBU	T.J. Oliekan
73	Donnerglas	19	MB	Mus. Boerhaave
74	Dokument de Donckere		RAG	Rijksarch. Gent
75	Thermometer von Sanctorius	Einzelbild	BB	J.J. Kok
76	Annonce von Patrick, Thermo-Barometer	Einzelbild	BM	J.R. Freeman
77	Sympiesometer	25	N & Z	J. Kyle
78	Radsystem von Hooke	14	IGEW	J.J. Kok
79	Siphonröhre und Radsystem	3	UBU	T.J. Oliekan
80	Karte von Betally	Einzelbild	BM	J.R. Freeman
81	Haubenmodelle von »Banjos«	Photos	BB	J.J. Kok
82	Annonce von Bregazzi	Einzelbild	NCL	G.L. Roberts
83	Karte von Abraham	Einzelbild	BRL	BRL
84	Niederlassung von Negretti & Zambra im Crystal Palace	24	BL	Brit. Library
85	Banjobarometer aus Katalog von 1859	23	MB	J.J. Kok

86	Banjobarometer aus Katalog von 1895	28	P & R	K. Prater
87	Niederländisches Banjo	18	MB	Mus. Boerhaave
88	Karte von Arzoni	32	FM	Fries. Museum
89	Leibniz und Bernoulli	Einzelbilder	UMU	J. Stolp
90	Prinzip des Aneroidbarometers von Vidi(e)	Einzelbild	BB	J.J. Kok
91	Prinzip der Bourdon-Röhre	31	JS	J.J. Kok
92	Bourdon-Barometer	15	HB	J.J. Kok
93	Taschenbarometer mit Höhenmeßstift	23	MB	J.J. Kok
94	Taschenbarometer mit Höhenskala u. Thermometer	28	P & R	K. Prater
95	Aneroidbarometer für Wand und Tisch	28	P & R	K. Prater
96	Aneroidbarometer mit Lupe	28	P & R	K. Prater
97	Aneroidbarometer in Banjoform	28	P & R	K. Prater
98	Aneroidbarometer aus Katalog von Negretti & Zambra	25	N & Z	J. Kyle
99	Aneroidbarometer aus Katalog von 1895	28	P & R	K. Prater
100	Quecksilberbarograph	23	MB	J.J. Kok
101	Aneroidbarograph von Breguet	Einzelbild	BL	Brit. Library
102	Aneroidbarograph aus Katalog von 1895	28	P & R	K. Prater
103	Gefälschte Barometer	17	UBU	T.J. Oliekan

Teil III: TECHNIK

286/287/288	Die Gewinnung von Quecksilber	2	UBU	T.J. Oliekan
289	Röhre mit gewölbtem Glasbehälter	17	UBU	T.J. Oliekan
290	Prinzip des »10 auf 11-Nonius«	6	BB	–
291	Zwei Noniustypen	16	UTU	J.J. Kok
292	Fortin-Barometer	28	P & R	K. Prater
293	Fortin-Behälter	23	MB	J.J. Kok
294	Heberbarometer mit zwei Skalen	23	MB	J.J. Kok
295	Heberbarometer mit »Schwanz«	4	HB	J.J. Kok

296	Prinzip des Heberbehälter-barometers	31	JS	J.J. Kok
297	Waagebarometer	21	UBU	T.J. Oliekan
298	Appendixbarometer	9	BB	J.J. Kok
299	Sturmglas	28	P & R	K. Prater
300	Prinzip des rechtwinkligen Barometers	17	UBU	T.J. Oliekan
301	Annonce von Patricks konischem Barometer	Einzelbild	BM	J.R. Freeman
302	Howsons Long Range Barometer und Schema	25	N & Z	J. Kyle
303	Prinzip der Röhre von Descartes	17	UBU	T.J. Oliekan
304	Prinzip der Kontraröhre von Huygens	17	UBU	T.J. Oliekan
305	Prinzip der Kontraröhre von Hooke (de la Hire)	17	UBU	T.J. Oliekan
306	Multiples Dreiröhren-prinzip	30	BL	Brit. Library
307	Multiples Vierröhren-prinzip	20	UBU	T.J. Oliekan
308	Donnerglas	19	MB	Mus. Boerhaave
309	Sympiesometer	28	P & R	K. Prater
310	Aneroidbarometer um 1850	6	BB	–
311	Innenwerk eines Aneroid-barometers (Ansicht v. oben)	6	BB	–
312	Dasselbe (Seitenansicht)			
313	Barograph aus Katalog von 1895	28	P & R	K. Prater

Es folgt eine Liste der zu Rate gezogenen Bücher und Zeitschriften, die auch für die Abbildungen in diesem Buch benutzt worden sind, alphabetisch nach den Verfassern aufgezählt:

1) *Accademia* del Cimento,
»Saggi di naturali esperienze fatte nell' Accademia del Cimento«.
(Florenz 1691, 2. Aufl.)

2) *Agricola,* Georgius
»De re metallica«.
(Basel 1657)

3) *Alencé,* Joachim d'
»Verhandelingen over de Barometers, Thermometers, en Notiometers of Hygrometers door den Heer D. . . , Uit het Fransch vertaalt«.
('s-Gravenhage 1738).
(Französische Originalausgabe: »Traittez des Baromètres« etc.
Amsterdam 1688)

4) *Alt,* Eberhard und Jäger,
»Preisliste mit Illustrationen über Barometer« etc.
(Ilmenau, Thüringen 1880)

5) *Bell,* G.H. und E.F.,
»Old English Barometers«.
(Winchester 1952)

6) *Belville,* J.H.,
»A Manual of the Barometer«.
(London 1849)

7) *Boyle,* Robert
»A Continuation of new Experiments« etc.
(Oxford 1669)

8) *Boyle,* Robert
»Opera Varia«.
(Genf 1680)

9 *Changeux,* M.
»Description de Nouveaux Baromètres à appendices«.
(Paris 1783)

10) *Cotte,* P.
»Traité de Météorologie«.
(Paris 1774)

11) *Desaguliers,* J.Th.
»De Natuurkunde uit Ondervinding opgemaakt«, 3 delen.
(Amsterdam 1751). (Englische Originalausgabe: »A Course of Experimental Philosophy«, London 1744)

12) *Diderot,* Denis
»Encyclopédie, ou dictionnaire des sciences, des arts et des métiers«.
(Erste Aufl. 1751–1780, Neudruck Stuttgart-Bad Cannstatt 1966 . . .)

13) *Guericke,* Otto von.
»Experimenta Nova Magdeburgica«.
(Amsterdam 1672)
14) *Hooke,* Robert
»Micrographia«.
(London 1665) (Neudruck: Dover Press)
15) *Hydrographisches Amt* des Reichs-Marine-Amts,
»Handbuch der Nautischen Instrumente«.
(Berlin 1890)
16) *Körner,* Friedrich
»Anleitung zur Verfertigung übereinstimmender Thermometer und Barometer«.
(Jena 1824)
17) *Leupold,* Jacob
»Theatrum Machinarum« (9 Bände). Bd. 2: »Statica, Hydrostatica, Aerostatica, Horizontostatica«.
(Leipzig 1774)
18) *Logeman,* W.M.
»Album der Natuur« (Wettergläser: S. 22ff.).
(Haarlem 1854)
19) *Logeman,* W.M.
»Album der Natuur« (Das Wasserwetterglas, S. 82ff.).
(Haarlem 1872)
20) *Luz,* Joh. Friedrich
»Vollständige und auf Erfahrung gegründete Beschreibung von allen sowohl bisher bekannten als auch einigen neuen Barometern«.
(Nürnberg, Leipzig 1784)
21) *Magellan,* Jean Hyacinth de
»Description et Usages des Nouveaux Baromètres«.
(London 1779)
22) *Martin,* Benjamin
»The Young Gentleman and Lady's Philosophy« (2 Bände).
(London 1755)
23) *Negretti & Zambra,*
»A Treatise on Meteorological Instruments« etc.
(London 1864)
24) *Negretti & Zambra,*
»Encyclopaedic illustrated and descriptive Catalogue of Optical, Mathematical, Philosophical, Photographic and Standard Meteorologic Instruments«.
(London 1874)
25) *Negretti & Zambra,*
Katalog zu Nr. 24.
(London 1879)
26) *Negretti & Zambra,*
»Centenary 1850–1950«.
(London 1950)

27) *Negretti & Zambra,*
»A History of Temperature Measurement«.
(London 1958)
28) *Pastorelli & Rapkin,*
»Wholesale Illustrated Catalogue of Scientific Instruments«.
(London 1895)
29) *Patrick,* John
»A New Improvement of the Quicksilver Weather Glass« etc.
(London 1710)
30) *Virville,* A. Fortier de
»Construction d'un Nouveau Baromètre, avec la manière d'en pouvoir construire de telle grandeur qu'on voudra«.
(Paris 1723)
31) *Visser,* Dr. S.W.
»Meteorologie, Klimatologie, Oceanografie«.
(Groningen-Djakarta 1951)
32) *Wassenbergh,* A.
»Schoorsteenvegers en Barometermakers kwamen uit de Vale Maggio in Zuid-Zwitserland naar het hoge Noorden«.
(Leeuwarden 1960)

Erklärung der Abkürzungen in der Abbildungsliste.
Die obengenannten Werke stammen aus den Sammlungen folgender Personen oder öffentlicher Einrichtungen:

BB	Bert Bolle.
BL	British Library, London.
BM	British Museum, London.
BOX	Bodleian Library, Oxford.
BRL	Bath Reference Library, Bath.
FM	Fries Museum, Leeuwarden (Friesisches Museum, Leeuwarden/Niederlande).
HB	Wilfried Habenicht, Bremen.
IGEW	Instituut voor de Geschiedenis der Exacte Wetenschappen, Utrecht (Institut für die Geschichte der exakten Wissenschaften, Utrecht).
JS	Jan Suyderhoud.
MB	Museum Boerhaave, Leiden.
NCL	Nottingham County Library.
N&Z	Negretti und Zambra Ltd., Aylesbury.
P&R	Pastorelli und Rapkin Ltd., London.
RAG	Rijksarchief, Gent (Reichsarchiv, Gent/Belgien).
RP	Rijksprentenkabinet, Amsterdam (Reichsbildstelle, Amsterdam).
SM	Science Museum, London.
UBU	Universiteitsbibliotheek, Utrecht (Universitätsbibliothek Utrecht).
UMU	Universiteitsmuseum, Utrecht (Universitätsmuseum, Utrecht).
UTU	Universitätsbibliothek der Technischen Universität, Hannover.

Einige moderne Werke über Barometer

Banfield, E.
»Antique Barometers. An Illustrated Survey«.
(Bath 1977)

Cotthem, Th.H. van
»200 jaar antieke barometers 1670–1870«.
(Schiedam 1977)

Goodison, N.
»English Barometers 1680–1860«.
(Woodbridge 1977)

Habenicht, W. und *Holland,* R.
»Alte Quecksilberbarometer«.
(Bremen 1977)

Middleton, W.E.K.
»The History of the Barometer«.
(Baltimore 1968)
Dieses Buch ist leider vergriffen. Es behandelt das Barometer übrigens ausschließlich auf technischer Ebene, während bei den vier zuvor angeführten Werken der Nachdruck mehr auf »antik« liegt.

Ven, J.L.H.J.M. van der
»Nederlandse barometers 1690–1850«.
Artikel in »Antiek«, 13. Jahrgang (1978), Nr. 1, S. 17ff. (De Tijdstroom B.V., Lochem/Niederlande)
Herr van der Ven hat sich auf niederländische Barometer und ihre Hersteller spezialisiert. Sein Artikel in der Zeitschrift »Antiek« »versucht ein Ansatz zu einer vollständigen Ausgabe in Buchform zu sein«. Hoffentlich läßt dieses Buch nicht mehr allzu lange auf sich warten!

Waard, C. de
»L'Expérience Barométrique, ses antecedents et ses explications«.
(Thouards 1936)
Wenn auch nicht »modern«, so ist dieses – wissenschaftliche – Werk aus dem 20. Jahrhundert doch erwähnenswert.

Register

Kursive Ziffern verweisen auf Abbildungen.

Barometervergleichsskala

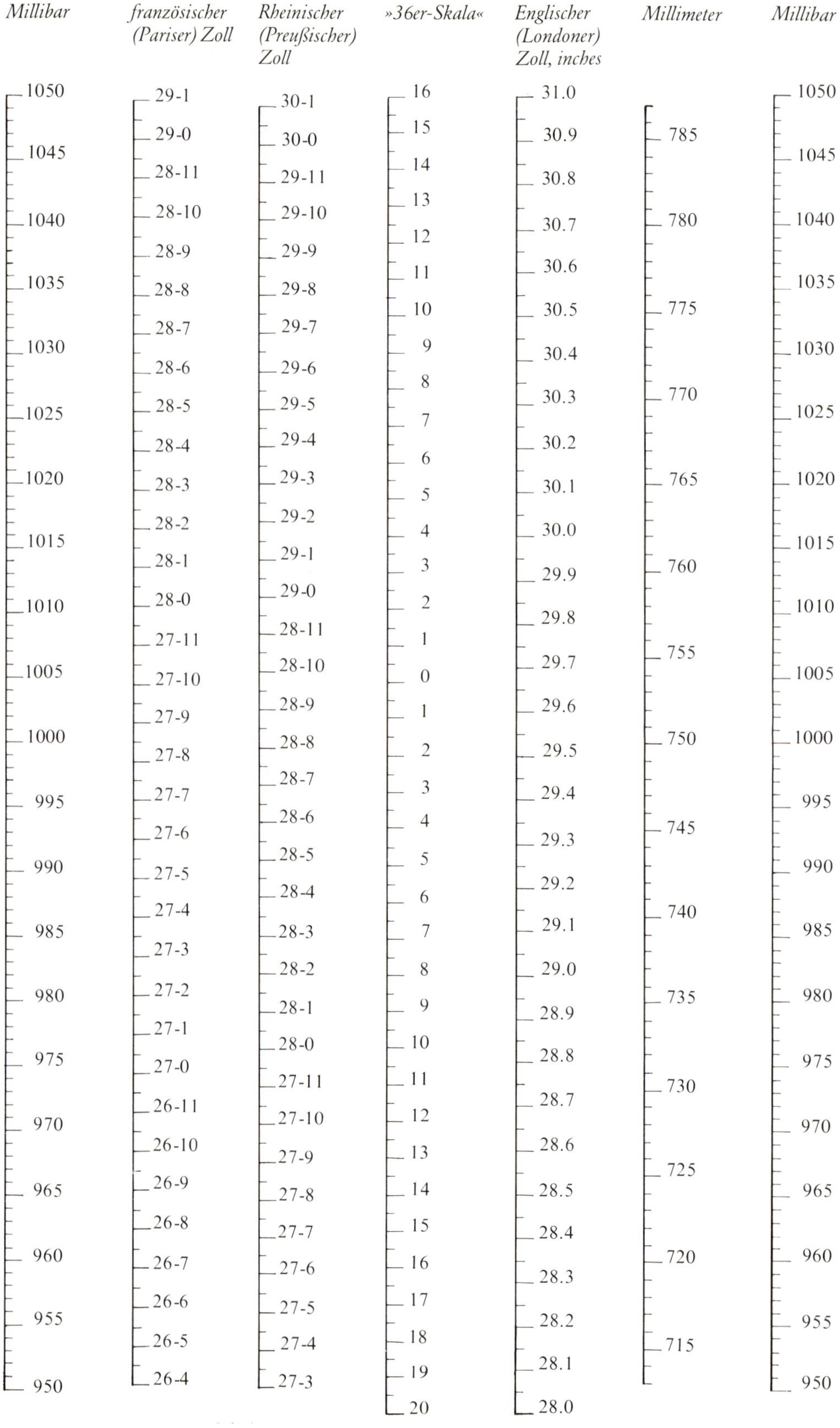

Wegen Umrechnungsformeln s. S. 192ff.

Thermometervergleichsskala

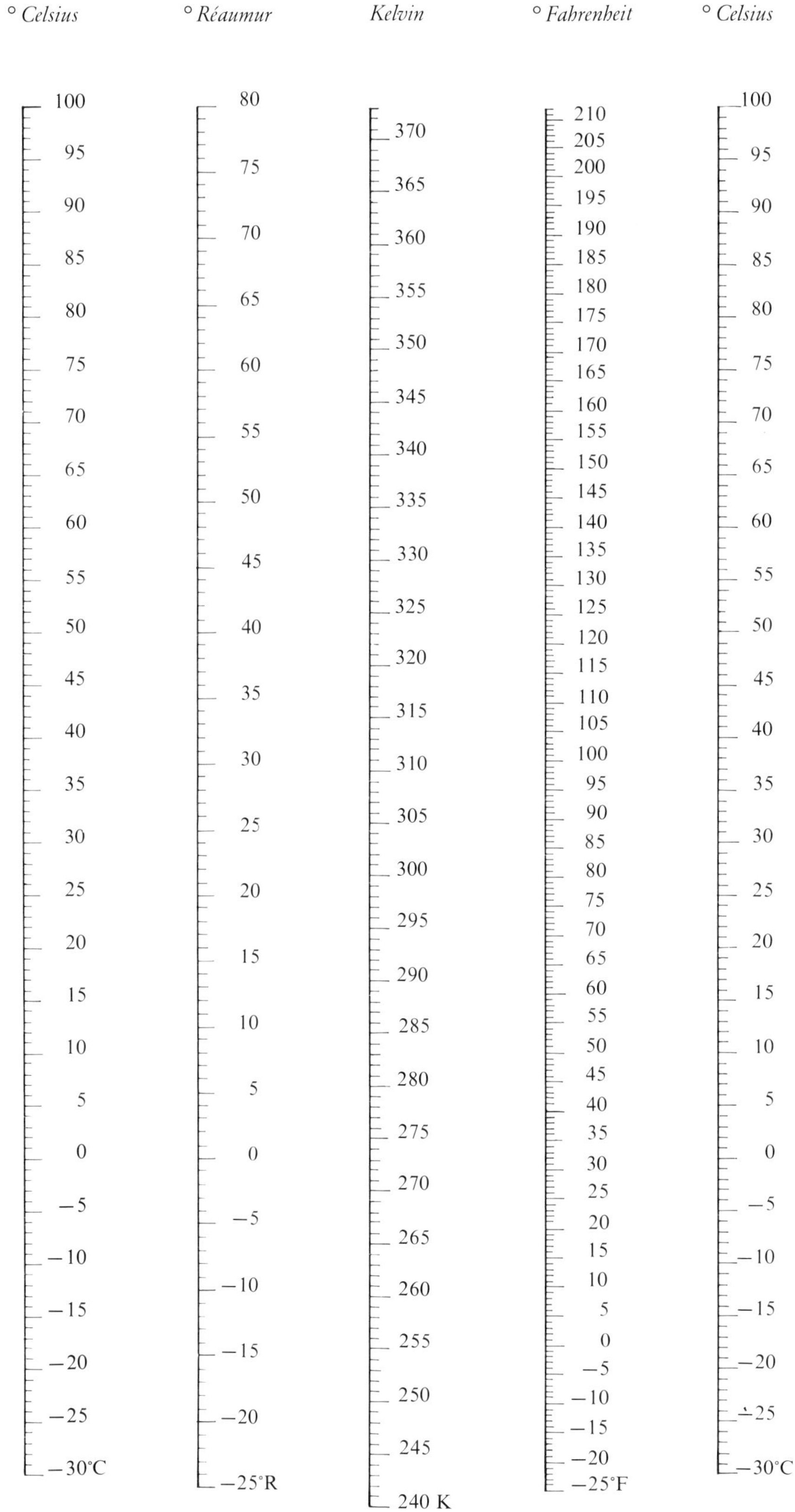

Wegen Umrechnungsformeln s. S. 202ff.

Nachforschungen nach Namen auf Barometern

Wie ich bereits mehrere Male in diesem Buch bemerkt habe, habe ich – bewußt – von einer Liste mit Namen von »Herstellern« abgesehen. Im Verlaufe meiner Nachforschungen im Ausland nach auf Barometern vorkommenden Namen ist es mir immer deutlicher geworden, daß hinsichtlich der Mehrzahl dieser Namen große Unklarheit besteht. Oft bezieht sich so ein Name nur auf denjenigen, der das Instrument zusammengesetzt oder in den Handel gebracht hat. Solange über die Identität derartiger »Hersteller« nichts Konkretes bekannt ist, scheint mir die Veröffentlichung einer Liste wenig sinnvoll zu sein. Ein Barometer datieren kann jeder gute Antiquar, und der Phototeil dieses Buches möge für viele ein redlicher Leitfaden sein. Man findet erst Anhalt an einer Namenliste, wenn sie deutliche Einzelheiten über die darin vorkommenden Namen enthält.

Zugegeben, mancher Sammler oder Antiquar freut sich, »sein« Barometer in einem Buch wiederzufindn, und ich hätte – ohne besondere Mühe – eine »Blumenlese« geben können von Namen aus der bereits vorhandenen Literatur, aber das wäre dann eine unvollständige Liste mit viel Ungenauigkeiten geworden, und auf so etwas wartet doch niemand.

Alles in allem schien es mir daher besser zu sein, meine Nachforschungen in ausländischen – vor allem englischen – Archiven fortzusetzen, um vielleicht doch noch einmal eine Namenliste zu veröffentlichen. Denjenigen, welche dennoch gern eine Namenliste zu Rate ziehen möchten, rate ich, was England anlangt, zu dem Buch von Goodison »English Barometers 1680–1860« zu greifen. Wegen einer Liste mit niederländischen, deutschen und französischen Namen nimmt man am besten das Buch »Alte Quecksilberbarometer« von Habenicht und Holland zur Hand.

Sollte jemand über Angaben über einen bestimmten Barometerhersteller verfügen, sei er nun Niederländer oder Ausländer, dann wäre ich dem Betreffenden für Mitteilungen sehr dankbar. Bei Nachforschungen, die in eine so dunkle Vergangenheit hineinreichen, ist jeder Anknüpfungspunkt willkommen.

Bert Bolle
Dorpsweg 185–187
Maartensdijk (U.) / Niederlande

Erläuterungen zu den Abbildungen auf dem Schutzumschlag (von links nach rechts):

Englisches Stockbarometer, um 1800–1815.
»Charles Aiano Fecit« (Charles Aiano, Canterbury).
Gehäuse: furniert mit Mahagoni, Einlegearbeit aus Zedernholz unter der tympanonförmigen Haube. Mit Doppelrand ausgearbeitet. Behälterkappe mit kleinem Intarsienornament aus Zedernholz. Barometer- und Thermometer-Skalaplatten durch Türe geschützt.
Skalaplatte: versilbertes Messing.
Zubehör: Alkoholthermometer mit Fahrenheitskala; Nonius; regulierbares Hygrometer.
Glasbehälter.
Sammlung: Bert Bolle.
Photo: Bert Bolle.

Englisches Stockbarometer. Queen-Anne-Periode (1702–1714). Keine Signatur.
Gehäuse: Eiche, mit Nußbaum furniert. Profilierte, abgerundete Haube. Gewundene Säulen neben der Skalaplatte. Unten Verbreiterung mit durchbrochenem Schnitzwerk. Behälterkappe aus gedrechseltem Nußbaum.
Skalaplatte: versilbertes Messing, aus zwei Teilen bestehend, mit Cherubinen (Lichtengeln) in den Ecken. Skalaeinteilung rechts, Wetterangaben links.
Graviert mit Blumenstengeln und Randverzierungen. Tendenzzeiger auf der Skalaplatte montiert.
Behälter: Holz mit Lederboden und Regulierschraube (nicht mehr original).
Sammlung: Bert Bolle.
Photo: J.J. Kok.

Niederländisches »Bakbarometer« mit einfacher Röhre und Kontraröhre, um 1810–1825.
»Door D. Sala te Leijden« (Dominicus Sala, 1760–1839, geb. in Pognano/Italien. Seit 1786 wohnhaft in Leiden, wo er bis zu seinem Tod seinen Betrieb hatte).
Gehäuse: Übergang Louis-seize zu Empire; furniert mit Mahagoni, versehen mit Einlegearbeit und Kerbschnitzereien über der tympanonförmigen Haube und gerade unten. Skalaplatten durch eine Tür geschützt.
Maße: 125 cm hoch, 29 cm breit.
Material der Platten: versilbertes Messing; Gravierung: »Barometer en Contraroleur«.
Einfache Röhre (Mitte) mit »36er-Skala«, englischen und rheinischen Zoll; Kontraröhre mit »36er-Skala« und englischen Zoll. Tendenzzeiger auf der Platte montiert.
Sammlung: Bert Bolle.
Photo: Bert Bolle.

Englisches Banjobarometer, um 1800–1815.
Signatur: »Cattely & Co. London«.
Gehäuse: furniert mit Mahagoni. Schwanenhalshaube mit Vasenknopf aus Messing. Mit Doppelrand versehen. Gezahnte Einlegearbeit unter der Haube.
Material der Platten: versilbertes Messing.
Zeigerplatte: 10 inches; flaches Glas; schwerer Rand; wird als Tür benützt und ist abschließbar.
Zubehör: regulierbares Hygrometer; abnehmbares Alkoholthermometer mit Fahrenheitskala; Tendenzzeiger, Bedienung mit abnehmbarem Knopf mittels Saitensystem; Wasserwaage.
Sammlung: Bert Bolle.
Photo: Bert Bolle.